Fachberichte Simulation

Herausgegeben von D. Möller und B. Schmidt
Band 1

B. Schmidt

Systemanalyse und Modellaufbau

Grundlagen der Simulationstechnik

Springer-Verlag
Berlin Heidelberg New York Tokyo 1985

Dr. D. Möller
Physiologisches Institut
Universiät Mainz
Saarstraße 21
6500 Mainz

Prof. Dr. B. Schmidt
Informatik IV
Universität Erlangen-Nürnberg
Martensstraße 3
8520 Erlangen

ISBN-13: 978-3-540-13784-9   e-ISBN-13: 978-3-642-82368-8
DOI: 10.1007/978-3-642-82368-8

CIP-Kurztitelaufnahme der Deutschen Bibliothek
Schmidt, Bernd:
Systemanalyse und Modellaufbau:
Grundlagen d. Simulationstechnik / B. Schmidt.
Berlin; Heidelberg; New York; Tokyo: Springer, 1985.
Fachberichte Simulation; Bd. 1)
Ne: GT

Vorwort

Systemanalyse und Modellaufbau sind die Grundlagen allgemeiner wissenschaftlicher Tätigkeit.

Die Systemanalyse hat zunächst die Aufgabe, komplexe Systeme zu beschreiben und ihr dynamisches Verhalten zu erklären oder vorhersagbar zu machen. Das geschieht durch den Entwurf eines abstrakten Modells. Ein abstraktes Modell ist ein vereinfachtes, durch Abstraktion und Idealisierung gewonnenes Abbild eines realen Wirklichkeitsausschnittes. Es muß so aufgebaut sein, daß sich die wesentlichen Eigenschaften, Sachverhalte und Verhaltensweisen des Systems darauf abbilden lassen.

Ein abstraktes Modell kann mit Hilfe der Simulation auf einer Rechenanlage ablauffähig gemacht werden. Die auf diese Weise gewonnenen Ergebnisse über das Modellverhalten lassen sich auf das ursprüngliche System zurückübertragen.

Das Einsatzgebiet der Systemsimulation ist sehr vielfältig. Simulationsmodelle werden zur Untersuchung komplexer Systeme in so unterschiedlichen Bereichen wie Medizin, Biologie, Psychologie, Ökologie, Technik, Energiewirtschaft, Verkehrsplanung, Geologie, Soziologie, Betriebswirtschaft, Volkswirtschaft, usw. eingesetzt. Die Systemsimulation erweist sich damit als fachübergreifende, alle fachspezifische Einengung überwindende, allgemeine wissenschaftliche Disziplin.

In drei Bänden soll ein umfassender Überblick über die Leistungsfähigkeit der Simulation gegeben werden. Die Darstellung zielt ganz bewußt auf leichte Verständlichkeit und Anschaulichkeit.

Im vorliegendem Band 1 "Systemanalyse und Modellaufbau" werden die Grundlagen eingeführt. Zahlreiche Beispiele aus unterschiedlichen Bereichen illustrieren das Vorgehen.
Der nachfolgende Band 2 "Der Simulator GPSS-FORTRAN Version 3" erläutert in ausführlicher Weise die Struktur und die Implementierung des Simulators GPSS-FORTRAN Version 3.
In Band 3 "Modellbildung mit GPSS-FORTRAN Version 3" werden zahlreiche Beispielmodelle aufgebaut. Man erhält eine gute Vorstellung von der Leistungsfähigkeit der Systemsimulation.

Bernd Schmidt

Erlangen, Frühjahr 1985

Inhaltsverzeichnis

0 Einführung

GPSS-FORTRAN Version 3 ist ein Simulator, der sich zur Simulation diskreter, kontinuierlicher und kombinierter Modelle eignet. Besonders unterstützt wird die Behandlung von Netzwerken (z.B. Warteschlangensysteme).

GPSS-FORTRAN Version 3 ist ein Simulationspaket, das im wesentlichen aus einer Bibliothek von Unterprogrammen besteht. Diese Unterprogramme bilden die Sprachelemente, mit deren Hilfe der Benutzer sein Modell erstellt. Vorteile sind die leichte Erweiterbarkeit des Simulators und die gute Portabilität von Simulator und Modellen.

Es war das Entwurfsziel von GPSS-FORTRAN Version 3, hohe Leistungsfähigkeit mit bequemer Bedienung zu verbinden. Die hohe Leistungsfähigkeit äußert sich im Angebot zahlreicher, sehr mächtiger Sprachelemente, die nahezu jeden Aspekt der diskreten, kontinuierlichen und kombinierten Modellerstellung unterstützen.

Bequeme Bedienung und hohe Benutzerfreundlichkeit wurden zunächst durch einen klaren und überschaubaren Aufbau des Simulators erreicht.

Weiterhin ist es möglich, einfache Modelle sehr schnell mit einem kleinen Basisset von Sprachelementen zu behandeln. Ergänzt wird dieses Verfahren durch zahlreiche Voreinstellungen für Modellparameter.

Besonderer Wert wurde auf eine klare, übersichtliche und gut lesbare Dokumentation gelegt. Die Dokumentation besteht aus den folgenden drei Teilen:
In Band 1 "Systemanalyse und Modellaufbau - Grundlagen der Simulation" wird die allgemeine Methodologie der Modellbildung und Simulation dargestellt. Hier werden die grundlegenden Konzepte entwickelt und beschrieben, die dem Simulator GPSS-FORTRAN Version 3 zugrunde liegen.
Band 2 "Der Simulator GPSS-FORTRAN Version 3" umfaßt die Beschreibung des Simulators.
Band 3 "Modelle" zeigt die Modellerstellung mit GPSS-FORTRAN Version 3 anhand zahlreicher Beispiele. Band 3 dient als Benutzer-Anleitung, die den ungeübten Benutzer schrittweise in die Bedienung des Simulators einführt.

0.1 Der Aufbau des Simulators GPSS-FORTRAN Version 3

Der Simulator GPSS-FORTRAN Version 3 wird dem Benutzer als Programmpaket angeboten.
Im vorliegenden Abschnitt 0.1 "Der Aufbau des Simulators GPSS-FORTRAN Version 3" werden die Konzepte beschrieben, die beim Entwurf und der Implementierung maßgebend waren. Die Beschreibung der Sprachelemente, die den Leistungsumfang des Simulators ausmachen, folgt in Abschnitt 0.2 "Modellerstellung mit Hilfe des Simulators GPSS-FORTRAN Version 3".

0.1.1 Das Programmpaket

Simulatoren oder Simulationssysteme gehören entweder zu Simulationssprachen oder zu Simulationspaketen /2/. Eine Simulationssprache benötigt in jedem Fall einen Übersetzer, der die Konstrukte der Sprache in eine Basissprache überträgt. Sprachen bieten bei gutem Entwurf den Vorteil der leichteren Erlernbarkeit. Als Nachteil nimmt man in Kauf, daß die Sprachkonstrukte durch den Benutzer nicht ergänzt oder verändert werden können. Die Starrheit der Sprachkonstrukte behindern die Modellerstellung in nicht zumutbarer Weise. Das gilt insbesondere für anspruchsvolle Modelle, die sehr detailgetreu nachgebildet werden müssen. Die häufig bestehende Möglichkeit, der Simulationssprache abgefaßte Unterprogramme beizufügen, vermag nicht alle Probleme zu lösen.

Ein Simulationspaket besteht demgegenüber aus einer Bibliothek von Unterprogrammen, die in einer höheren Programmiersprache geschrieben sind. Der Benutzer hat daher direkten Zugang zur Quellfassung. Das bedeutet, daß der Benutzer die in Form von Unterprogrammen vorliegenden Funktionen des Simulators überprüfen, erweitern oder verändern kann.
Um den vollen Vorteil eines Programmpaketes nutzen zu können, ist es allerdiangs erforderlich, daß der Benutzer die Basissprache, in der das Paket geschrieben ist, gut beherrscht.

Für die Implementierung der Sprachelemente des Simulators GPSS-FORTRAN Version 3 war die Überzeugung maßgebend, daß Pakete im Vergleich zu Sprachen auf jeden Fall vorzuziehen sind.

GPSS-FORTRAN ist ein Simulationspaket, das aus einem Fortran-Hauptprogramm und über 100 Funktions-Unterprogrammen besteht. Die Basissprache für den Simulator ist Fortran 77.

Fortran ist als höhere Programmiersprache nicht unumstritten. Für die Wahl von Fortran 77 als Basissprache für den Simulator GPSS-FORTRAN Version 3 waren die folgenden Gründe maßgebend:

* Weite Verbreitung, insbesondere auf dem Gebiet der Ingenieurwissenschaften. Hierzu gehört, daß Fortran-Kenntnisse bei den meisten Anwendern vorausgesetzt werden können.

* Anschlußmöglichkeit an Fortran-Programmbibliotheken, z.B. für statistische Analyse, Auswertung oder für Integrationsalgorithmen usw.

* Hohe Verfügbarkeit. Nahezu jeder Rechner bietet einen akzeptablen Fortran-Compiler an.

* Für die Simulation vorteilhafte sprachliche Eigenschaften /4/, insbesondere getrennte Übersetzbarkeit von Moduln.

Entscheidend für GPSS-FORTRAN Version 3 sind die Leistungsfähigkeit und die Ausdrucksfähigkeit der Sprachkonstrukte. Die Implementierung der Sprachkonstrukte mit Hilfe von Fortran 77 ist demgegenüber zweitrangig. Für die Wahl von Fortran 77 waren ausschließlich pragmatische Gesichtspunkte maßgebend. Es ist durchaus möglich, die Sprachelemente des Simulators GPSS-FORTRAN Version 3 in anderen höheren Programmiersprachen zu implementieren /3/.
Die Unterscheidung zwischen der Spezifikation der Sprachelemente und deren Implementierung ist ein anerkannter Grundsatz der Softwaretechnologie. Sie gilt auch für die Simulation.

0.1.2 Modularer Aufbau und strukturierte Programmgestaltung

Beim Entwurf und der Implementierung des Simulators GPSS-FORTRAN Version 3 wurden die Grundsätze der modernen Softwaretechnologie wie modularer Aufbau und strukturierte Programmierung berücksichtigt.

Der modulare Aufbau äußert sich in der Tatsache, daß der Simulator aus einzelnen Modulen besteht, die genau festgelegte Funktionen erfüllen und die miteinander über definierte Schnittstellen in Verbindung stehen.
Die strukturierte Programmgestaltung zeigt sich im Verfahren der schrittweisen Verfeinerung, das jeden Modul in Funktionseinheiten auflöst, die wiederum als Modul betrachtet werden können.
Am Beispiel der Ablaufkontrolle soll der modulare Aufbau des Simulators GPSS-FORTRAN Version 3 gezeigt werden.
Die Ablaufkontrolle ist der zentrale Teil eines Simulators. Er besorgt die Durchführung der Zustandsübergänge in der korrekten zeitlichen Reihenfolge. Bild 1 zeigt den Aufbau der Ablaufkontrolle des Simulators GPSS-FORTRAN Version 3.

Es fällt auf, daß die möglichen Zustandsübergänge in 6 Klassen eingeteilt werden. Für die Durchführung eines Zustandsüberganges aus einer Klasse ist jeweils ein Unterprogramm zuständig.
Die Ablaufkontrolle wählt zunächst aus einer Liste den Zustandsübergang aus, der als nächstes bearbeitet werden soll. Gleichzeitig wird die Klasse bestimmt und die Zeit des Zustandsüberganges festgelegt. Anschließend wird die Simulationsuhr auf den neuesten Stand gesetzt und das Endekriterium überprüft.
Vom Adreßverteiler aus wird dann zu dem Unterprogramm verzweigt, das den ausgewählten Zustandsübergang bearbeiten soll. Nach Durchführung des Zustandsüberganges wird zum Beginn der Ablaufkontrolle zurückgekehrt; hier wird der nächste Zustandsübergang herausgesucht und die Bearbeitung veranlaßt.
Die Schleife wird solange durchlaufen, bis alle vorgesehenen Zustandsübergänge bearbeitet worden sind und das Endekriterium erreicht ist.

Das Verfahren der schrittweisen Verfeinerung soll am Unterprogramm EQUAT gezeigt werden. EQUAT besorgt die Integration der Differentialgleichungen aus dem kontinuierlichen Teil des Simulators GPSS-FORTRAN Version 3. Es hat die Klassennummer 6 und steht in Bild 1 an unterster Stelle.

Das Unterprogramm EQUAT erwartet als Eingabe die Werte der Zustandsvariablen SVLAST und des Differentialquotienten DVLAST zur Zeit T. Es liefert als Ausgabe die Werte der Zustandsvariablen SV und des Differentialquotienten DV zur Zeit T+STEP. Damit ist ein Zustandsübergang durchgeführt, der vom Zustand zur Zeit T zum Nachfolgezustand zur Zeit T+TSTEP führt.
Alle Aktivitäten, die erforderlich sind, um den Zustandsübergang durchzuführen, sind im Unterprogramm EQUAT verborgen und treten nach außen hin nicht in Erscheinung.
Die schrittweise Verfeinerung zerlegt das Unterprogramm EQUAT in Submodule, die bei Bedarf noch weiter zerlegt werden können.
Bild 2 zeigt den Ablaufplan für das Unterprogramm EQUAT mit einer verfeinerten Darstellung der zur Durchführung eines Integrationsschrittes erforderlichen Funktionen.

Im Vergleich dazu wird sehr empfohlen, sich z.B. mit der Ablaufkontrolle des Simulators GASP IV (siehe /5/ Seite 89/95) vertraut zu

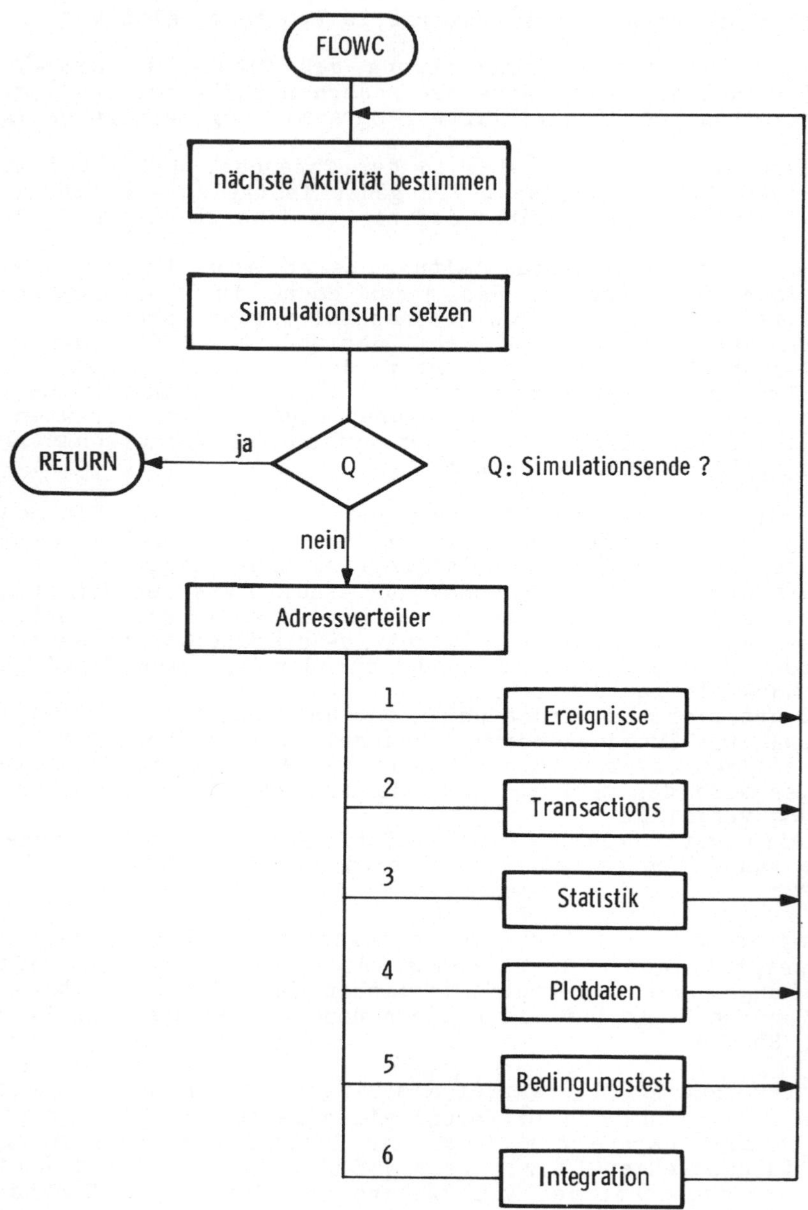

Bild 1: Die Ablaufkontrolle

machen. Man sieht dann deutlich die verbesserte Programmiermethodik bei GPSS-FORTRAN Version 3.

Der modulare Aufbau und die strukturierte Programmgestaltung erleichtern dem Benutzer den Überblick über den Simulator und die Einsicht in die Wirkungsweise. Die klare funktionale Dekomposition, die dem Simulator zugrunde liegt, legt es nahe, ihn in der Ausbildung einzusetzen.

Der modulare Aufbau des Simulators ist weiterhin von entscheidender Wichtigkeit, wenn der Benutzer die vom Simulator GPSS-FORTRAN Version 3 angebotenen Verfahren ergänzen oder durch andere Verfahren ersetzen will. Beispiele sind Integrationsalgorithmen, statistische Verfahren, Policies zur Bearbeitung von Warteschlangen, Strategien zur Speicherbelegung, Plotroutinen und dgl.

Wenn der Benutzer beispielsweise ein neues Integrationsverfahren verwenden möchte, kann er ein eigenes Unterprogramm einbringen. Erforderlich ist nur das Einhalten der Schnittstelle, d.h. es muß die Form der Datenübergabe beachtet werden.

Der Simulator GPSS-FORTRAN Version 3 legt großen Wert auf die Möglichkeit, die angebbaren Funktionen ändern, ergänzen oder ersetzen zu können. Für anspruchsvolle Modellbildung ist das von besonderer Wichtigkeit. Modularer Aufbau und strukturierte Programmierung sind die notwendigen Voraussetzungen hierfür.

0.2 Die Modellerstellung

Der Simulator GPSS-FORTRAN Version 3 unterstützt die Modellbildung auf den folgenden Gebieten:

* Warteschlangensysteme

* Ereignisorientierte Simulation

* Kontinuierliche Simulation

Weiterhin ist die Behandlung kombinierter Modelle möglich, die Teilkomponenten aus den drei Bereichen enthalten.

0.2.1 Warteschlangensysteme

GPSS-FORTRAN Version 3 lehnt sich bei der Simulation von Warteschlangen an die Simulationssprache GPSS /7/ an.

Es enthält zunächst den vollen Sprachumfang von GPSS. Hierzu gehört:

* Warteschlangenbearbeitung

* Speicherverwaltung

* Auftragskoordinierung

Darüber hinaus bietet GPSS-FORTRAN Version 3 Unterstützung auf den folgenden Gebieten:

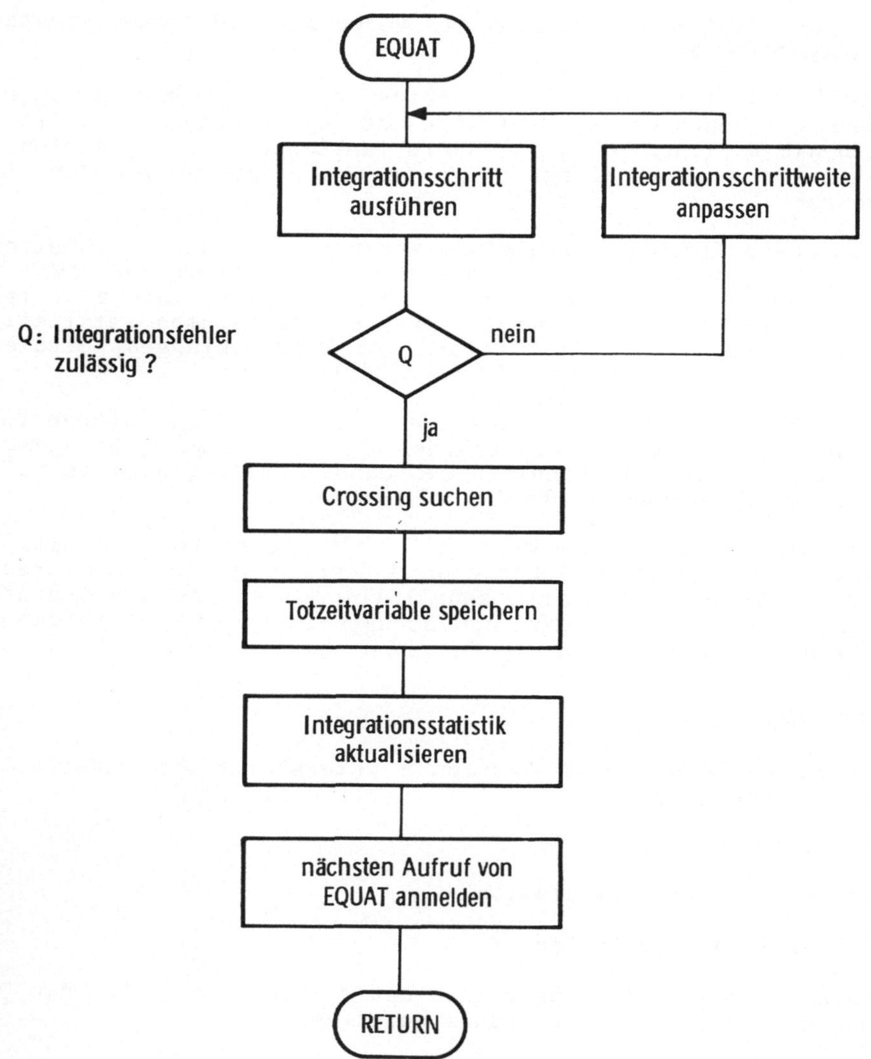

Bild 2: Der Ablaufplan für die Integration mit Hilfe des Unterprogrammes EQUAT

* Policy
Für jede Warteschlange kann durch eine eigene, genau dieser Warteschlange zugeordnete Policy die Bearbeitungsreihenfolge festgelegt
werden. Weiterhin ist zur statischen Prioritätenvergabe die dynamische Bestimmung von Prioritäten hinzugekommen.

* Umrüstzeit bei Verdrängung
Es ist möglich, die bei jedem Verdrängungsvorgang auftretende Umrüstzeit zu berücksichtigen. Die Vernachlässigung der Umrüstzeit
führt zu fehlerhaften Ergebnissen, wenn die Umrüstzeit im Vergleich
zur Bedienzeit nicht sehr kurz ist.

* Mehrfachbedienstationen
Die Mehrfachbedienstationen werden als neuer Stationstyp eingeführt.
Sie bestehen aus mehreren einfachen Bedienstationen, die parallel
angeordnet sind und auf eine gemeinsame Warteschlange zugreifen.

* Adressierbare Speicher
Es ist möglich, bei der Speicherbelegung und Speicherfreigabe Lager-
adressen anzugeben. Über die Speicherbelegung wird mit Hilfe der La-
geradressen Buch geführt.

* Konfliktfreie Bearbeitung gleichzeitiger Aktivitäten
Wenn mehrere Aufträge zur gleichen Zeit durch den Simulator weiter-
behandelt werden können, so entscheidet ein Auswahlverfahren, in
welcher Reihenfolge das geschehen soll. (Zum Problem der konflikt-
freien Bearbeitung siehe /8/.)

* Auswertung der Ergebnisse
Es ist ein Verfahren zur Berechnung von Konfidenzintervallen und zur
Bestimmung der Einschwingphase eingebaut, dem die autoregressive
Methode /16/ zugrunde legt.
Weiterhin besteht die Möglichkeit, sich auf unterschiedlichen Ebenen
Modellergebnisse ausgeben zu lassen (siehe hierzu Bd.1 Kap. 0.3.3
"Die Ein- und Ausgabe").

Gegenüber der Simulationssprache GPSS /7/ hat GPSS-FORTRAN Version 3
zwei deutliche Vorteile. Einmal liegt ein erweiterter Sprachumfang
vor. Viel entscheidender jedoch ist die Tatsache, daß GPSS-FORTRAN
Version 3 ein Paket ist, während GPSS eine Sprache darstellt. (Siehe
Abschnitt 0.1.1 "Das Programmpaket" dieser Arbeit.) Die unzurei-
chende Flexibilität von GPSS wurde immer wieder bemängelt (siehe
z.B. /9/ oder /10/). GPSS-FORTRAN Version 3 kennt in dieser Beziehung keine Einschränkungen, da der Benutzer die angebotenen Unterprogramme selbst ändern oder erweitern kann.

Hinweis:

* In Bezug auf die Simulation von Warteschlangensystemen geht die
Version GPSS-FORTRAN Version 3 nicht wesentlich über das hinaus, was
bereits in der Version 2 zur Verfügung stand /6/. Version 2 ist ein
seit langem bewährter Simulator mit zahlreichen Implementierungen in
Hochschule und Industrie.

0.2.2 Ereignisorientierte Simulation

GPSS-FORTRAN Version 3 bietet die üblichen Verfahren für ereignisorientierte Simulation. Hierzu gehört die Bearbeitung von zeitabhängigen und bedingten Ereignissen.
Von zeitabhängigen Ereignissen spricht man, wenn eine Zustandsvariable des Modells zu einem definierten Zeitpunkt ihren Wert ändert.
Bei bedingten Ereignissen erfolgt die Änderung des Wertes, wenn eine
vom Benutzer angegebene Bedingung den Wert TRUE annimmt. Die Bedingung kann in GPSS-FORTRAN Version 3 ein beliebig komplexer prädikatenlogischer Ausdruck sein.

0.2.3 Simulation kontinuierlicher Systeme

GPSS-FORTRAN Version 3 ist in der Lage, beliebige Systeme gewöhnlicher Differentialgleichungen zu bearbeiten. Es besitzt in dieser Beziehung den Sprachumfang anderer Simulatoren zur Simulation kontinuierlicher Systeme wie z.B. ACSL oder CSSL IV (siehe hierzu /11/).

Auf dem Gebiet der kontinuierlichen Simulation bietet GPSS-FORTRAN
Version 3 die folgenden Besonderheiten:

* Unterschiedliche Integrationsverfahren
Es werden verschiedene Integrationsverfahren angeboten.
Hierzu gehören: Runge-Kutta-Fehlberg, Implizites Runge-Kutta-Verfahren vom Gauss-Typ, Extrapolationsverfahren nach Bulirsch-Stoer, Verfahren nach Rosenbrock zur Integration steifer Differentialgleichungen. Alle Verfahren arbeiten mit selbständiger Schrittweitenanpassung.
Darüberhinaus kann der Benutzer eigene Integrationsalgorithmen einbringen. Es ist möglich, das Integrationsverfahren während eines Simulationslaufes zu ändern.

* Dynamische Modellstruktur
Es ist möglich, während eines Simulationslaufes die Modellstuktur zu
verändern.

* Sprungstellen
Durch die Kombination von ereignisorientierter und kontinuierlicher
Simulation ergibt sich eine sehr einfache und bequeme Behandlung von
Diskontinuitäten.

* Totzeit-Variable
Es werden Totzeit-Variable angeboten, für die der Funktionsverlauf
zu weiter zurückliegenden Zeitpunkten bekannt ist. Der Verlauf der
Totzeitvariablen kann Sprungstellen aufweisen.
Es ist nicht erforderlich, daß die Totzeit selbst eine Konstante
ist. Die Totzeit TAU kann beliebige funktionale Abhängigkeiten aufweisen, insbesondere kann die Totzeit zeitvariant sein.

* Lose gekoppelte Systeme
Ein komplexes System kann ggf. in lose gekoppelte Teilsyteme zerlegt
werden. Jedes Teilsystem wird mit eigener Integrationsschrittweite
und eigenem Integrationsverfahren bearbeitet.
Dieses Verfahren bedeutet Ersparnis von Rechenzeit, wenn die Teilsysteme ein deutlich unterschiedliches Zeitverhalten haben. Entscheidend ist jedoch die Möglichkeit eines übersichtlichen, modularen Modellaufbaus.
Mit der Behandlung lose gekoppelter Systeme wird die Forderung nach

sog. Segmenten erfüllt, die im Vorschlag für einen neuen Standard
für kontinuierliche Simulation CSSL 81 enthalten ist /12/. Diese
Segmente heißen in GPSS-FORTRAN Version 3 Sets.

* Kontinuierliche Systeme mit stochastischen Einflüssen
Es stehen 30 unabhängige Zufallszahlengeneratoren für die wichtigsten Wahrscheinlichkeitsverteilungen zur Verfügung,, die die Behandlung stochastischer, kontinuierlicher Systeme ermöglichen.

0.2.4 Kombinierte Modelle

GPSS-FORTRAN Version 3 bietet die Möglichkeit, kombinierte Modelle
zu simulieren. Das bedeutet, daß ein Modell aus Komponenten zusammengesetzt werden kann, die aus dem Bereich Warteschlangenmodelle,
ereignisorientierte Modelle und kontinuierliche Modelle stammen.
Die Bedeutung der kombinierten Modelle wird in der Zukunft sicher
zunehmen. Die strenge Trennung in der Vergangenheit zwischen zeit-
disreter und zeitkontinuierlicher Simulation hat bisher den Blick
für die neuen Möglichkeiten verstellt.

Besondere Sorgfalt wurde auf die Behandlung von Crossings verwandt.
Ein Crossing liegt vor, wenn eine Zustandsvariable einen bestimmten
Grenzwert (Crossinglinie) überschreitet. Durch ein gegenüber GASP
/5/ verbessertes Verfahren ergibt sich eine sehr bequeme Handhabung.

Crossings werden in GPSS-FORTRAN Version 3 auch erkannt, wenn aufgrund einer Diskontinuität eine Zustandsvariable über die Crossinglinie springt oder wenn die Crossinglinie ihren Wert durch ein Er-
eignis ändert und dadurch der Wert der Zustandsvariablen auf die andere Seite der Crossinglinie zu liegen kommt.

0.3 Handhabung und Bedienbarkeit

Besondere Sorgfalt wurde auf die leichte Handhabbarkeit und die be-
nutzerfreundliche Bedienung des Simulators GPSS-FORTRAN Version 3
gelegt. Die verschiedenen Verfahren, die den Anwender unterstützen
sollen, werden im Folgenden kurz beschrieben.
Es soll an dieser Stelle allerdings darauf hingewiesen werden, daß
sich aufgrund der Leistungsfähigkeit und aufgrund der vielfältigen
Möglichkeiten des Simulators eine gewisse Komplexität bei der Handhabung und Bedienung nicht ganz vermeiden lassen.

0.3.1 Die Dokumentation

Die Dokumentation des Simulators umfaßt drei Teile:

* Teil 1:
Systemanalyse und Modellaufbau - Grundlagen der Simulation
In anschaulicher, nicht-formaler Weise werden die Grundlagen der Simulationstechnik dargestellt. Es wird hierbei von den Ergebnissen
der Allgemeinen Systemtheorie ausgegangen.
Darauf aufbauend werden die Konstruktionsprinzipien des Simulators
eingeführt.

* Teil 2:
Der Simulator GPSS-FORTRAN Version 3
Die Funktionen des Simulators werden beschrieben. Weiterhin werden

Hinweise auf die Implementierung mit Fortran gegeben.
Dieser Teil stellt die Sprachbeschreibung dar.

* Teil 3:
Modellaufbau mit GPSS-FORTRAN Version 3
Es werden zahlreiche Beispielmodelle beschrieben und ihr Aufbau mit
Hilfe des Simulators GPSS-FORTRAN ausführlich dargestellt. Dieser
Teil ist als Benutzer-Anleitung gedacht, die den Anwender in die
Handhabung des Simulators in Form einer Bedienungsanleitung einfüh-
ren soll.
Die Bedienungsanleitung macht es möglich, einfachere Modelle in kür-
zester Zeit aufzubauen. Kenntnisse über den inneren Aufbau des Simu-
lators GPSS-FORTRAN sind hierfür nicht erforderlich.

Die Dokumentation ist sehr umfangreich. Sie bietet von allgemeinen
systemtheoretischen Überlegungen ausgehend eine ausführliche Sprachbeschreibung. Beispielmodelle erleichtern die Bedienbarkeit. Auf
diese Weise erhält der Anwender eine umfassende und gründliche Einführung in die Simulation mit GPSS-FORTRAN Version 3. Es wurde von
der Überlegung ausgegangen, daß ein Softwareprodukt nur so gut ist
wie seine Dokumentation.

0.3.2 Der Modellaufbau

Der Simulator GPSS-FORTRAN Version 3 unterstützt den Aufbau von diskreten und kontinuierlichen Modellen mit besonderer Berücksichtigung
von Warteschlangensystemen. In der Regel wird der Benutzer ein Modell aus einem dieser drei Bereiche untersuchen wollen. Die beiden
anderen Bereiche sind für ihn oft ohne Interesse. Der modulare Aufbau des Simulators und die Gliederung des Simulators machen es möglich, daß sich der Benutzer nur auf den Bereich konzentriert, der
für ihn von Bedeutung ist. Es ist nicht erforderlich, daß er die
übrigen Funktionen des Simulators, die er nicht benötigt, kennt.

Eine weitere Vereinfachung ergibt sich aus der Tatsache, daß anspruchsvolle Verfahren und Methoden, die Vorkenntnisse oder Erfahrung verlangen, optional sind. Dem Anwender, der schnell ein einfaches Modell aufbauen möchte, bleibt zunächst die volle Leistungsfähigkeit des Simulators verborgen. Er sieht nur die elementaren Funktionen, die er wirklich benötigt.

Die Handhabbarkeit des Simulators GPSS-FORTRAN Version 3 wird weiterhin verbessert durch die Trennung von Experimentbeschreibung und
Modellbeschreibung. Das bedeutet, daß zunächst das Simulationsmodell
als unabhängige Einheit aufgebaut werden kann. Zusätzlich besteht
die Möglichkeit, gesondert zu spezifizieren, welche Untersuchungen
mit dem Modell durchgeführt werden sollen. Demzufolge besteht ein
Simulationslauf aus den folgenden drei Teilen: Modellinitialisierung, Modellablauf und Ergebnisauswertung.

Die Modellinitialisierung enthält hierbei die Anfangsbedingungen,
mit denen das Modell gestartet werden soll und die Parameter zur Experimentbeschreibung. Während des Modellablaufes werden laufend Daten über das Modellverhalten aufgenommen und abgespeichert. Sie stehen dann anschließend zur Endauswertung zur Verfügung.
Der Vorteil eines derartigen Aufbaus liegt neben der Übersichtlich-
keit in der Möglichkeit, Simulationsläufe mit veränderten Bedingungen zu wiederholen und die durch einen Simulationslauf erzeugten Daten einer mehrfachen Auswertung zugänglich zu machen. Der Simulator

GPSS-FORTRAN Version 3 genügt mit der Trennung von Experiment und Modell der diesbezüglichen Forderung des vorgeschlagenen Standards CSSL 81 /12/. (Siehe hierzu auch /1/).

0.3.3 Die Ein- und Ausgabe

Es stehen zahlreiche Verfahren zur Verfügung, die dem Benutzer die Ein- und Ausgabe erleichtern. Hierzu gehören beispielsweise:

* Formatfreie Eingabe

* Fehlerdiagnostik

* Plots und Balkendiagramm

* Protokollierung des Modellablaufs

Die Protokollierung des Modellablaufs ist auf verschiedenen Ebenen möglich.
Auf der untersten Ebene wird jeder einzelne Zustandsübergang ausgewertet und ausgegeben. Um die Datenflut unter Kontrolle zu behalten, besteht die Möglichkeit, einzelne Modellkomponenten herauszugreifen und nur diese gezielt im Einzelschrittverfahren zu überwachen.
Auf der zweiten Ebene stehen Anweisungen zur Verfügung, die zu jeder, vom Benutzer gewünschten Zeit einen kommentierten Überblick über ausgewählte Systemvariable anbieten. Mit Hilfe dieser Report-Programme steht ständig die relevante Information über den Modellzustand zur Verfügung.
Auf der höchsten Ebene werden in stark komprimierter Form und in übersichtlicher Darstellung die für die Ergebnisauswertung wichtigen Größen ausgegeben. Die stark zusammengefaßte Übersicht der höchsten Ebene steht während des Simulationslaufes als Zwischenergebnis auf Anforderung zur Verfügung. Sie wird auf jeden Fall am Ende des Simulationslaufes ausgegeben.

0.3.4 Die Betriebsarten

Der Simulator GPSS-FORTRAN Version 3 kennt die folgenden drei Betriebsarten: Stapel-Betrieb, interaktiver Betrieb, Realzeit-Betrieb.

* Stapel-Betrieb
Ein Simulationsprogramm wird in der Regel im Stapelbetrieb ablaufen. Die verhältnismäßig langen Rechenzeiten sprechen besonders für diese Betriebsart. Das gilt besonders für diskrete, stochastische Systeme.

* Interaktiver Betrieb
Im interaktiven Betrieb hat der Benutzer zu jeder Zeit die Möglichkeit, den Simulationslauf zu unterbrechen, um sich am Bildschirm über den Zustand des Modells zu informieren. Er kann dann mit ggf. geänderten Werten fortfahren. Dieses Vorgehen ist für kleinere Modelle und für die Testphase sehr angenehm.
Besonders vorteilhaft ist die Trennung von Simulationsexperiment und Simulationsmodell (siehe hierzu 3.2 "Der Modellaufbau") im interaktiven Betrieb. Nach Ablauf eines Simulationslaufes (Experiment) kann der Benutzer die vorteilhafteste Ergebnisdarstellung für den endgültigen Ergebnisausdruck am Bildschirm festlegen.

* Realzeit-Betrieb
Im Realzeit-Betrieb ist die Geschwindigkeit, mit der sich das Modell entwickelt, identisch mit der Geschwindigkeit, mit der das reale System seine Zustandsübergänge in der Zeit durchführt. Die Simulationsuhr und die reale Zeit laufen synchron. Realzeit-Betrieb ermöglicht daher eine Kopplung zwischen Simulationsmodellen und realen Systemen.

0.3.5 Die Ausbaustufen

Es besteht für den Benutzer die bequeme Möglichkeit, die Ausbaustufe des Simulators selbst zu bestimmen, indem er gezielt nur diejenigen Modellobjekte und Modellfunktionen auswählt, die für die Lösung seines individuellen Problems erforderlich sind. Das bedeutet, daß der Simulator bei großen Modellen keine Beschränkung kennt und beliebig bis an die Speicherkapazität des verwendeten Rechners erweitert und ausgebaut werden kann.

Bei kleinen Modellen kann Arbeitsspeicherplatz und Rechenzeit gespart werden, indem der Simulator auf den erforderlichen Umfang reduziert wird.

Die Voreinstellung für die Dimensionierung des Simulators ist sehr umfangreich und ermöglicht den Aufbau sehr großer und komplexer Modelle. In dieser Ausbaustufe hat der Simulator einen Speicherbedarf von ungefähr 80 K Worten (mindestens 32-Bit pro Wort). Für gezielten Einsatz bei kleinen Modellen läßt sich der Arbeitsspeicherbedarf um ein Vielfaches verringern.

0.3.6 Die Einsatzgebiete des Simulators GPSS-FORTRAN Version 3

Der Simulators GPSS-FORTRAN Version 3 mit seinen vielseitigen Möglichkeiten ist für den Einsatz bei den folgenden vier Aufgabenstellungen entwickelt worden: Schnelle Modellerstellung, realitätstreuer Aufbau komplexer Modelle, Aufbau parametrisierter Simulationsmodelle, Ausbildung.

* Schneller Aufbau einfacher Modelle
Es ist möglich, einfache Modelle sehr schnell zu erstellen. Der ungeübte Benutzer kann in kürzester Zeit mit dem Simulator umgehen, soweit er sich auf die voreingestellten Verfahren beschränkt und er keine ausgefallenen Probleme behandeln will.

* Realitätstreuer Aufbau komplexer Modelle
Die zahlreichen Funktionen, die der Simulator GPSS-FORTRAN Version 3 anbietet, gestatten es, auch sehr komplexe Modelle gut und bequem aufzubauen. Besonders wertvoll ist in diesem Zusammenhang die Möglichkeit, die Sprachelemente des Simulators zu ändern und zu erweitern, um sie den Benutzerwünschen anpassen zu können. Damit lassen sich auch besondere Eigenheiten des Systems realitätsgetreu im Modell nachbauen.

* GPSS-FORTRAN als Basissprache für Precompiler
Sehr häufig ist der Benutzer von Simulationsmodellen kein Fachmann auf dem Gebiet der Simulationstechnik. Er ist nur an den Ergebnissen der Modelluntersuchung interessiert und möchte sich selbst nicht mit Simulationstechnik befassen /2/.
Für einen derartigen Benutzer muß eine problemangepaßte, anwender-

nahe Modellbeschreibungssprache entwickelt werden, die den individuellen Anforderungen des Anwendungsgebietes entspricht.
Es ist die Aufgabe des Precompilers, die Modellbeschreibung, die in
der anwendernahen Modellbeschreibungssprache formuliert ist, auf die
nächst niedrigere Sprachschicht abzubilden. GPSS-FORTRAN Version 3
eignet sich aufgrund seines Funktionsumfanges besonders gut als Basissprache für einen Precompiler. Einen weiteren Vorteil bietet
GPSS-FORTRAN als Paket. Zunächst läßt sich die Schnittstelle zwischen Precompiler und Simulator besonders einfach gestalten, da die
Sprachelemente von GPSS-FORTRAN als Basissprache nicht starr sind
sondern den Anforderungen des Precompilers entsprechend modifiziert
und angepaßt werden können. Außerdem können sehr leicht Unterprogramme und Datenbereiche des Simulators, die nicht benötigt werden,
eliminiert werden. Es ergibt sich dadurch eine Reduktion von Speicherplatz und Rechenzeit (siehe auch 3.5 "Die Ausbaustufen").
Es liegen bereits zahlreiche Simulationsmodelle vor, die eine benut-
zerfreundliche, einfache Modellbeschreibung in GPSS-FORTRAN als Basissprache umsetzen. Als Beispiel sei auf /13/, /14/ und /15/ verwiesen.

* Ausbildung
Der Simulator GPSS-FORTRAN Version 3 stellt die funktionsgerechte
Modularisierung in den Vordergrund. Weiterhin ist die Implementierung der Algorithmen unmittelbar zugänglich. Es läßt sich daher am
Simulator GPSS-FORTRAN Version 3 sehr gut zeigen, welche Probleme
sich der Simulationstechnik stellen, auf welche Weise man sie lösen
kann und wie eine Realisierung aussehen könnte. Für die Ausbildung
ist es von besonderem Wert, das Verhalten anderer Verfahren oder
anderer Implementierungen untersuchen zu können.
Die beigegebenen Beispielmodelle unterstützen die Ausbildung bei der
Darstellung der grundsätzlichen Verfahren der Simulationstechnik.
Vom Umfang und Komplexität her eignen sie sich gut als Übungen für
eine Lehrveranstaltung.

0.3.7 Wie lernt man die Bedienung des Simulators GPSS-FORTRAN Ver-
       sion 3 ?

Für einen Benutzer, der mit GPSS-FORTRAN Version 3 noch wenig Erfahrung hat, empfiehlt sich das folgende Vorgehen:

* Lektüre Bd.2 Kap.1 "Die Ablaufkontrolle"
Das Kapitel "Die Ablaufkontrolle" macht mit den wesentlichen Konzep-
ten des Simulators vertraut. Es ist als Voraussetzung für alles weitere erforderlich.

Der nächste Schritt ist davon abhängig, ob zeitkontinuierliche oder
zeitdiskrete Modelle aufgebaut werden sollen.
Für zeitkontinuierliche Modelle gilt:

* Lektüre Bd.2 Kap.2 "Die Simulation zeitkontinuierlicher Systeme"
Es werden die Grundlagen der Simulation zeitkontinuierlicher Systeme
beschrieben.
Die Lektüre von Bd.2 Kap.3 "Warteschlangenmodelle" und Bd.2 Kap.4
"Stationen in Warteschlangenmodellen" kann entfallen.

Für zeitdiskrete Modelle gilt:

* Lektüre Bd.2 Kap.3 "Warteschlangenmodelle"
Es werden die Grundlagen der Simulation von Warteschlangenmodellen

beschrieben.

Nach der Einführung in die Grundlagen der Simulation mit GPSS-FORT-
RAN Version 3 sollte man sich anhand der Beispielmodelle aus Bd.3
"Modellbildung" mit der Bedienung vertraut machen.
Es wird sehr empfohlen, die Beispielmodelle selbst aufzubauen und
die Übungen zu bearbeiten. Nur auf diese Weise ist sichergestellt,
daß sich der Benutzer Sicherheit und Erfahrung im Umgang mit dem Simulator erwirbt. Der anfängliche Aufwand wird sich auf jeden Fall
zur späteren Zeit auszahlen.

Die Beispielmodelle zeigen aufeinander aufbauend die verschiedenen
Möglichkeiten des Simulators. Parallel zum Aufbau der Beispielmodelle sollte der Benutzer die entsprechenden Kapitel aus Bd.2 stu-
dieren. So gehört beispielsweise zu Bd.3 Kap.1.3 "Das Einlesen be-
nutzerdefinierter Variablen" der Abschnitt Bd.2 Kap.7.1 "Das formatfreie Einlesen".

Für zeitkontinuierliche Modelle gilt:

* Aufbau der Modelle aus Bd.3 Kap.1 "Zeitkontinuierliche Modelle"
und Bd.3 Kap.8 "Besondere Möglichkeiten in GPSS-FORTRAN Version 3"

Für Warteschlangenmodelle gilt:

* Aufbau der Modelle aus Bd.3 Kap.2 "Warteschlangensysteme" sowie
Bd.3 Kap.3 bis Bd.3 Kap.5. Zusätzlich Bd.3 Kap.1.3 "Das Einlesen be-
nutzerdefinierter Variablen"

Der Aufbau von Modellen ist ohne Kenntnis des Quellenprogrammes des
Simulators möglich. Es wird jedoch sehr empfohlen, sich bei fortschreitender Beschäftigung auch mit dem Quellenprogramm vertraut zu
machen. Erst dadurch erschließt sich der Benutzer ein wirkliches
Verständnis für den Aufbau und die Funktion des Simulators. Er wird
dann auch Fehlern weniger hilflos gegenüberstehen.

Der Bedeutung nach sollte man sich den Unterprogrammen in der Reihenfolge zuwenden:

FLOWC, ANNOUN, XINPUT

Kontinuierliche Modelle:

EQUAT, INTEG, BEGIN, MONITR, ENDPLO

Diskrete Modelle:

START, GENERA, TERMIN, GATE, SEIZE, WORK, CLEAR, ARRIVE, DEPART,
ENDBIN

Die Parameterliste der Systemunterprogramme findet man in Bd.3 Anhang A 7 "Unterprogramme". Die für das Verständnis der Unterprogramme wichtigen Datenbereiche sind in Bd.3 Anhang A 3 "Datenbereiche" dargestellt. Besonders zu beachten ist hierbei Bd.3 Anhang A
3.2 "Darstellung wichtiger Datenfelder".

Bild 3 zeigt das empfohlene Vorgehen.
Der Bd.1 enthält allgemeine Überlegungen zu Systemanalyse und Modellaufbau. Er kann unabhängig von Bd.2 und Bd.3 nebenher gelesen
werden.

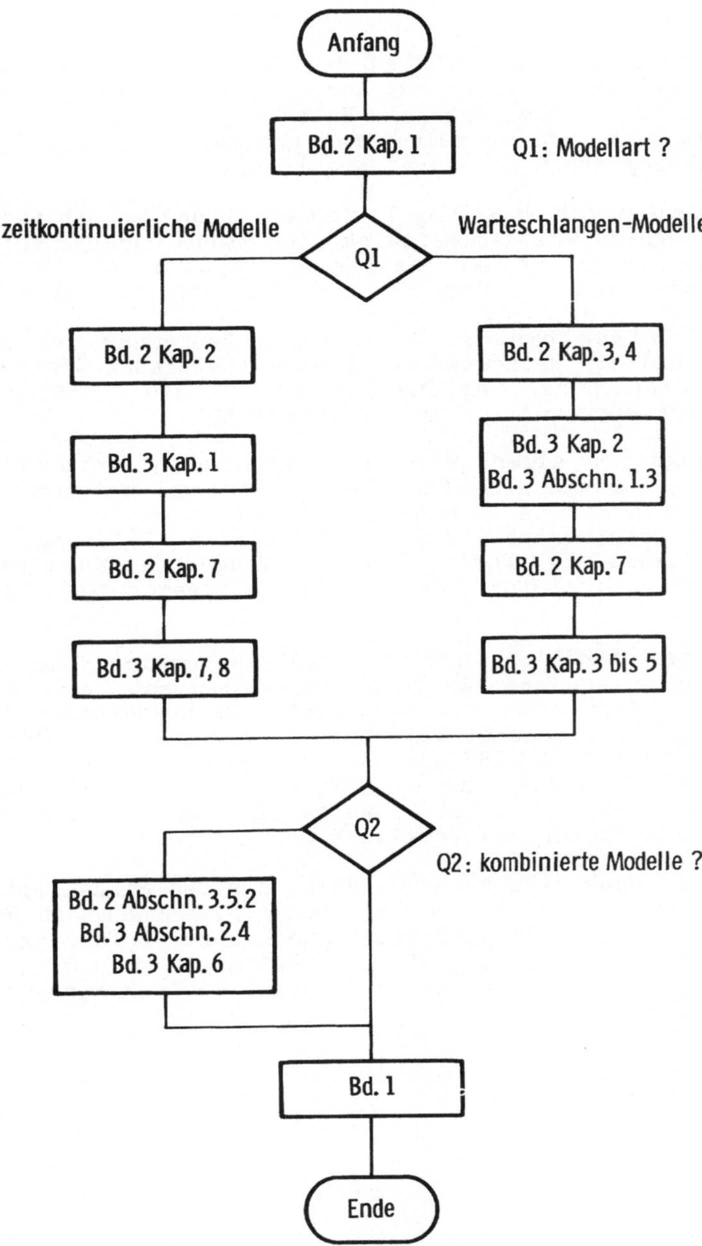

Bild 3: Leseliste für Anwender

0.4 Anerkennungen

Ein umfangreiches Projekt, wie es der Entwurf, die Implementierung
und die Dokumentation des Simulators GPSS-FORTRAN Version 3 darstellt, ist nicht ohne wesentliche Unterstützung möglich.
Zu besonderem Dank bin ich meinen Mitarbeitern verpflichtet, die an
der Ausgestaltung des Simulators beteiligt waren.

Frau Brigitte Gernoth hat die Implementierung der Ablaufkontrolle
und die Implementierung des zeitdiskreten Teils durchgeführt.
Herr Alois Geiger hat an der Festlegung der Grundstruktur des zeitkontinuierlichen Teils mitgewirkt und umfangreiche Teile implementiert.
Herr Gerhard Hauser hat die interaktive Bedienung des Simulators
eingerichtet und die Betreuung des Realzeitbetriebes übernommen.
Herr Peter Eschenbacher hat das Konzept für die Crossings und die
Delay-Variablen überarbeitet und implementiert.

Weiterhin danke ich allen, die durch Anregungen, Verbesserungsvor-
schläge und Kritik die neue Arbeit gefördert und unterstützt haben.
Hierzu gehören auch die Studenten des Instituts für Mathematische
Maschinen und Datenverarbeitung der Universität Erlangen, die durch
ihre beachtenswerte Fähigkeit, Fehler aufzudecken, dazu beigetragen
haben, daß der Simulator bereits seit längerer Zeit problemlos
läuft.

Es ist selbstverständlich, daß GPSS-FORTRAN Version 3 auch Konzepte
und Vorstellungen von anderer Seite übernommen hat, soweit sie sich
als brauchbar und nützlich erwiesen haben. Es wurde darauf geachtet,
auf den Urheber übernommener Verfahren hinzuweisen. Besonders trifft
das für die Simulatoren GPSS und GASP zu.
Herrn Prof. Dr. Schwarze, Humbold Universität Berlin, danke ich in
diesem Zusammenhang für seine Hinweise, die zu dem sehr nützlichen
Set-Konzept in GPSS-FORTRAN Version 3 geführt haben.

Mein besonderer Dank gilt Frau Eva Roth, die das Manuskript erstellt
hat. Mit großer Geduld hat sie immer neue Änderungen des Manuskrip-
tes bearbeitet. Frau Roth weiß jetzt aus eigener Erfahrung, was pro-
jektbegleitende Dokumentation wirklich bedeutet.
Abschließend danke ich Herrn Rainer Rimane, der den Ausdruck des Ma-
nuskriptes überwacht hat.

1 Der wissenschaftliche Erkenntnisprozeß

Systemanalyse und Modellaufbau sind grundlegend für das allgemeine wissenschaftliche Vorgehen.
Die Systemanalyse umfaßt zunächst die Strukturierung des vorgegebenen Datenmaterials; sie führt zur Begriffsbildung und schließlich zu einem abstrakten Modell.
Das Verhalten eines abstrakten Modells kann auf zwei grundsätzlich verschiedene Weisen untersucht werden: Es gibt das analytische Verfahren und den Aufbau eines realen Modells. Da ein reales Modell das Verhalten des zu untersuchenden Systems simuliert, werden reale Modelle auch Simulationsmodelle genannt.

Die Ergebnisse, die das Verhalten des realen Modells beschreiben, können dann auf das ursprüngliche, zu untersuchende System zurückübertragen werden. Je nach Aufgabenstellung handelt es sich bei diesem Schritt um Validierung, Vorhersage oder Erklärung.

An einem einfachen Beispiel aus der Ökologie wird das wissenschaftliche Vorgehen verdeutlicht.
Nach der ersten, einführenden Übersicht werden die einzelnen Schritte der Systemanalyse, des Modellaufbaus und der Modellvalidierung ausführlicher untersucht.

1.1 Einführung in Systemanalyse und Modellaufbau

Der Erkenntnisgegenstand tritt der wissenschaftlichen Untersuchung nur als Menge unstrukturierter Ausgangsdaten entgegen. Hierzu gehören Beobachtungen und Meßergebnisse.
Es ist Aufgabe der Wissenschaften, die zunächst gegebenen Ausgangsdaten zu interpretieren und zu erklären, indem ein abstraktes Modell entworfen wird.

1.1.1 Das abstrakte Modell

Ein abstraktes Modell besteht aus gedachten Objekten mit gedachten Attributen und einer gedachten Struktur. Es stellt sozusagen das Bild des realen Systems im menschlichen Bewußtsein dar.
Ein abstraktes Modell wird mit Hilfe von Sprache repräsentiert. Damit wird zwischenmenschliche Kommunikation über das abstrakte Modell möglich.
Das abstrakte Modell muß so gewählt werden, daß das Verhalten des realen Systems und das Verhalten des abstrakten Modells für eine ausgewählte Problemstellung innerhalb einer vorgegebenen Toleranz übereinstimmen.

Die Systemanalyse untersucht die unstrukturierten Ausgangsdaten und liefert als Ergebnis ein abstraktes Modell. Die Konstruktion des abstrakten Modells umfaßt die folgenden drei Schritte: Abgrenzung gegen die Umwelt, Bestimmung der Modellobjekte und Festlegung der Attribute sowie Definition der Modellstruktur.

* Abgrenzung gegen die Umwelt
Ein abstraktes Modell ist ein abgeschlossenes Ganzes. Reale Systeme sind in der Regel offen; das bedeutet, daß aus der Umwelt, die nicht zum beobachteten System gehören soll, Einflüsse in das System

hineinragen. Für derartige Einflüsse der Umwelt muß im Modell eine Ersatzdarstellung gefunden werden.

* Bestimmung der Modellobjekte und Festlegung der
  Attribute
Es wird bestimmt, welche Objekte im Modell vorkommen sollen und welche Attribute sie haben. Dieser Schritt bedient sich der Abstraktion und Idealisierung. Abstraktion bedeutet, daß nicht alle Objekte und Attribute des realen Systems im abstrakten Modell eine Repräsentation erhalten. Objekte und Attribute des realen Systems, die unwesentlich erscheinen, werden im Modell weggelassen.
Idealisierung bedeutet, daß reale Gegebenheiten auf ideale Objekte abgebildet werden. Beispiel ist der Massepunkt der klassischen Mechanik oder die Repräsentation der jährlichen Schwankung der Sonneneinstrahlung mit Hilfe einer Sinusfunktion.

* Definition der Modellstruktur
Es muß festgelegt werden, in welcher Weise die einzelnen Modellobjekte miteinander in Verbindung stehen sollen und wie sie sich dabei gegenseitig beeinflussen.

Es ist die Aufgabe der Einzelwissenschaften, für ein Wissensgebiet ein abstraktes Modell zu entwerfen und Verfahren zur Beschreibung und Darstellung zu entwickeln.

Die Beschreibung des abstrakten Modells liefert an sich noch keine neue Einsicht. Es ist erforderlich, aus der Beschreibung des abstrakten Modells neue Erkenntnisse über das Modellverhalten zu gewinnen.
Die Aussagen über das Verhalten des abstrakten Modells können dann auf das zu untersuchende reale System zurückübertragen werden und liefern damit auch neue Erkenntnisse über das System.
Die Aussagen über das Verhalten des abstrakten Modells sind auf zwei grundsätzlich unterschiedliche Weisen zu erzielen. Man unterscheidet analytische Verfahren und reale Modellierung (Simulation).

1.1.2 Das analytische Verfahren

Wird das abstrakte Modell mit Hilfe einer formalen Sprache beschrieben, so ist es möglich, neue Aussagen über das Verhalten des abstrakten Modells mit Hilfe der Ableitungsregeln zu gewinnen, die in der Sprache definiert sind. Das bedeutet, daß man gewisse neue Aussagen beweisen kann.

Beispiele:

* Ein reales System soll auf ein abstraktes Modell aus der Klasse der Petri-Netze abgebildet werden. Für das vorliegende Petri-Netz, das als abstraktes Modell für das reale System dient, kann bewiesen werden, ob Systemverklemmung möglich ist oder nicht.

* Für ein abstraktes Modell aus der Klasse der Warteschlangenmodelle können mit Hilfe der Warteschlangentheorie die Werte für die mittlere Warteschlangenlänge und dgl. berechnet werden.

* Zur Darstellung eines zeitkontinuierlichen abstrakten Modells, das mit Hilfe von Veränderungsraten beschrieben werden muß, dienen Differentialgleichungen. Die exakte, analytische Lösung der Differentialgleichungen läßt sich in einfachen Fällen mathematisch bestim-

men.

Analytische Verfahren liefern in der Regel allgemeine Aussagen. Es sind Strukturaussagen über das abstrakte Modell möglich.
Aussagen über ein individuelles Modell erhält man, indem man in der allgemeinen Lösung die Koeffizienten durch entsprechende Werte ersetzt.

1.1.3 Die reale Modellierung

Um Aussagen über das Verhalten eines abstrakten Modells machen zu können, gibt es eine zweite Möglichkeit. Man kann ein weiteres reales System neben dem ursprünglich zu untersuchenden System aufbauen, das sich ebenfalls durch das abstrakte Modell beschreiben läßt. Die beiden realen Systeme müssen so beschaffen sein, daß sie in bezug auf die zu untersuchende Fragestellung gleichwertig sind. Das bedeutet, daß sich beide Systeme durch das gleiche abstrakte Modell repräsentieren lassen.
Dasjenige System, das zur Untersuchung des anderen Systems eingesetzt werden soll, heißt reales Modell. Siehe hierzu Bd.1 Kap. 2 "Reale Modelle und Simulation".

Damit gewinnt man eine Definition von Simulation:
Unter Simulation versteht man ein Verfahren, das die Eigenschaften eines Systems zu untersuchen gestattet, indem man ein zweites System erstellt, das mit dem ursprünglichen System in Bezug auf die zu untersuchenden Größen das gleiche abstrakte Modell besitzt, jedoch leichter zu handhaben ist. Dieses zweite System heißt reales Modell.

Beispiel:

* Es soll der Luftwiderstand eines Flugzeugs bestimmt werden.
Zunächst wird für das Flugzeug ein abstraktes Modell aufgebaut, das die wesentlichen Einflußgrößen enthält. Hierzu gehören im wesentlichen die Abmessungen und das Material der Außenhaut.
Im nächsten Schritt muß ein weiteres reales System gefunden werden, dem das abstrakte Modell ebenfalls unterlegt werden kann. Dieser Anforderung würde zum Beispiel ein im Maßstab stark verkleinertes Flugzeug genügen, dessen Luftwiderstand in einem Windkanal untersucht werden könnte. Man sagt, daß das Verhalten des Modellflugzeugs das Verhalten des ursprünglichen Flugzeugs simuliert.

Eine einfache Klassifikation unterteilt die realen Modelle in physikalische Modelle, graphische Modelle und rechnergestützte Modelle.
Wie man sieht, gehören auch Computermodelle, die auf einer Rechenanlage ablaufen, zu den realen Modellen.
In diesem Fall wird das abstrakte Modell nicht auf physikalische Körper wie z.B. ein kleines Flugzeug, sondern auf ein Simulationsprogramm in einer Rechenanlage abgebildet.
Wesentlich ist hierbei, daß die Zustandsübergänge, die das abstrakte Modell durchläuft, auf der Rechenanlage in der gleichen Reihenfolge nachgespielt werden.

Der Aufbau eines realen Modells liefert nur singuläre Lösungen. Strukturaussagen oder allgemeine Aussagen über das Verhalten des abstrakten Modells sind nicht möglich. Dafür ist ein reales Modell, insbesondere ein Simulationsmodell, viel weniger den Grenzen der Anwendbarkeit unterworfen.

Die Ergebnisse, die das Verhalten des abstrakten Modells beschreiben, lassen sich analytisch ableiten oder an einem realen Modell bestimmen. Für den Fall, daß ein abstraktes Modell sowohl eine analytische Lösung besitzt als auch ein reales Modell dafür existiert, sind die über die beiden verschiedenen Wege gewonnenen Werte vergleichbar.

1.1.4 Die Validierung

Besondere Beachtung verdient der Nachweis, daß ein abstraktes Modell tatsächlich das Verhalten des zu untersuchenden Systems befriedigend repräsentiert. Man spricht dabei von Modellvalidierung.
Grundsätzlich ist eine vollständige Übereinstimmung zwischen System und Modell nicht möglich. Hierfür gibt es zwei Gründe:

1. Das abstrakte Modell ist über Abstraktion und Idealisierung aus dem realen System hervorgegangen. Das abstrakte Modell enthält daher viel weniger Einflußgrößen und wird sich aus diesem Grund unterschiedlich verhalten.

2. Jede Messung am realen System ist mit einem Meßfehler verbunden. Die Abweichung zwischen dem Modellergebnis und der experimentell bestimmten Meßgröße kann auf einen Meßfehler zurückführbar sein.

Die Übereinstimmung zwischen System und Modell ist also nur innerhalb einer vorgegebenen Toleranz möglich.

Zur Modellvalidierung gibt es die beiden Verfahren Verifikation und Falsifikation. Die Verifikation zeigt die Übereinstimmung zwischen Modell und System an untersuchten Einzelfällen.
Im Gegenteil dazu versucht die Falsifikation die Fehlerhaftigkeit des abstrakten Modells durch einen Negativfall nachzuweisen.
Die moderne Wissenschaftstheorie hat gezeigt, daß weder Verifikation noch Falsifikation einen endgültigen Nachweis für die korrekte Übereinstimmung zwischen einem System und seinem abstrakten Modell liefern können. Siehe hierzu /17/.

1.1.5 Zusammenfassung

Als wesentlich sollen an dieser Stelle noch einmal die folgenden Sachverhalte herausgestellt werden:
* Das zu untersuchende System präsentiert sich der menschlichen Erkenntnis nicht an sich, sondern nur in Form der zunächst unstrukturierten Ausgangsdaten.

* Das abstrakte Modell liefert die von der menschlichen Verstandestätigkeit aufbereitete Darstellung des Systems. Der Entwurf des abstrakten Modells beinhaltet die eigentliche, wissenschaftliche Leistung.

* Das Verhalten des abstrakten Modells kann auf zwei Weisen untersucht werden:
Das analytische Verfahren und die reale Modellierung liefern vergleichbare Ergebnisse.

Bild 4 zeigt den Erkenntnisprozeß in der Übersicht.

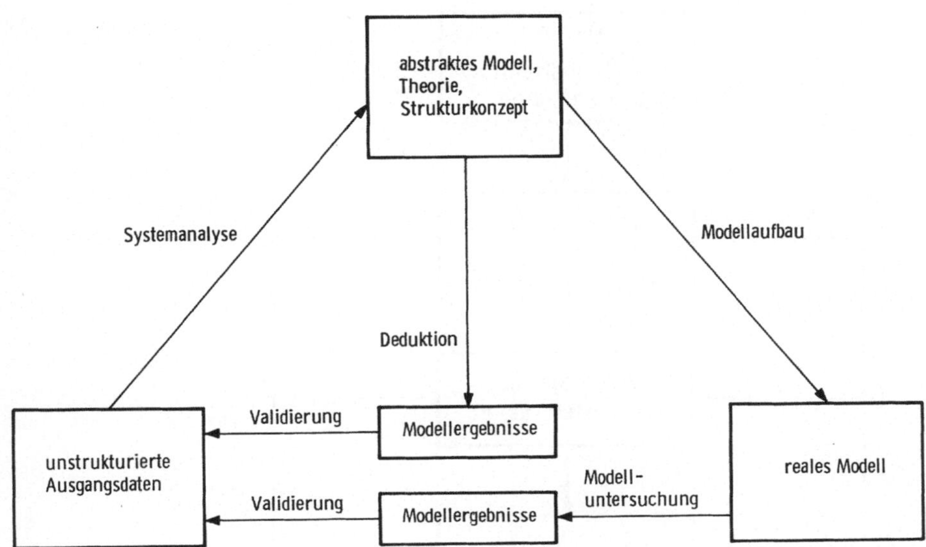

Bild 4: Der wissenschaftliche Erkenntnisprozeß

1.1.6 Das Modell Cedar Bog Lake

An einem Beispiel aus dem Gebiet Ökologie wird das Vorgehen der Systemanalyse und des Modellaufbaus gezeigt. Ausgegangen wird von
einem kleinen See, dem Cedar Bog Lake, der sich in idyllischer Umge-
bung befindet. Es soll die Verlandung des Sees in Abhängigkeit der
jährlichen Schwankungen der Sonneneinstrahlung untersucht werden
/18/.

Die Systemanalyse findet als Untersuchungsobjekt die bunte Vielgestaltigkeit der realen Lebenswelt. Aus den unstrukturierten Ausgangsdaten ist durch Abstraktion und Idealisierung ein abstraktes
Modell zu entwickeln. Die hierzu erforderlichen Schritte werden
nachfolgend beschrieben.

* Abgrenzung gegen die Umwelt
Es wird eine Quelle eingeführt, die die Energieeinstrahlung durch
die Sonne repräsentiert.
In gleicher Weise gibt es eine Senke, die berücksichtigt, daß Pflanzen und Tiere den See verlassen.

* Bestimmung der Modellobjekte und Festlegung der Attribute
Als Modellobjekte werden die Biomassen für Pflanzen, Pflanzenfresser
und Fleischfresser eingeführt. Für diese Modellobjekte wird in diesem Fall als einziges Attribut nur der Energiegehalt herangezogen.

* Definition der Modellstruktur
Die Quelle, als Energielieferant aufgrund der Sonneneinstrahlung,
beeinflußt das Pflanzenwachstum. Das Angebot an Pflanzen bestimmt
den Zuwachs an Pflanzenfressern, von denen andererseits die Fleischfresser abhängen.

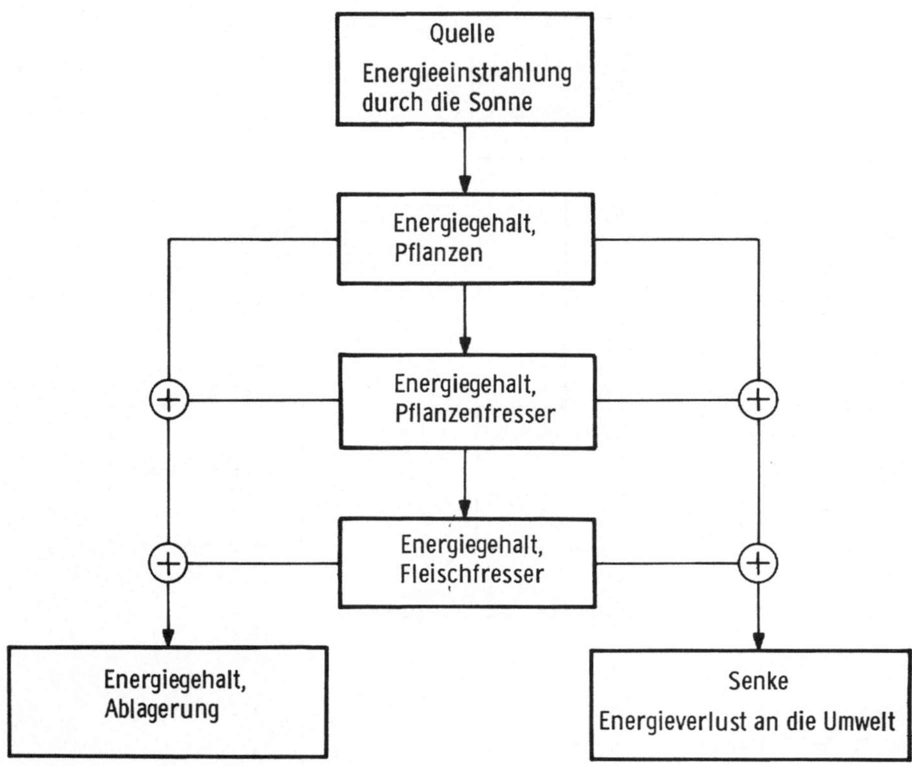

Bild 5: Die Struktur des abstrakten Modells

Pflanzen, Pflanzenfresser und Fleischfresser tragen zur Ablagerung von Sedimenten am Boden des Sees bei. Zugleich geben alle drei Komponenten Substanz an die Umwelt ab. (Siehe Bild 5)
Die Struktur des abstrakten Modells spiegelt sich in den Differentialgleichungen wider, die die Attribute der Objekte miteinander in Beziehung setzen. Es gilt:

x(s) Energieaufnahme des Modells durch Sonneneinstrahlung (Quelle)

x(p) Energiegehalt der Biomasse Pflanzen

x(h) Energiegehalt der Biomasse Pflanzenfresser

x(c) Energiegehalt der Biomasse Fleischfresser

x(e) Energieabgabe an die Umwelt (Senke)

x(o) Energieabgabe an den Boden durch Ablagerung

Als Einheit für alle Zustandsvariablen wurde Energiegehalt (Kalo-
rien/qcm) gewählt. Die Zeiteinheit ist ein Jahr. Damit ergibt sich
eine einfache Formulierung der Gleichungen. Der Energiegehalt ist
der Masse bzw. der Anzahl proportional. Ein Anwachsen des Energiege-
haltes der Biomasse Pflanzen bedeutet demnach eine Zunahme der
Pflanzen im See.
Für die Gleichungen gilt:

$$x(s) = 95.9(1+0.635 \sin (2\pi t))$$

$$dx(p)/dt = x(s) - 4.03x(p)$$

$$ds(h)/dt = 0.48x(p) - 17.87x(h)$$

$$dx(c)/dt = 4.85x(h) - 4.65x(c)$$

$$dx(o)/dt = 2.55x(p) + 6.12x(h) + 1.95x(c)$$

$$dx(e)/dt = 1.00x(p) + 6.90x(h) + 2.70x(c)$$

Das auf diese Weise entwickelte abstrakte Modell erhebt den Anspruch, die Vorgänge des realen Systems innerhalb einer vorgegebenen
Toleranz ausreichend genau widerzuspiegeln.

Man sieht zunächst, daß der Abstraktionsprozeß aus der großen Vielzahl der Objekte mit ihren zahllosen Attributen nur einige wenige
übrig gelassen hat.
Die Idealisierung hat die jahreszeitliche Schwankung der Sonneneinstrahlung durch eine einfache Sinusfunktion ersetzt.
Es wird deutlich, daß das abstrakte Modell nicht real in der Umwelt
zu finden ist, sondern zunächst nur im menschlichen Bewußtsein. Das
abstrakte Modell ist das von der menschlichen Verstandestätigkeit
konstruierte Bild des realen Systems.
Es wurde bereits gesagt, daß die Entwicklung des abstrakten Modells
die wesentliche wissenschaftliche Leistung darstellt. Im vorliegenden Beispiel besteht die zentrale Modellidee in der Annahme der drei
Kompartimente Pflanzen, Pflanzenfresser und Fleischfresser, die sich
in ihrem Wachstum beeinflussen und in unterschiedlicher Weise zur
Bodenablagerung beitragen.

Die bisher dargestellte Beschreibung des abstrakten Modells liefert
noch keine neue Erkenntnis.
Neue Erkenntnis ergibt sich erst, wenn sich aus der Modellbeschrei-
bung neue Sachverhalte über das Verhalten des Modells ableiten las-
sen.
Ein derartiger neuer Sachverhalt wäre beispielsweise der Verlauf der
Zustandsgrößen $x(p)$, $x(h)$, $x(c)$, $x(e)$ und $x(o)$ als Funktion der
Zeit.

Um die Differentialgleichungen des abstrakten Modells zu lösen, kann
man zunächst das analytische Verfahren versuchen. Wäre $x(s)$ eine
zeitunabhängige Konstante, läge ein lineares System der 1. Ordnung
vor, dessen Lösung relativ leicht anzugeben wäre. Im vorliegenden
Fall ist jedoch $x(s)$ eine Funktion der Zeit. Damit wird das Differentialgleichungssystem zeitvariant; es existiert keine einfach zu
bestimmende, analytische Lösung mehr.

Als Alternative zur Untersuchung des Modellverhaltens empfiehlt sich
die reale Modellierung. Für die Simulation bedeutet die Lösung keine
Schwierigkeit.

Bild 6 zeigt den Verlauf für die Zustandsvariablen als Funktion der Zeit.

Die Drucksymbole haben die folgende Bedeutung:

P Planzen (Plants)
H Pflanzenfresser (Herbivares)
C Fleischfresser (Carnivares)
O Ablagerung am Boden (Organic)
S Sonneneinstrahlung (Solar)

Die Ergebnisse wurden mit Hilfe des Simulators GPSS-FORTRAN Version 3 gewonnen. (Siehe Bd. 3 Kap. 8.1.1 "Das Modell Cedar Bog Lake") Man sieht die jahreszeitliche Schwankung der Sonneneinstrahlung in Form einer Sinusschwingung. Phasenverschoben folgt das Wachstum der Pflanzen, Pflanzenfresser und Fleischfresser.
Die entscheidende Größe ist die Zunahme der Ablagerung. Die Abhängigkeit der Verlandung von der Zeit war Ziel der Untersuchung.

Es wurde schon mehrfach darauf hingewiesen, daß eine genaue übereinstimmung zwischen dem Verhalten des realen Systems und dem Verhalten des abstrakten Modells nicht erwartet werden kann. Die Gründe für eine mögliche Abweichung liegen im Meßvorgang, im Abstraktionsprozeß und in der Idealisierung.

* Meßvorgang
Es ist offensichtlich, daß die Zustandsvariablen und die Koeffizienten am realen System nur sehr schwer zu ermitteln sind. Die Meßwerte der Zustandsgrößen werden daher sehr große Abweichungen aufweisen.

* Abstraktion
Das reale Verhalten des Systems wurde im abstrakten Modell drastisch vereinfacht. So blieb z.B. unter vielem anderen der Lotka-Volterra-Effekt unberücksichtigt; er behandelt die Tatsache, daß die Wachstumsrate der Pflanzen nicht unabhängig ist von der Anzahl der Pflanzenfresser.

* Idealisierung
Die Annahme, daß die Sonneneinstrahlung im Modell im jährlichen Verlauf die Form einer Sinussschwingung hat, führt dazu, daß sich das Modellverhalten und das Verhalten des realen Systems unterscheiden werden.

Die Übereinstimmung zwischen System- und Modellverhalten ist demzufolge nur innerhalb einer vorzugebenden Toleranz denkbar.

Wird im Vergleich von System- und Modellverhalten innerhalb der vorzugebenden Toleranz Übereinstimmung erzielt, spricht man von Verifikation. Je mehr Fälle von Übereinstimmung beobachtet worden sind, umso stärker wird das Vertrauen in die Abbildungstreue des abstrakten Modells zunehmen. Es ist nicht möglich, mit Hilfe der Verifikation die Korrektheit des abstrakten Modells zu beweisen.
Wird ein Fall beobachtet, in dem System und Modell innerhalb der Toleranz nicht übereinstimmen, spricht man von Falsifikation. Auch die Falsifikation vermag nicht, die Zurückweisung eines Modells endgültig zu begründen, da es immer möglich ist, das Modell durch Zusatzhypothesen zu retten. Weiterhin hat die Wissenschaftsgeschichte gezeigt, daß es oft besser ist, ein fehlerhaftes Modell für einen Realitätsbereich zu besitzen als garkeines.

P L O T   NR 1

VARIABLE	MINIMUM	MAXIMUM	MITTELWERT	95%-KONFIDENZ INTERVALL	ENDE EINSCHW. VORGANG	MITTELWERT VERSCHIEBUNG	MW.-VERSCH. IN PROZENT
P = PLANTS	8.3000E-01	3.1884E+01					
H = HERBIV	3.0000E-03	8.4433E-01					
C = CARNIV	1.0000E-04	7.9046E-01					
O = ORGANIC	0.	1.2029E+02					
S = SOLAR EN	3.5122E+01	1.5668E+02					

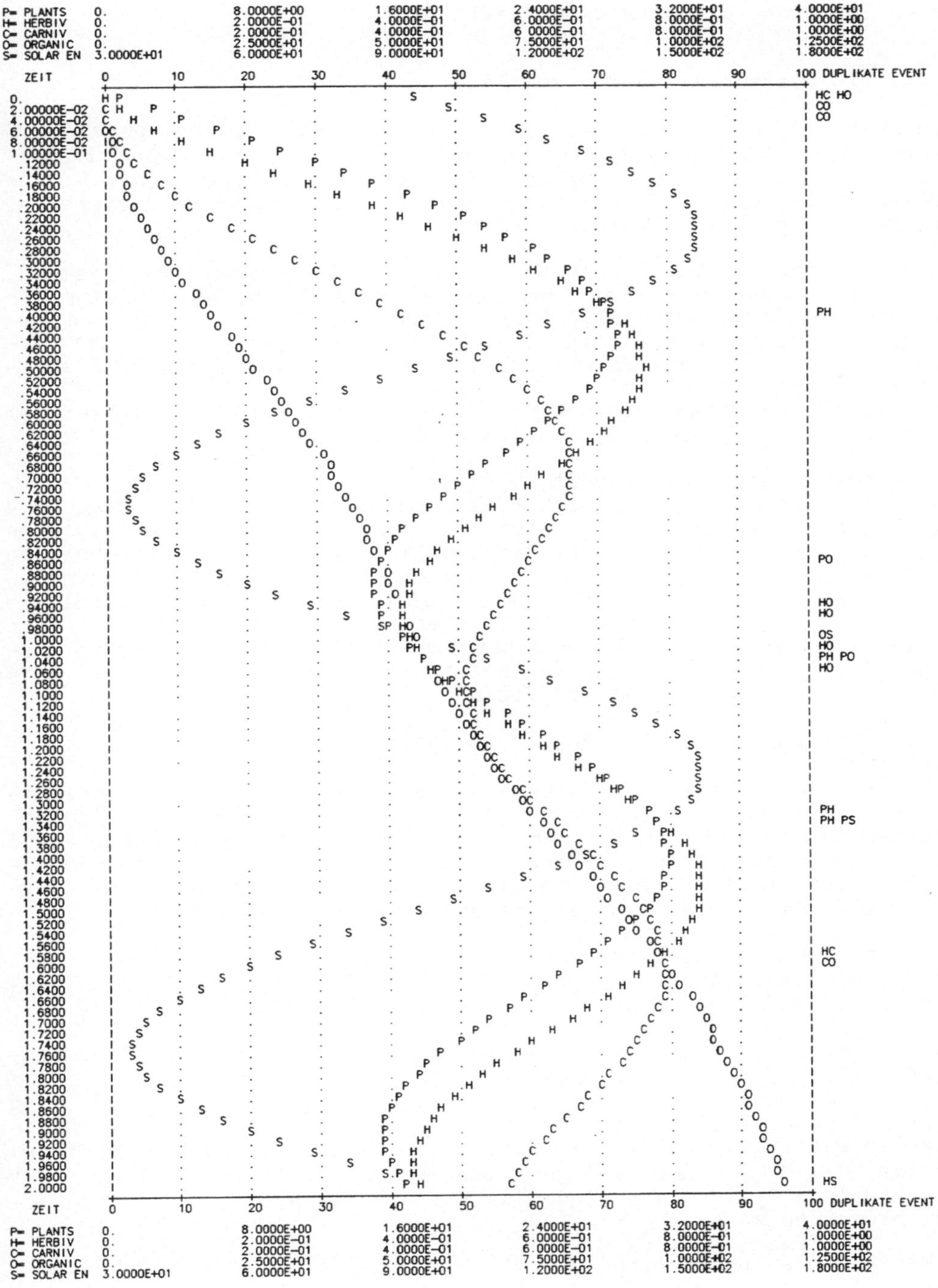

P= PLANTS	0.	8.0000E+00	1.6000E+01	2.4000E+01	3.2000E+01	4.0000E+01
H= HERBIV	0.	2.0000E-01	4.0000E-01	6.0000E-01	8.0000E-01	1.0000E+00
C= CARNIV	0.	2.0000E-01	4.0000E-01	6.0000E-01	8.0000E-01	1.0000E+00
O= ORGANIC	0.	2.5000E+01	5.0000E+01	7.5000E+01	1.0000E+02	1.2500E+02
S= SOLAR EN	3.0000E+01	6.0000E+01	9.0000E+01	1.2000E+02	1.5000E+02	1.8000E+02

ZEIT   0   10   20   30   40   50   60   70   80   90   100 DUPLIKATE EVENT

ZEIT   0   10   20   30   40   50   60   70   80   90   100 DUPLIKATE EVENT

P= PLANTS	0.	8.0000E+00	1.6000E+01	2.4000E+01	3.2000E+01	4.0000E+01
H= HERBIV	0.	2.0000E-01	4.0000E-01	6.0000E-01	8.0000E-01	1.0000E+00
C= CARNIV	0.	2.0000E-01	4.0000E-01	6.0000E-01	8.0000E-01	1.0000E+00
O= ORGANIC	0.	2.5000E+01	5.0000E+01	7.5000E+01	1.0000E+02	1.2500E+02
S= SOLAR EN	3.0000E+01	6.0000E+01	9.0000E+01	1.2000E+02	1.5000E+02	1.8000E+02

Bild 6: Der Verlauf der Zustandsvariablen für den Cedar Bog Lake

An dieser Stelle soll nur auf die Schwierigkeiten hingewiesen werden, die mit der Modellvalidierung verknüpft sind. Eine Antwort auf die Probleme ist abhängig von der jeweiligen wissenschaftstheoretischen Position, die eingenommen wird /17/.

1.1.7 Die Systemanalyse für komplexe Systeme

Zunächst ist nicht einzusehen, warum die bisher beschriebenen Verfahren der Systemanalyse und des Modellaufbaus auch in den Wissenschaften, die sich mit komplexen Systemen beschäftigen, nicht einsetzbar sein sollen. Es hat sich gezeigt, daß auch diese Systeme auf ein Modell abgebildet werden können.

Es gibt jedoch einige Probleme auf dem Gebiet der komplexen Systeme, die kurz erwähnt werden sollen. Hierbei zeigt sich, daß nur die Systemanalyse besonderer Beachtung bedarf. Die Untersuchung des abstrakten Modells selbst folgt dem üblichen Vorgehen und bereitet geringe Schwierigkeiten. Sowohl analytische Verfahren wie auch die Simulation sind einsetzbar.
Die besonderen Schwierigkeiten der Systemanalyse auf dem Gebiet der komplexen Systeme haben die folgenden Gründe:

* Abgrenzung gegen die Umwelt'
Komplexe Systeme zeichnen sich häufig durch eine besonders enge Verflechtung zur Umwelt ab. So sind z.B. biologische und medizinische Systeme sehr viel stärker auf die Umwelt bezogen als z.B. technische Systeme. Außerdem ist es für biologische und medizinische Systeme schwieriger, die Umwelt unter Laborbedingungen konstant zu halten, um dadurch ihren Einfluß zu eliminieren.
Es bereitet aus diesem Grund besondere Probleme, für den Umwelteinfluß, dem das reale System ausgesetzt ist, im abstrakten Modell eine adäquate Ersatzdarstellung zu finden.

* Bestimmung der Modellobjekte und Festlegung der
  Attribute
Die hohe Komplexität von Systemen hat eine hohe Anzahl von Modellobjekten mit einer hohen Anzahl von Attributen zur Folge. Die Systemanalyse kann daher sehr schwer abschätzen, welche Systemkomponenten als wesentlich im Modell übernommen werden müssen und welche als nebensächlich vernachlässigt werden können. Dazu kommt die Schwierigkeit, für die Attribute zuverlässige Werte zu bestimmen.

* Definition der Modellstruktur
Die Komplexität der Systeme hat weiterhin eine komplexe Modellstruktur zur Folge, die nur sehr schwer ermittelt werden kann.

Die soeben genannten Schwierigkeiten haben dazu geführt, mit dem Begriff "ill defined systems" zu arbeiten /19/.
Es soll an dieser Stelle herausgestellt werden, daß für "ill defined systems" Modellbildung nicht einsetzbar ist. Nur ein eindeutig definiertes abstraktes Modell ermöglicht die Ableitung neuer Ergebnisse. Einige Hinweise müssen genügen, die zeigen, auf welche Weise auch für komplexe Systeme ein eindeutig definiertes abstraktes Modell erreicht werden kann.

* Weitgehende Abstraktion
Bewußt fallen Einzelheiten dem Abstraktionsprozeß zum Opfer. Dadurch wird das Modell natürlich sehr grob und ungenau. Man gewinnt auf diese Weise zunächst eine ungefähre Vorstellung über das Systemver-

halten. Das grobe Modell könnte dann allerdings schrittweise durch Hinzugabe weiterer Systemelemente und Systemfunktionen verbessert werden.

* Einführung stochastischer Modellkomponenten
Falls das genaue Verhalten einer Modellkomponente nicht bekannt ist, kann die kausale Abhängigkeit durch eine Wahrscheinlichkeitsverteilung ersetzt werden.

* Systemidentifikation und Parameterschätzung
Man kann eine Annahme über die Modellstruktur machen und anschließend die Attribute so festlegen, daß die damit bestimmten Modellergebnisse mit Meßreihen übereinstimmen.

* Fuzzy Systems
Oft ist es in komplexen Systemen schwer möglich, für Objekte oder Relationen eine eindeutige Mengenzugehörigkeit zu treffen. Hier liefert die Theorie der fuzzy systems eine adäquate Beschreibungsmöglichkeit. Siehe hierzu /20/ und /21/.

Abschließend soll ein Problem angesprochen werden, das besonders schwerwiegend ist. Es handelt sich um komplexe Systeme, in denen es möglich ist, daß sich aus zunächst unbedeutenden Nebensächlichkeiten wichtige Systemveränderungen ergeben.

Da der filternde Abstraktionsprozeß bei der Systemanalyse die kleinen Ursachen als unwesentlich eliminiert, da sie ja klein und damit für das Verhalten des Systems nicht entscheidend zu sein scheinen, fehlt im Modell eine kausale Wirkkette, die im realen System zu tiefgreifenden und schwerwiegenden Veränderungen führen kann.
Falls in einem System Wirkzusammenhänge ablaufen, die aus kleinen Ursachen große Wirkungen ermöglichen, ist aus prinzipiellen Gründen Modellbildung nicht möglich.

1.2 Beschreibungsverfahren für abstrakte Modelle

Das zu untersuchende, reale System als Wirklichkeitsausschnitt präsentiert sich der menschlichen Erkenntnis zunächst als bunte, unstrukturierte Menge von Beobachtungen und Phänomenen. Alles, was beobachtbar ist, wird zunächst als Eigenschaft bezeichnet.
Die Systemanalyse sondert aus der Vielzahl der beobachtbaren Eigenschaften aufgrund der Fragestellung einige wenige aus und überträgt sie auf das abstrakte Modell. Der Eigenschaft im realen System entspricht im abstrakten Modell das Attribut. Das heißt, daß Eigenschaften des realen Systems auf Attribute des abstrakten Modells abgebildet werden.

1.2.1 Attributklassen und Zustandsvariable

Gleichartige, das heißt logisch oder physikalisch zusammengehörige Attribute werden zu Attributklassen zusammengefaßt, die mit Hilfe von Begriffen wie z.B. Masse, Beruf, Alter oder Temperatur bezeichnet werden.
Die Werte innerhalb dieser Klasse sind die im Modell zulässigen Attribute. Für die Attributklasse Beruf gelte z.B. äSchreiner, Metzger, Schuster, Bäckerü.

Bestimmte, ausgezeichnete Attribute eines Modells können als veränderlich angesehen werden. Sie bezeichnen den momentanen Wert, der sich jeder Zeit aufgrund der Eigendynamik oder aufgrund einer Anregung von außen ändern kann.
Es ist deswegen sinnvoll, die Attributklassen eines abstrakten Modells als Zustandsvariable zu bezeichnen. Die Attribute, die tatsächlich angenommen werden, sind dann die Ausprägungen der Zustandsvariablen. Die Zeitreihe von Attributen einer bestimmten Klasse heißt Zeitfunktion oder Prozeß.

Der Zustand des Modells ist eindeutig festgelegt, wenn alle Attribute des Modells bekannt sind. Das bedeutet, daß für alle Zustandsvariablen die Ausprägungen vorliegen.

Das dynamische Verhalten eines Modells in der Zeit läßt sich demnach als Aufeinanderfolge von Zuständen auffassen. Man spricht von Zustandsübergang, wenn ein Modell von einem Zustand in den nachfolgenden wechselt, in dem Zustandsvariable ihren Wert ändern.

Um die Struktur eines abstrakten Modells anschaulich zu beschreiben, ist es üblich, Zustandsvariable durch Kästchen und Wirkungen oder Einflüsse durch Pfeile darzustellen.

Wirkungen oder Einflüsse bedeuten, daß die Änderung der einen Zustandsvariablen eine Änderung einer mit ihr verbundenen Zustandsvariablen zur Folge hat. Man unterscheidet gleichsinnige und gegensinnige Wirkungen.

* Gleichsinnige Wirkung
  Die Erhöhung der einen Zustandsvariablen führt zur Erhöhung der abhängigen Zustandsvariablen. Entsprechend führt die Erniedrigung der ersten Zustandsvariablen zur Erniedrigung der zweiten. Häufig stellt man eine gleichsinnige Wirkung durch ein + über dem Wirkpfeil dar.

* Gegensinnige Wirkung
  Die Darstellung erfolgt durch ein - über dem Wirkpfeil.
  Die Erhöhung der ersten Zustandsvariablen führt zur Erniedrigung
  der abhängigen Zustandsvariablen und umgekehrt.

An einigen willkürlich ausgewählten Beispielen soll das Vorgehen gezeigt werden.

Beispiele:

* Weltmodelle
In den Modellen, die den Anspruch erheben, die Entwicklung der Erde
zu beschreiben, gibt es Abhängigkeiten der folgenden Art:

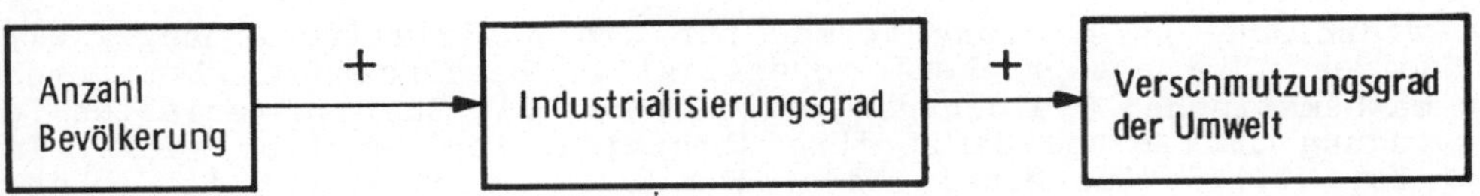

Das bedeutet, daß der Industrialisierungsgrad gleichsinnig von der
Zustandsvariablen Bevölkerungszahl abhängt.

* Physiologische Modelle

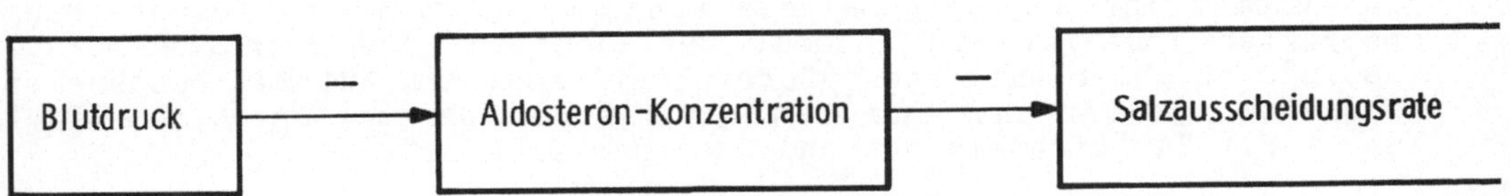

Eine Erhöhung des Blutdrucks führt zu einem erniedrigten Aldosteron-
Spiegel, der seinerseits eine Erhöhung der Salzausscheidung zur
Folge hat.

* Naturwissenschaftliche Modelle

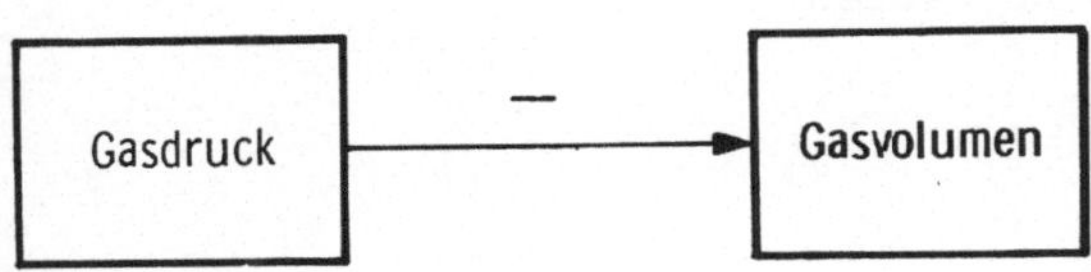

Wenn der Druck auf ein Gas von außen erhöht wird, verringert sich
das Volumen.

* Technische Modelle

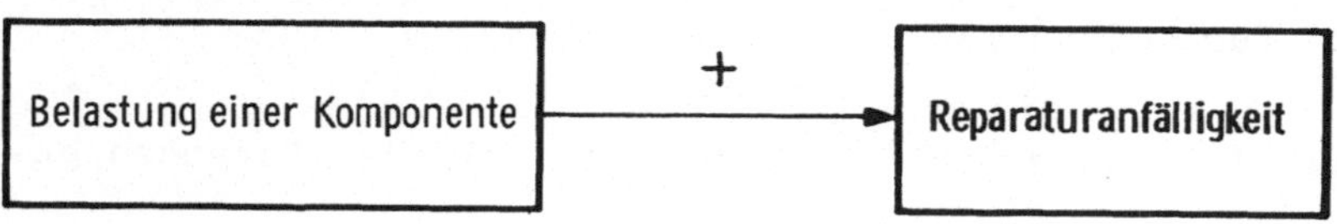

Je stärker ein bestimmtes Bauteil einer Maschine belastet wird, umso
höher wird die Reparaturanfälligkeit.

Die bisherigen, sehr einfachen Beispiele zeigen, daß Wirkungen nur
zwischen Zustandsvariablen bestehen. Das bedeutet, daß eine Zustandsvariable eine andere beeinflußt.

Die graphische Darstellung vermag nur die qualitative Abhängigkeit
zu zeigen. Die entsprechende quantitative Beschreibung wird durch
die mathematischen Gleichungen gegeben, die die Zustandsvariablen in
Verbindung bringt und damit ihre Abhängigkeiten deutlich macht. In
Bd.1 Kap. 1.1.6 "Das Modell Cedar Bog Lake" zeigt Bild 5 die Abhängigkeit der Attribute. In dieser Darstellung beeinflußt der Energiegehalt der Pflanzen, der Pflanzenfresser und der Fleischfresser den
Energiegehalt der Ablagerungen. Diese qualitativen Zusammenhänge
finden sich in quantitativer Form in der angegebenen Gleichung:

$$dx(o)/dt = 2.55x(p) + 6.12x(h) + 1.95x(c)$$

1.2.2 Der Begriff des Automaten

Ein Automat ist das allgemeinste Konzept zur formalen Beschreibung
abstrakter Modelle. Ein Automat repräsentiert das Verhalten einer
Zustandsvariablen aufgrund äußerer Einflüsse. Ein Automat beschreibt
sozusagen ein Kästchen aus den graphischen Darstellungen aus Bd.1
Kap. 1.2.1 "Attributklassen und Zustandsvariable".

Eine kurze, sehr gut lesbare Einführung in die automatentheoretische
Modellbeschreibung findet man in /22/.

Ein Automat A wird durch ein 5-Tupel definiert. Es gilt:

A = (X, Y, Z, f, g)

X Ausprägungsmenge der Input-Variablen
Y Ausprägungsmenge der Output-Variablen
Z Ausprägungsmenge der Zustands-Variablen
f Zustandsfunktion
g Ausgabefunktion

Ein Automat läßt sich graphisch wie folgt darstellen:

Hierbei ist x der Wert der Inputvariablen, die auf den Automaten
wirkt und ihn gegebenenfalls zu einer Zustandsänderung anregt.
z ist der Wert der Zustandsvariablen, die auf den Input reagiert. y
ist der Wert einer Variablen, die angibt, in welcher Weise der Zustand z des Automaten nach außen weitergegeben wird.
Die Zustandsfunktion f beschreibt den neuen Zustand z(t+dt), der
sich ergibt, wenn ein Input x(t) den Automaten anregt, der sich zur
Zeit t gerade im Zustand z(t) befindet.
Es gilt:

f: X * Z ---> Z

z(t+dt) = f(x(t),z(t))

Das bedeutet, daß im allgemeinen der neue Zustand des Automaten vom
Input und vom vorherigen Zustand des Automaten abhängig ist.

Die Ausgabefunktion g stellt dar, wie der beobachtbare Output y(t)
vom Input x(t) und vom Zustand z(t) abhängt.
Es gilt:

g: X * Z ---> Y

y(t) = g(x(t),z(t))

Beispiel:

* Verkaufsautomat
Der Verkaufsautomat gibt nach Einwurf eines Geldstückes (Input x(t))
in Abhängigkeit des Zustandes z(t) als Output y(t) das Geldstück
oder das Verkaufsgut heraus.
Der neue Zustand z(t+dt) nach Einwurf des Geldstückes hängt vom Zustand des Automaten z(t) ab. Befand sich der Automat vor Einwurf des
Geldstückes im Zustand leer, so wird er auch nach dem Einwurf im Zustand leer verbleiben. Enthält der Verkaufsautomat jedoch vorher n
Verkaufsgüter, so wird der Zustand nach Einwurf durch die Anzahl n-1
gekennzeichnet.

Es wird sich zeigen, daß es sinnvoll ist, Automaten einzusetzen, die
keinen Input haben und für die dennoch ein Output beobachtet werden
kann. Diese Automaten werden zur Beschreibung von Modellkomponenten
eingesetzt, die Eigendynamik aufweisen; das heißt, daß sich die Zustandsvariable z(t) ändert, ohne von außen angeregt worden zu sein.
Für einen derartigen Automaten gilt:

g: Z ---> Y

y(t) = g(z(t))

Beispiele:

* Quellen
Um offene Systeme nachbilden zu können, müssen im Modell für die
Einflüsse, die auf das reale System einwirken, Ersatzdarstellungen
gefunden werden. Quellen geben einen Output nach außen ab, der den
Einwirkungen der Umwelt auf das reale System entspricht, ohne dazu
angeregt worden zu sein.

* Angeregte Anfangszustände
Wenn man dem Grundsatz "Keine Wirkung ohne Ursache" folgt, so bedeutet das, daß jede Änderung einer Zustandsvariablen und damit auch
die Änderung des Outputs von einem Input veranlaßt werden muß. Ohne
Input würde der Zustand und der Output unverändert konstant sein.
Nun ist es möglich, daß eine Modelluntersuchung zu einer Zeit beginnt, zu der sich der Automat nach einer vorhergegangenen Anregung
noch nicht wieder in Ruhe befindet. Der Anfangszustand des Automaten
ist ungleich dem Ruhezustand. Ein derartiger Automat wird eine
Eigendynamik ohne Anregung zeigen.

Als Beispiel mag ein kräftefreies Feder-Stoßdämpfer-Modell dienen,
dessen Verhalten beobachtet wird, wenn der Anfangszustand des Modells beim Start eine Auslenkung aufweist.

Hinweis:

* Die Darstellung von Zustandsvariablen mit Hilfe von Automaten sowie die graphische Repräsentation der Zustandsvariablen durch Kästchen und die Einflüsse und Wirkungen durch Pfeile findet sich in der
Modellbeschreibungssprache System Dynamics wieder (siehe hierzu Bd.1
Kap. 4.4 "System Dynamics"). Ein Level entspricht einem Automaten.
Die Änderung des Levels durch die Rates ist analog zur Zustandsfunktion. Allerdings ist das automatentheoretische Konzept allgemeiner,
da es die Zustandsfunktion nicht auf Rates beschränkt sondern beliebige Formen von Zustandsänderungen zuläßt. So sind z.B. zeitdiskrete
Zustandsübergänge oder endliche Automaten in System Dynamics nicht
darstellbar.

Eine Klassifikation der Automaten orientiert sich zweckmäßigerweise
an den Variablen x, y und z und an der Zustandsfunktion f.

* Diskrete Automaten
Die Wertevorräte der Variablen x, y und z bilden eine Menge von endlich oder unendlich vielen abzählbaren Elementen. Das bedeutet, daß
die Elemente auf die Menge der natürlichen Zahlen abbildbar ist.
Anschaulich bedeutet das, daß Zustandsübergänge nur in Form von
Sprüngen möglich sind. Die Zustandsfunktion f und die Ausgabefunktion g sind diskret.

Beispiele:

* Warteschlangenmodelle
* Schaltwerkmodelle
* Lagerhaltungsmodelle

* Kontinuierliche Automaten
Sobald die Wertevorräte der Variablen x, y und z eine Menge mit unendlich vielen oder nicht abzählbar vielen Elementen bildet, heißt
der Automat kontinuierlich. Das bedeutet insbesondere, daß in der
Regel die Abhängigkeiten der Variablen x, y und z vor der Zeit als

stetige Funktionen dargestellt werden können. Die Zustandsfunktion f und die Ausgabefunktion g sind ebenfalls stetig.

* Determinierte Automaten

Sobald für einen Automaten die Zustandsfunktion f und die Ausgabefunktion g vollständig definiert ist, so spricht man von einem determinierten Automaten. Das bedeutet, daß jedem Wertepaar (x,z) eindeutig ein Wert für z und ein Wert für y zugeordnet werden muß. Für jeden möglichen Ausgangszustand z(t) und jeden möglichen Input x(t) muß eindeutig der Folgezustand z(t+dt) und der dazugehörige Output y(t+dt) definiert sein.

* Indeterminierte Automaten

Gibt es für mindestens eine der beiden Automatenfunktionen f und g keine Abbildungsvorschrift, so spricht man von einem indeterminierten Automaten. In diesem Fall gehören zu jedem Wertepaar (x,z) mehrere Werte von z oder y. Das bedeutet, daß bei festem Ausgangszustand z und festem Input x keine Angaben darüber gemacht werden können, welcher Folgezustand eingenommen wird und welchen Wert die Outputvariable y annehmen wird.

* Stochastische Automaten

Stochastische Automaten sind ein Sonderfall der indeterminierten Automaten. Bei stochastischen Automaten lassen sich Wahrscheinlichkeiten angeben, mit denen bei vorgegebenem Wertepaar (x,z) bestimmte Werte für z und y angenommen werden.

Eine weitere Unterteilung der Automaten ist nach zusätzlichen Eigenschaften der Zustandsfunktion möglich.

* Lineare Automaten

Ein Automat heißt linear, wenn seine Zustandsfunktion f und seine Ausgabefunktion g linear sind. Es gilt demnach:

f: z(t+dt) = a*z(t) + b*x(t)

g: y(t) = c*z(t) + d*x(t)

wobei a,b,c und d reelle Zahlen sind.

Für zeitkontinuierliche Automaten ist eine Definition der Zustandsfunktion in geringfügig anderer Weise zweckmäßig. Es ist bequemer, die Zustandsänderung mit Hilfe der Änderungsrate zu beschreiben. Es gilt:

dz(t)/dt = f(x,z,t)

wobei

dz(t)/dt = (z(t+dt) - z(t))/dt

Aus diesen beiden Gleichungen ergibt sich der neue Zustand zur Zeit t+dt wie folgt:

z(t+dt) = z(t) + f(x,z,t)*dt

Man sieht, daß beide Darstellungen äquivalent sind. Ausgehend vom Zustand z(t) läßt sich mit Hilfe der Änderungsrate f(x,y,t) und der Schrittweite dt der neue Zustand z(t+dt) bestimmen. Von diesem Verfahren macht die numerische Integration von Differentialgleichungen

Gebrauch.

Die Struktur des abstrakten Modells wird durch die Wirkungen und Einflüsse festgelegt, die die einzelnen Automaten als Elementarbausteine des abstrakten Modells aufeinander ausüben. Das geschieht, indem der Ausgang des einen Automaten mit dem Eingang eines nachfolgenden Automaten verbunden wird. Diese Vorgehensweise bedeutet, daß der Zustand des nachfolgenden Automaten vom Output des vorhergehenden Automaten abhängt.

Um Zusammenfügungen oder Verzweigungen bei Wirkpfeilen darstellen zu können, müssen Verknüpfungssymbole vereinbart werden.

Als Beispiel für die graphische Repräsentation eines abstrakten Modells sei auf das Modell Cedar Bog Lake in Bd.1 Kap. 1.1.6 Bild 5 verwiesen. Das Verknüpfungssymbol ist im vorliegenden Fall die Addition.
Man sieht, wie eng sich die mathematische Beschreibung mit Hilfe der Differentialgleichungen und die graphische Repräsentation des abstrakten Modells entsprechen.

Automaten sind die kleinsten und allgemeinsten Elemente, mit deren Hilfe abstrakte Modelle dargestellt werden können. Ein abstraktes Modell läßt sich definieren durch das Verhalten der beteiligten Automaten und durch die Struktur, die das Wirkgefüge der Automaten aufeinander beschreibt.

Definition:
Ein abstraktes Modell besteht aus einer Menge von Automaten, die miteinander in Verbindung stehen. Die Verbindung der Automaten legt die Struktur des abstrakten Modells fest.
Ein abstraktes Modell befindet sich zu jeder Zeit in einem bestimmten Zustand, der sich von dem Zustand der Automaten und dem Zustand der Modellstruktur ergibt.

Ein ausführliches Beispiel, das zeigt, wie ein abstraktes Modell aus elementaren Automaten aufgebaut werden kann, wird in Bd.1 Kap. 4 "Lineare Modelle" beschrieben.

Eine Klassifikation der abstrakten Modelle wird daher Struktureigenschaften und Eigenschaften der Automaten berücksichtigen müssen.

1.2.3 Abstraktionsebenen

Ein Automat beschreibt das Verhalten einer Zustandsvariablen aufgrund einer Veränderung am Eingang. Es wird damit nur eine funktionale Abhängigkeit realisiert. Wenn der Input $x(t)$ sich in einer gewissen Weise ändert, dann wird am Ausgang die Veränderung der Outputvariablen $y(t)$ festgestellt. Eine Erklärung für das festgestellte Verhalten liefert der Automat nicht.
Nun besteht die Möglichkeit, für einen Automaten eine Abstraktionsebene tiefer zu gehen und damit die Struktur zu verfeinern. Man stellt sich vor, daß der Automat selbst aus Subautomaten zusammengesetzt ist. Das Verhalten des ursprünglichen Automaten ergibt sich jetzt aus dem Verhalten der Teilautomaten. Sobald Teilautomaten mit einer entsprechenden Struktur gefunden worden sind, die das Verhalten des übergeordneten Automaten zu reproduzieren vermögen, so sagt man, daß man für das Verhalten des übergeordneten Automaten eine Erklärung gefunden habe.

Das Vorgehen soll am Beispiel des Cedar Bog Lake erläutert werden.
Das Modell Cedar Bog Lake aus Bd.1 Kap. 1.1.6 stellt ein Modell
einer sehr hohen Abstraktionsebene dar. Bild 5 zeigt, daß die Sonneneinstrahlung das Pflanzenwachstum beeinflußt. Es gilt:

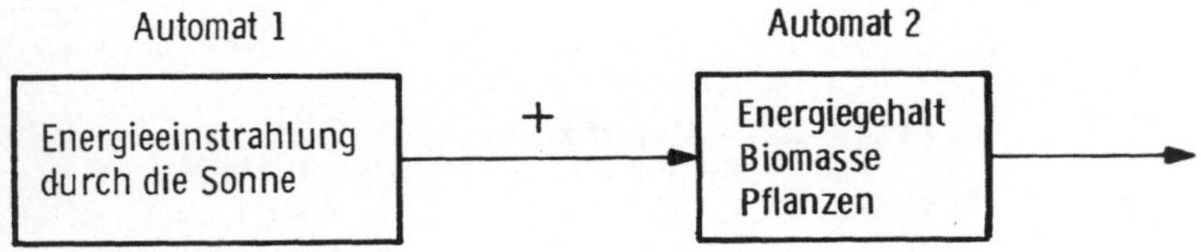

Für Automat 1 gilt:

Zustandsvariable   z1: Energieeinstrahlung Sonne

Zustandsfunktion f: $z1 = 95.5(1+0.635*\sin 2 \pi t)$

Ausgabefunktion g: y1= z1

Das bedeutet, daß die Zustandsvariable z1 nicht vom Input x abhängt.
Automat 1 ist eine Quelle. Die Zustandsfunktion beschreibt ausschließlich die Eigendynamik.

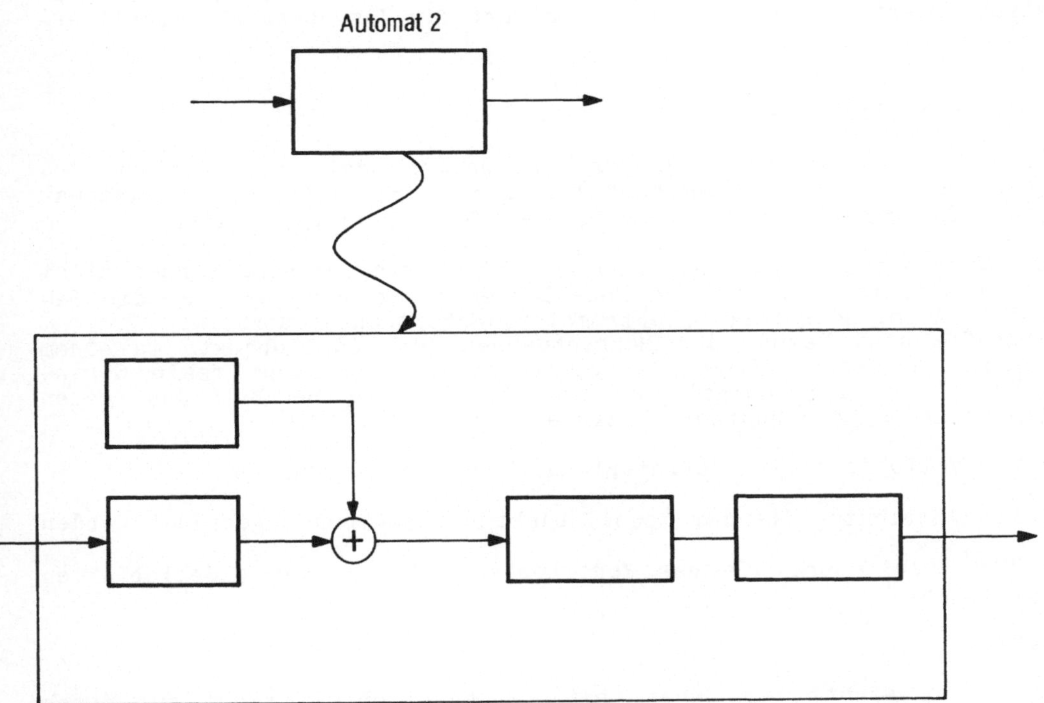

Bild 7: Zerlegung eines Automaten in Subautomaten

Die Ausgabefunktion bildet den Zustand z ohne Veränderungen nach außen ab. Der Wert der Zustandsvariablen läßt sich direkt abgreifen.

Für Automat 2 gilt:

Zustandsvariable z2:   Energiegehalt Biomasse Pflanzen

Input : $x2 = y1$

Zustandsfunktion f: $dz2/dt = x2 - 4.03*z2$

Ausgabefunktion g: $y2 = z2$

Als Input für Automat 2 wird der Ausgang von Automat 1 eingesetzt. Der wesentliche Gesichtspunkt ist, daß der Automat eine Zuordnung von Inputvariablen zu Outputvariablen vornimmt und sonst nichts.

Nun ist die Systemanalyse in der Lage, den Automaten 2 genauer zu untersuchen, indem dieser in Subautomaten zerlegt wird (siehe Bild 7).

Das würde bedeuten, daß im einzelnen untersucht wird, wie das Pflanzenwachstum tatsächlich auf die Sonneneinstrahlung reagiert und welche Kausalzusammenhänge im einzelnen die global zu beobachtenden Ergebnisse zu produzieren vermögen.

Die Möglichkeit, eine Hierarchie von Abstraktionsebenen aufzubauen, ist ein wertvolles Hilfsmittel der Systemanalyse. Hierdurch wird ein strukturierter, übersichtlicher Entwurf für das abstrakte Modell erreicht.

1.2.4 Modellobjekte

Es soll noch einmal herausgestellt werden, daß Automaten nur Zustandsvariable und deren Veränderungen repräsentieren. Ein Automat steht für eine Zustandsvariable, d.h. für eine Eigenschaft.

Die Wissenschaftssprache ebenso wie die Umgangssprache kennen nicht nur Attribute sondern auch Modellobjekte. So gibt es z.B. die Begriffe Atom, Säugetier, Elektromotor, Arbeitnehmer usw.
Begriffe sind Namen oder Bezeichnungen für Modellobjekte in einem abstrakten Modell. Begriffe bezeichnen demnach nicht reale Gegenstände; sie sind nominal insofern sie sich auf das Bild des realen Gegenstandes im Bewußtsein beziehen.

Ein Modellobjekt wird definiert durch zwei Bestimmungen:

* Die Attribute, die dem Modellobjekt unmittelbar zugeordnet werden

* Die Relationen, die das Modellobjekt mit anderen Modellobjekten verbinden.

Hinweis:

* Es ist wichtig zu sehen, daß ein Modellobjekt nicht nur durch seine individuellen Eigenschaften allein charakterisiert werden kann. Zur Definition ist auch die Stellung des Modellobjektes in der Gesamtstruktur des abstrakten Modells von Bedeutung.

Die Art und die Anzahl der Attribute, die einem Modellobjekt zugeordnet werden, wird von der Systemanalyse in Abhängigkeit der Fragestellung festgelegt. Der Abstraktionsprozeß filtert aus der Vielzahl
der Eigenschaften, die den realen Gegenstand kennzeichnen, einige
wenige heraus.

In diesem Vorgehen äußern sich drei wesentliche Merkmale des Be-
griffs abstraktes Modell: Abbildungsmerkmal, Verkürzungsmerkmal und
das pragmatische Merkmal.

Das Abbildungsmerkmal deutet darauf hin, daß ein Modell die Abbildung oder die Repräsentation eines realen Systems ist.

Das Verkürzungsmerkmal gibt an, daß ein abstraktes Modell nicht alle
Eigenschaften des Originals berücksichtigt.

Das pragmatische Merkmal zeigt, daß die Auswahl der Attribute von
der Fragestellung bedingt wird, die zur Entwicklung des abstrakten
Modells geführt hat.

Die Attribute, die ein Modellobjekt innerhalb eines abstrakten Modells kennzeichnen, können entweder als konstant oder als variabel
angesehen werden. Die Attributklassen, denen ein veränderliches
Attribut angehört, werden als 'Zustandsvariable bezeichnet. Ihr Verhalten kann durch Automaten dargestellt werden.

Beispiele:

* Planetensystem
Ein abstraktes Modell, das die Bewegungen der Planeten beschreiben
soll, kennt als Modellobjekte die Sonne und die Planeten.
Für einen Planeten wählt die Systemanalyse nur die beiden Attribute
Masse und Position aus. Hierbei wird das Attribut Masse als Kon-
stante behandelt. Die Position ist veränderlich. Das heißt, daß die
Ortskoordinaten in einem vorgegebenen Koordinatensystem als Zu-
standsvariable betrachtet werden.

* Warteschlangenmodell
Ein Auftrag in einem Warteschlangenmodell kann z.B. die folgenden
Attribute besitzen: Auftragsnummer, Priorität, Entstehungszeitpunkt
und Wartezeit. Die drei ersten Attribute sollen konstant bleiben.
Nur die Wartezeit ändert sich entsprechend der Zeit, die der Auftrag
in der Warteschlange zugebracht hat.
Man sieht, daß ein realer Auftrag, der zahlreiche Eigenschaften aufweist, auf ein Modellobjekt abgebildet wird, das nur 4 Attribute besitzt.

1.2.5 Auswahl des abstrakten Modells

Für die Modellbildung ist die Einsicht wichtig, daß es zu ein und
demselben System unterschiedliche abstrakte Modelle geben kann. Jedes abstrakte Modell repräsentiert das System, wenn es von einem bestimmten Standpunkt aus gesehen wird. Es ist bereits dargestellt
worden, daß sich der Abstraktionsprozeß auf relevante Systemeigenschaften konzentriert und die unwesentlichen vernachlässigt. Die
Entscheidung, welche Systemeigenschaften relevant sind, hängt von
der Frage- und Problemstellung ab, auf die das zu entwickelnde Modell eine Antwort und Lösung finden soll. Daraus folgt, daß der Abstraktionsprozeß aufgrund unterschiedlicher Frage- und Problemstel-

lungen zu unterschiedlichen abstrakten Modellen führt.
Anwendbare abstrakte Modelle sind Abbilder des realen Systems, die
relativ zur Frage- und Problemstellung sind.

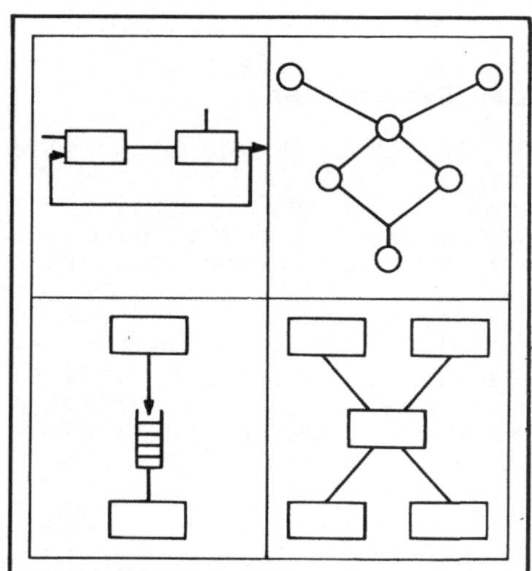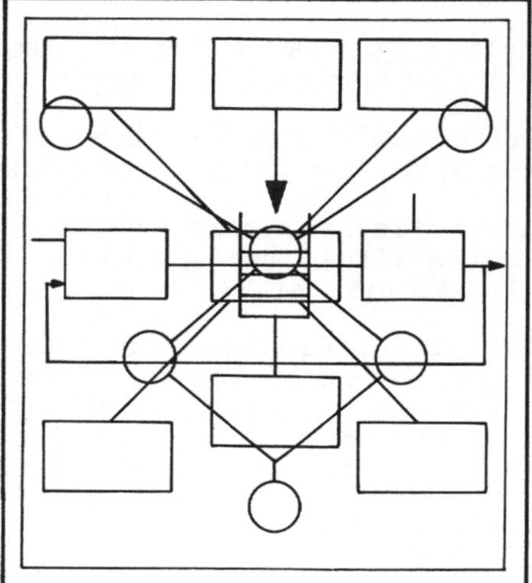

Bild 8:   Die unstrukturierten Ausgangsdaten und
           dazugehörige abstrakte Modelle

Bild 8 zeigt die bunte Vielgestaltigkeit eines realen Systems. Der
Abstraktionsprozeß löst diejenigen Strukturen heraus, die er aufgrund der Frage- und Problemstellung für relevant hält.
Bild 8 zeigt weiterhin mögliche abstrakte Modelle, die als Repräsentation des Systems unter entsprechenden Fragestellungen in Frage
kommen.

Beispiel:

* Das zu untersuchende System sei die Erdoberfläche. Die Erdoberfläche läßt sich nach unterschiedlichen Gesichtspunkten gliedern und
zerlegen:

- Die Geographie ordnet nach natürlichen Gegebenheiten, zu denen Ge-
birge, Ebenen, Gewässer, Klimazonen und dgl. gehören. Die Erdoberfläche wird auf diese Weise durch ein abstraktes Modell erfaßt,
das Begriffe wie "Wüste", "Sahel-Zone", "Antarktis" und dgl. enthält. Andere Gegebenheiten fallen dem Abstraktionsprozeß zum Opfer
und werden nicht in das abstrakte Modell übernommen.

- Die politische Geschichtsschreibung unterwirft, soweit sie sich mit Staatswesen befaßt, die Erdoberfläche einem gänzlich anderem Ordnungsschema. In diesem Fall werden alle Gebiete zusammengefaßt, die demselben staatlichen Einflußgebiet angehören. Es entsteht ein abstraktes Modell, das mit Begriffen wie "Vereinigte Staaten von Nordamerika", "Bundesrepublik Deutschland" usw. arbeitet.

- Eine sehr willkürliche Strukturierung überzieht die Erdoberfläche gleichmäßig mit Längen- und Breitengraden.

Die Gliederung und Ordnung der Erdoberfläche ist ein besonders einfaches und anschauliches Beispiel für die Tatsache, daß es unterschiedliche abstrakte Modelle für dasselbe System geben kann.

Die unterschiedlichen abstrakten Modelle haben ihre Berechtigung insofern sie ihren Zweck erfüllen. Die Bewertung der abstrakten Modelle erfolgt in diesem Zusammenhang in Abhängigkeit von ihrer Brauchbarkeit.

Wenn der Einfluß des Klimas auf die Vegetationszonen dargestellt werden soll, bedient man sich am günstigsten eines geographischen abstrakten Modells mit dem zugehörigen Begriffsapparat. Ein staatspolitisches Modell wäre für die vorliegende Aufgabe umständlich und hinderlich.

Der Standpunkt, von dem aus sich die menschliche Erkenntnis dem System als Erkenntnisobjekt nähert, bestimmt auch die Sprache. Das System als Erkenntnisobjekt ist zunächst nur in Form unstrukturierter Ausgangsdaten gegeben. Erst das abstrakte Modell zerlegt und gliedert das zu untersuchende System, indem es über die unstrukturierten Ausgangsdaten ein Begriffsnetz spannt. Dieses Begriffsnetz ordnet die Ausgangsdaten, bestimmt ihre jeweiligen Abhängigkeiten und legt ihre Bedeutung fest. Die unstrukturierten Ausgangsdaten ohne interpretierendes abstraktes Modell vermitteln noch keine Erkenntnis. Es gilt Kants Satz: "Anschauung ohne Begriffe ist blind".

Beispiel:

* Die weißen Lichtpunkte, die sich über den nächtlichen Himmel bewegen, sind für sich gesehen ohne Zusammenhang und Bedeutung. Sie stellen die unstrukturierten Ausgangsdaten dar. Erst ein abstraktes Modell, wie es einer heliozentrischen Weltsicht zugrunde liegt, erlaubt es, die weißen Lichtpunkte als Planeten zu bezeichnen, die auf festen Bahnen mit vorherbestimmbarer Umlaufzeit um die Sonne kreisen.

Es ist der menschliche Verstand, der durch immer neues Zergliedern und Umordnen der Ausgangsdaten versucht, ein abstraktes Modell zu finden, in das sich alle Ausgangsdaten sinnvoll einpassen lassen.

Ein abstraktes Modell, das die Ausgangsdaten zu einem sinnvollen Ganzen zusammenzufassen vermag, zwingt dem Betrachter eine Sichtweise der Dinge auf, von der er sich nur schwer wieder lösen kann. Das hat zur Folge, daß ein abstraktes Modell sehr schnell selbstverständlich und damit trivial wird. Die wissenschaftliche Leistung,

die erforderlich war, um das abstrakte Modell zu finden, verliert
mit der Zeit zunehmend an Wertschätzung. Der Retrospektive erscheint
alles mehr oder weniger klar und eindeutig: "Es kann ja eigentlich
gar nicht anders sein". Der Blick in die Wissenschaftsgeschichte be-
zeugt jedoch, welche Anstrengungen der wissenschaftlichen Vernunft
notwendig waren, um zu einer Begriffsbildung zu kommen, die uns
heute selbstverständlich ist.

Hinweis:

* Die Entwicklung eines abstrakten Modells ist die wesentliche
Grundlage wissenschaftlicher Tätigkeit. Die Bedeutung der Begriffe
wird durch das abstrakte Modell festgelegt. Es gibt keine theorie-
unabhängige, reine Beobachtungssprache, die die Dinge beschreibt, so
wie sie sind, bevor sie eine Interpretation durch das abstrakte Modell erfahren. (Dazu siehe auch /24/ und die kritische Auseinander-
setzung mit /24/ in /17/.
Die Tatsache, daß es zu einem realen Sytem mehrere unterschiedliche
abstrakte Modell geben kann, unterstützt die Ansicht, daß wissenschaftliche Arbeiten immer selektiv sind. Eine ganzheitliche Darstellung eines Erkenntnisgegenstandes, der alle Gegebenheiten berücksichtigt, ist eine Fiktion (siehe auch /23/ und /25/).

1.2.6 Modellklassen

Ein abstraktes Modell besteht aus Modellobjekten mit deren Attributen und aus einer Struktur, die die Attribute dieser Modellobjekte
miteinander in Beziehung setzt. Eine Klassifikation der abstrakten
Modelle sollte sich daher an der Art der Attribute und an dem Aussehen der Struktur orientieren.
Eine Klassifikation liefert zunächst einmal eine Übersicht und trägt
dadurch zu Ordnung und Klarheit bei. Weiterhin ist eine Klassifikation für den Vorgang des Modellaufbaus und der Modellauswertung
nützlich. Es wäre wünschenswert, eine Klassifikation zu finden, die
für eine Modellklasse klassentypische Verfahren und Methoden anbieten kann.

Beispiele:

* Für die Klasse der Warteschlangenmodelle gibt es eine mathematische Theorie, die das Warteschlangenverhalten analytisch bestimmen
kann (siehe z.B. /26/). Weiterhin gibt es Simulatoren, die sich ganz
besonders zur Behandlung von Warteschlangenmodellen eignen. Hierzu
gehört z.B. GPSS /39/ und GPSS-FORTRAN.

* In gleicher Weise gibt es für die Klasse der linearen zeitkontinuierlichen Modelle eine ausgearbeitete Theorie, die Aussagen über das
Verhalten auf analytischem Weg machen kann /27/. Außerdem gibt es
Simulatoren, die Sprachelemente zur Darstellung und Auswertung derartiger Modelle anbieten. Hierzu zählt z.B. SIDAS /28/.

Es wurde bereits dargestellt, daß abstrakte Modelle relativ zur
Frage- und Problemstellung sind. Es zeigt sich, daß die Modellklassen dem entsprechen und typisch für eine Klasse von Einsatzfeldern
und Anwendungsgebieten sind.

Beispiele:

* Warteschlangenmodelle werden herangezogen, wenn Fragen über die folgenden Größen beantwortet werden müssen: Belegung von Betriebsmitteln, Auslastung von Geräten, Wartezeiten, Verweilzeiten, Warteschlangenlängen etc.

* Lineare, zeitkontinuierliche Modelle werden eingesetzt, wenn es darum geht, die Veränderugen zu beschreiben, die ein Eingangssignal erfährt, das eine Kette von unterschiedlichen Übertragungsgliedern durchläuft.

Im allgemeinen Fall läßt sich ein abstraktes Modell aus elementaren Automaten zusammensetzen. Es wird eine Beschreibung der einzelnen Subautomaten und eine Beschreibung der Struktur benötigt. Besondere Einschränkungen in Bezug auf die Eigenschaften der Automaten oder der Struktur werden in diesem Fall nicht gemacht. Insbesondere ist es nicht erforderlich, daß die Automaten von gleicher Art sind. Eine beliebige Kombination von diskreten, kontinuierlichen, deterministischen oder stochastischen Automaten ist möglich. Weiterhin können die Automaten linear bzw. nichtlinear sein. Abstrakte Modelle ohne Einschränkungen in Bezug auf die Automaten oder die Struktur werden auch allgemeine kombinierte Modelle genannt. Zur Klassifikation der Automaten als grundlegende Basiselemente für abstrakte Modelle siehe Bd.1 Kap. 1.2.1 "Attributklassen und Zustandsvariable".

Eine Klassifikation für abstrakte Modelle erhält man, indem man für die Eigenschaften der Automaten und für die Eigenschaften der Struktur zusätzliche Bestimmungen einführt.

Das erste Klassifikationsmerkmal betrifft die Art der Zustandsänderungen. Man unterscheidet diskrete (logische) und kontinuierliche (mathematische) abstrakte Modelle.

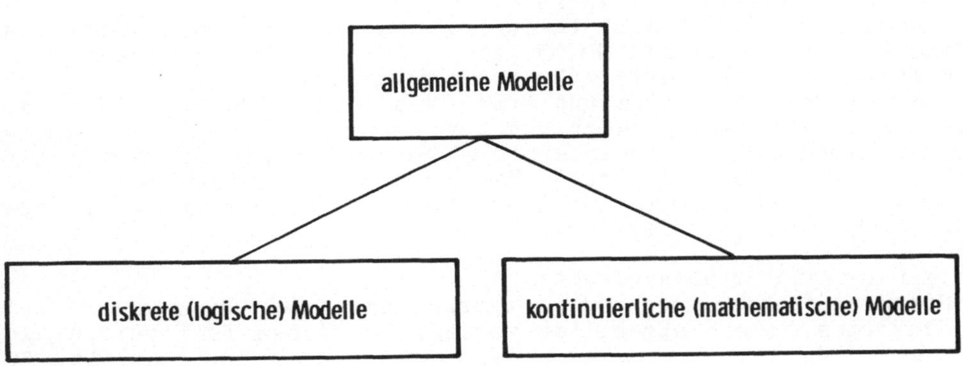

Bild 9: Klassifikation der abstrakten Modelle

Hinweis:

* Die Zustandsänderung betrifft zunächst die Automaten. Es ist jedoch auch möglich, daß sich die Struktur des abstrakten Modells dynamisch ändert. Eine variable Modellstruktur berücksichtigt die Tatsache, daß die Abhängigkeiten und Wirkungen der Komponenten des realen Systems häufig über längere Zeiträume nicht konstant bleiben.

Ein Modell soll diskret heißen, wenn alle Zustandsübergänge diskret sind. Das bedeutet, daß alle Automaten diskret sind und sich die Modellstruktur nur diskret ändert. In gleicher Weise soll ein Modell kontinuierlich genannt werden, wenn alle Zustandsübergänge kontinuierlich verlaufen. Es ergibt sich demnach ein Schema nach Bild 9.

An dieser Stelle soll noch einmal hervorgehoben werden, daß sich das gleiche System durch abstrakte Modelle unterschiedlicher Art darstellen läßt. Ein System kann daher auf ein Modell aus der Klasse der diskreten oder der kontinuierlichen Modelle abgebildet werden. Die Entscheidung, welche Modellklasse für ein zu entwickelndes Modell gewählt wird, trifft der Modellkonstrukteur in Bezug auf die zu untersuchende Fragestellung. Je nachdem, ob ein diskretes oder kontinuierliches Modell gewählt wird, erscheint das reale System unter anderem Licht.

Beispiele:

* Wirte-Parasiten Modell
Es soll ein System untersucht werden, das aus zwei Tierpopulationen besteht; es handelt sich um Wirte und Parasiten. Die Vermehrung der Parasiten erfolgt durch den Befall von Wirten. Das Modell wird ausführlich in Bd.3 Kap. 1.1 "Wirte-Parasiten Modell I" beschrieben.
Ein diskretes Modell "sieht" einzelne Individuen und spielt jeden einzelnen Zustandsübergang auch einzeln nach. Zu den Zustandsübergängen zählen z.B. Wirtebefall, Geburt eines Wirtes oder Parasiten bzw. Tod eines Wirtes oder Parasiten.
Ein kontinuierliches Modell beschreibt das System demgegenüber als kontinuierlichen Fluß mit Hilfe von Differentialgleichungen. Einzelne Individuen sind nicht mehr unterscheidbar.
Die Auswahl des Modelltyps und damit die Sichtweise unter der das reale System erscheint, hängt von der Fragestellung ab. Wenn individuelle Eigenschaften berücksichtigt werden sollen, dann muß ein diskretes Modell gewählt werden. Falls nur die Veränderungsraten und die zeitliche Entwicklung der Population von Bedeutung sind, empfiehlt sich ein kontinuierliches Modell.

* Modell für ein Straßenverkehrssystem
Ein Straßenverkehrssystem mit Kreuzungen und Ampeln kann einmal auf ein diskretes Modell abgebildet werden. In diesem Fall werden die Fahrzeuge und ihre Zustandsübergänge individuell nachgespielt. Zu den Zustandsübergängen gehört beispielsweise Anhalten, Abbiegen, Umschalten der Ampeln usw. Fragestellungen an ein derartiges Modell wären mittlere Warteschlangenlängen vor den Ampeln und dgl.
Es ist auch möglich, das zu untersuchende System mit Hilfe eines kontinuierliche Modells zu beschreiben. In einer solchen Darstellungsweise erscheinen die Fahrzeuge als stetiger Strom, der durch die Verkehrswege fließt.

In einer Sichtweise, die ein bestimmtes Modell zur Beschreibung des zu untersuchenden Systems wählt, stehen nur sprachliche Ausdrucksmittel zur Verfügung, die dem entsprechenden Modell zugehören. Sach-

verhalte, für die das Modell keine Begriffe bereitstellt, sind nicht
darstellbar.

Eine weitergehende Klassifikation der abstrakten Modelle ergibt
sich, indem man zusätzliche Bestimmungen in Bezug auf die Zustandsvariablen und die Struktur einführt. So wäre für die diskreten Modelle eine Einteilung möglich, die Bild 10 zeigt.

Warteschlangenmodelle sind diskrete Modelle, die aus Stationen und
Aufträgen bestehen. Die Stationen bilden ein Netz, durch das die
Aufträge hindurchwandern. Falls ein Auftrag eine Station betritt,
die nicht bedienbereit ist, wird der Auftrag in eine Warteschlange
gestellt, die sich vor der Station aufbaut. Eine ausführliche Einführung in den Aufbau der allgemeinen Warteschlangenmodelle findet
man in Bd.1 Kap. 3 "Warteschlangenmodelle".

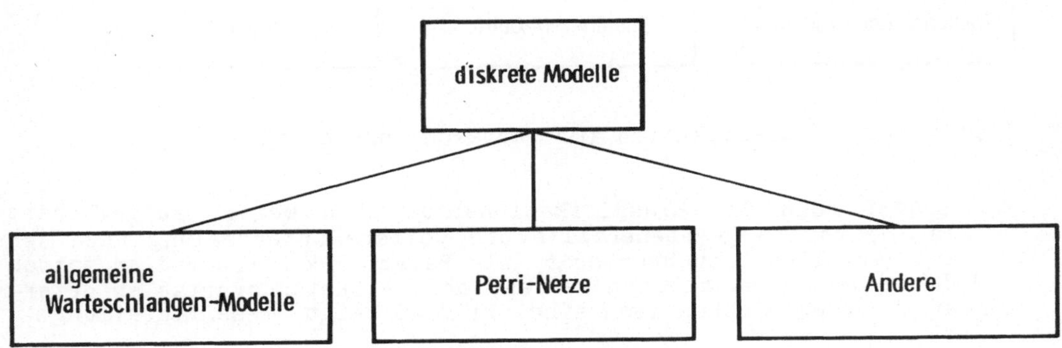

Bild 10: Die Klassifikation für diskrete Modelle

Eine weitere mögliche Klasse innerhalb der diskreten Modelle sind
Petri-Netze. Petri-Netze zeichnen sich dadurch aus, daß sie nur bedingte Zustandsübergänge kennen. Sie eignen sich besonders zur Darstellung und Auswertung von Struktureigenschaften. Hierzu gehört
z.B. der Nachweis von Verklemmungsfreiheit usw. Die Literatur über
Petri-Netze ist sehr vielfältig. Eine Einführung gibt /29/.

Um zu zeigen, wie durch fortgesetztes Hinzufügen zusätzlicher Bestimmungen die Klassifikation verfeinert werden kann, sollen als
Beispiel die Warteschlangensysteme genauer untersucht werden.

Eine weitere Aufteilung der allgemeinen Warteschlangenmodelle erhält
man, wenn man nach der Art der vorkommenden Stationen unterteilt. So
gibt es Warteschlangenmodelle, die ausschließlich aus einfachen Bedienstationen bestehen. Eine Bedienstation ist hierbei eine Station,
die genau einen Auftrag bearbeiten kann. Beispiele sind: Supermarktkasse, Fahrkartenschalter, Montageplatz usw. Bild 11 zeigt einen
Überblick über Warteschlangenmodelle.

Speichermodelle erhält man, wenn die Stationen Speicher mit begrenzter Kapazität sind. Aufträge, deren Speicheranforderungen nicht erfüllbar sind, werden in die Warteschlange vor dem Speicher eingereiht.
Eine Zusammenstellung weiterer möglicher Stationen findet man in Bd.1 Kap. 3.2 "Stationen in Warteschlangenmodellen".

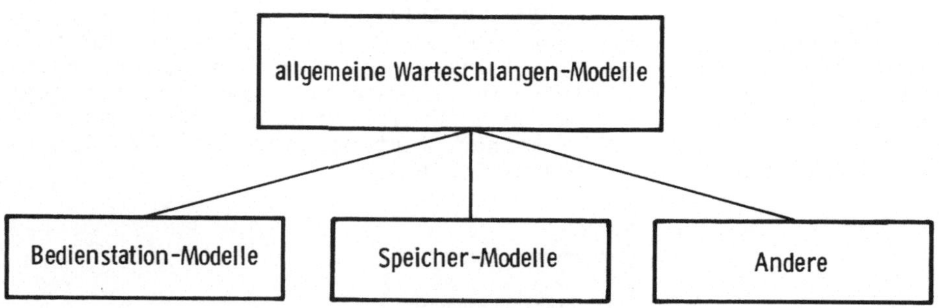

Bild 11: Die Klassifikation für Warteschlangenmodelle

Bei Bedarf kann der Klassifikationsbaum noch weiter aufgefächert werden. So könnte gegebenenfalls die weitere Unterteilung nach den Zustandsvariablen brauchbar sein. Als Beispiel könnten Bedienstation - Modelle danach eingeteilt werden, ob die Zustandsvariablen deterministisch oder stochastisch sind. Bild 12 zeigt diese Einteilung.

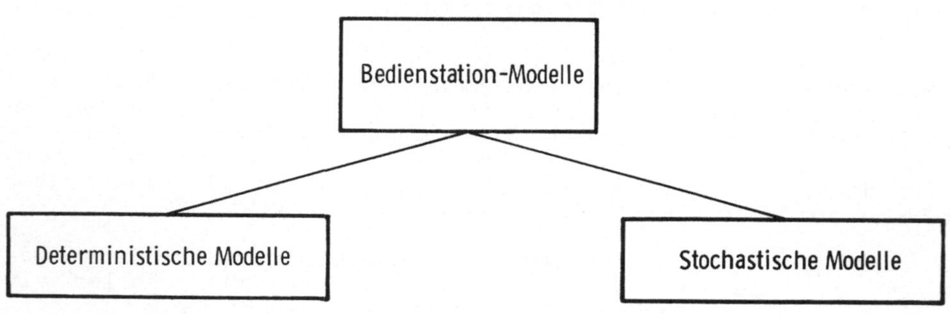

Bild 12: Deterministische und stochastische Zustandsvariable
         in Warteschlangenmodellen

Hinweis:

* Häufig werden unter dem Namen Warteschlangenmodelle nicht die allgemeinen Warteschlangenmodelle verstanden, sondern nur Bedienstation-Modelle. Dies trifft besonders für die analytische Warteschlangentheorie zu, die sich fast ausschließlich auf Bedienstation-Modelle konzentriert. Diese ungerechtfertigte Einschränkung engt den Blick für die vielfältigen Darstellungsmöglichkeiten der allgemeinen Warteschlangenmodelle ein.

In ähnlicher Weise könnte man eine Klassifikation der kontinuierlichen Modelle in Bezug auf die Eigenschaften der Zustandsvariablen und der Struktur versuchen. Ein möglicher Vorschlag würde die kontinuierlichen Modelle zunächst dadurch unterscheiden, ob die Zustandsübergänge ortsabhängig sind oder nicht. Zur Beschreibung ortsabhängiger Modelle werden partielle Differentialgleichungen benötigt, während man sich für ortsunabhängige Modelle mit gewöhnlichen Differentialgleichungen zufrieden geben kann.

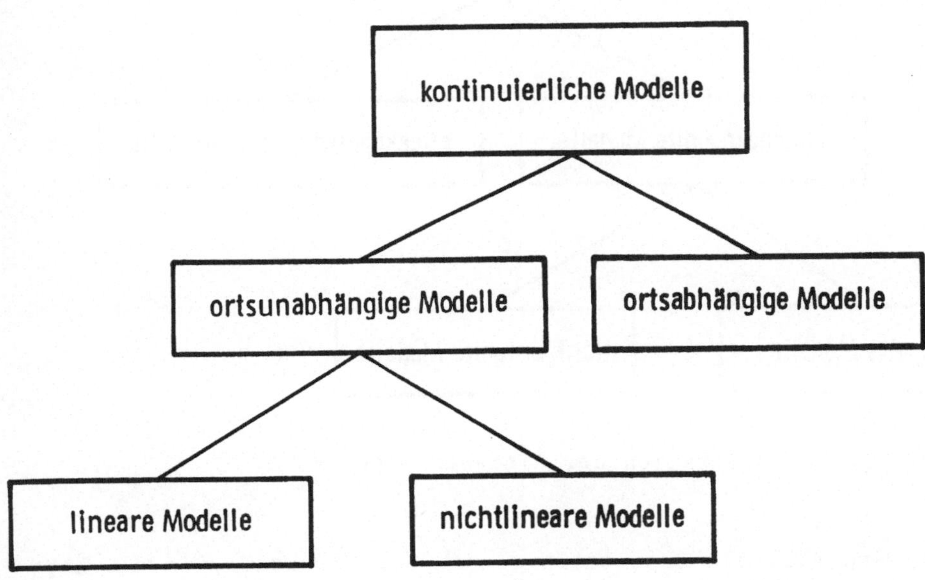

Bild 13: Die Klassifikation der kontinuierlichen Modelle

Verfolgt man den Klassifikationsbaum für die ortsunabhängigen Modelle weiter, so könnte eine weitere Eigenschaft der Zustandsvariablen ein Entscheidungsmerkmal liefern. Dieses Entscheidungsmerkmal berücksichtigt die Zustandsfunktion des Automaten, die die Zustandsübergänge des Automaten beschreibt. Man unterteilt dann nach linearen und nichtlinearen Modellen, je nachdem, ob alle Automaten des Modells linear sind oder nicht.
Bild 13 zeigt die Klassifikation.
Wieder läßt sich wie bei den bereits beschriebenen diskreten Modellen eine weitere Verfeinerung der Klassifikation erreichen, indem zusätzliche Bestimmungen eingeführt werden.

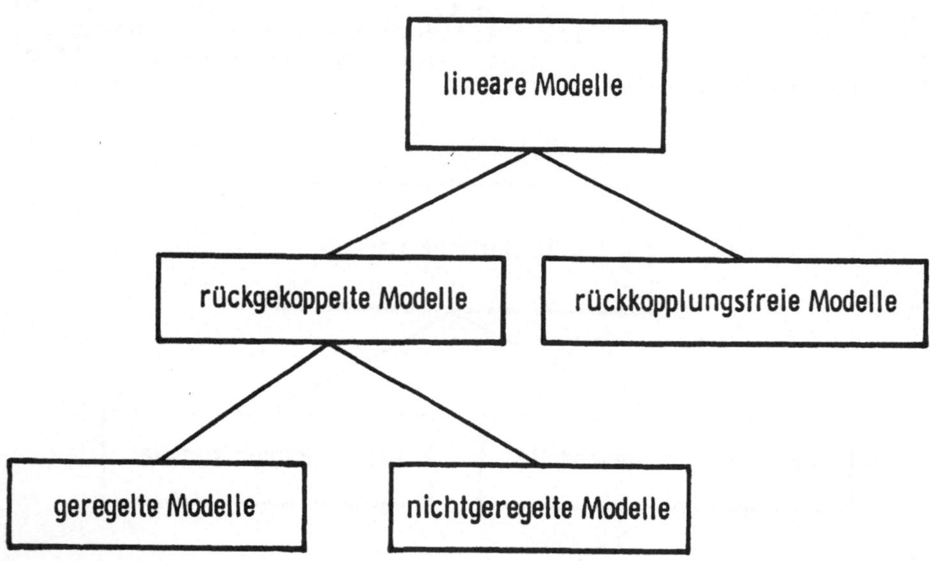

Bild 14: Die Klassifikation der linearen Modelle

Denkbar wäre z.B. die Unterteilung nach der Struktur, die die Kopplung berücksichtigt. Man erhält dann serielle, parallele und rückgekoppelte Modelle. Bei rückgekoppelten Modellen könnte man unterscheiden, ob eine Regelung vorliegt oder nicht. Bild 13 zeigt diese Klassifikation.

Die bisher beschriebene Klassifikation ist der vorläufige Versuch, Modelle in Bezug auf die Eigenschaften der Zustandsvariablen und in Bezug auf das Aussehen der Struktur einzuteilen. Diese Einteilung hat die folgenden Vorteile:

* Die Eigenschaften der Zustandsvariablen und der Struktur bestimmen

die Verfahren und Methoden, mit denen Modelle aus einer Klasse behandelt werden können. So gibt es z.B. gesonderte Theorien für Warteschlangenmodelle oder Petri-Netze, die die besonderen Eigenschaften dieser Modellklassen berücksichtigen. Ähnliches gilt für die Behandlung ortsunabhängiger und ortsabhängiger Modelle mit Hilfe von gewöhnlichen und partiellen Differentialgleichungen.

* Weiterhin hat es den Anschein als würde die vorgeschlagene Klassifikation der Modelle eine Klassifikation der Problemstellungen liefern, die mit Modellen behandelt werden können. So lassen sich z.B. Fragen, die mit Verklemmungsfreiheit von Systemen zusammenhängen, mit Modellen aus der Klasse der Petri-Netze behandeln. Fragen nach mittleren Wartezeiten, Warteschlangenlängen, Betriebsmittelauslastungen usw. vermögen Warteschlangenmodelle zu lösen.

1.2.7 Kombinierte Modelle

Die bisherige Klassifikation der abstrakten Modelle geht davon aus, daß alle Modellkomponenten in die gleiche Klasse fallen. Das heißt, daß z.B. ein Modell ein reines Warteschlangenmodell ist oder daß ein Modell ausschließlich mit Hilfe gewöhnlicher, linearer Differentialgleichungen beschrieben wird.

Für kleine Modelle ist diese Beschränkung auf eine Klasse vertretbar. Sollen jedoch umfangreichere und komplexere Modelle aufgebaut werden, so stellt sich häufig heraus, daß einzelne Teilbereiche des Modells in verschiedenen Klassen liegen. Das reale System tut dem Systemanalytiker und Modellbauer selten den Gefallen, sich durch ein Modell aus einer Klasse darstellen zu lassen. So werden z.B. in kontinuierlichen Modellen häufig Schaltelemente benötigt, die zeitdiskrete Zustandsübergänge benötigen oder in einem Warteschlangenmodell muß ein zeitkontinuierlicher Fließvorgang berücksichtigt werden.

Auf jeden Fall ist es von Vorteil, ein Modell aus einer Klasse zu besitzen, da man in diesem Fall mit einheitlichen Verfahren und Methoden arbeiten kann.
Es wird daher häufig versucht, ein einheitliches Modell zu erhalten, indem man das abstrakte Modell modifiziert.

Beispiele:

* In einem kontinuierlichen Modell soll zu einem bestimmten Zeitpunkt eine Zustandsvariable aufgrund eines Schaltvorganges ihren Wert verdoppeln. Ein derartiger Eingriff bedeutet eine diskrete Komponente. Um diese Komponente zu eliminieren und um das Modell einheitlich zu gestalten, ist es möglich, den Sprung im Funktionsverlauf durch eine stetige Kurve mit sehr großer Steigung zu approximieren.

* In einem Warteschlangenmodell soll ein Auftrag solange in der Warteschlange stehen, bis ein zeitkontinuierlicher Füllprozeß beendet ist. Um dieses kombinierte Modell in ein reines Warteschlangenmodell zu überführen, kann man versuchen, die Dauer des Füllvorganges zu bestimmen und den Beginn und das Ende dieses Füllvorganges als zeitdiskrete Zustandsübergänge zu betrachten.

Sehr häufig sind derartige Approximationen nicht möglich. Man muß sich dann mit der Tatsache abfinden, daß ein kombiniertes Modell

vorliegt und der erhöhte Aufwand bei der Modellauswertung aufzubringen ist.
Kombinierte Modelle führen in der Modellklassifikation einen Schritt in die Richtung größerer Allgemeinheit.

Beispiele:

* Ein Modell, das sowohl Bedienstationen und Speicher enthält, ist ein kombiniertes Modell in Bezug auf die Klassifikation von Warteschlangenmodellen nach Bild 10. Ein derartiges kombiniertes Modell gehört demnach der Klasse der allgemeinen Warteschlangenmodelle an (siehe Bild 11).

* Ein Modell, das zeitdiskrete Zustandsübergänge und kontinuierliche Anteile enthält, die durch Differentialgleichungen beschrieben werden, ist ein kombiniertes Modell aus der Klasse der allgemeinen Modelle (siehe Bild 9).

Hinweis:

* Häufig werden als kombinierte Modelle nur Modelle bezeichnet, die zeitdiskrete und zeitkontinuierliche Modellkomponenten enthalten. Das bedeutet eine unzweckmäßige Einschränkung, denn es ist nicht einzusehen, warum sich die Kombination von Modellkomponenten nur auf die Klasse der diskreten und kontinuierlichen Modelle beschränken sollte. Es wäre daher wünschenswert, daß sich der Begriff kombinierte Modelle in seinem erweiterten Sinn einbürgern würde.
Kombinierte Modelle werden sehr ausführlich behandelt in:

Bd.3 Kap. 1.2 "Wirte-Parasiten Modell II"
Bd.3 Kap. 1.4 "Wirte-Parasiten Modell III"
Bd.3 Kap. 1.5 "Wirte-Parasiten Modell IV"
Bd.3 Kap. 2.4 "Brauerei III"
Bd.3 Kap. 6.0 "Tankerflotte"

1.2.8 Approximationen

Unter Approximation versteht man den Ersatz eines abstrakten Modells durch ein anderes abstraktes Modell, das sich leichter handhaben läßt.
So können z.B. in einem abstrakten Modell neue Strukturen oder neue Zustandsvariable an die Stelle der ursprünglichen gesetzt werden, um die analytische Lösbarkeit des abstrakten Modells zu erreichen.

Beispiele:

* Für ein Warteschlangenmodell wird die Ankunftsverteilung empirisch bestimmt. Die aus dem zu beobachtenden System ermittelten Meßwerte liegen z.B. in Form von Tabellen vor. Um das Warteschlangenmodell mit Hilfe der Warteschlangentheorie analytisch auswerten zu können, wird die empirisch bestimmte Verteilung der Zwischenankunftszeiten durch eine Exponentialverteilung ersetzt. Man geht damit von einem abstrakten Modell mit einer empirischen Verteilung zu einem Modell mit einer Exponentialverteilung über.

* Um ein kombiniertes Modell in ein kontinuierliches Modell zu verwandeln, wird eine Sprungstelle im Kurvenverlauf durch ein stetiges Kurvenstück mit hoher Steilheit ersetzt.

* In einem abstrakten Modell kommt eine Exponentialfunktion vor.
Durch Approximation geht man zu einem anderen abstrakten Modell
über, das anstelle der Exponentialfunktion die ersten N Glieder der
entsprechenden Potenzreihe enthält

Approximationen werden zunächst eingesetzt, um für abstrakte Modelle
analytische Lösungen angeben zu können. Es ist jedoch in gleicher
Weise möglich, Approximationen durchzuführen, um für ein reales Modell in der Simulation den Aufbau zu erleichtern.

Es ist wichtig zu sehen, daß sich die Approximation auf der Ebene
des abstrakten Modells bewegt. Ein abstraktes Modell wird durch ein
anderes, in der Regel einfacheres abstraktes Modell ersetzt.

Bei der Approximation entsteht ein Fehler, der Approximationsfehler
oder Abbruchfehler genannt wird. Der Approximationsfehler unterscheidet sich vom Simulationsfehler, der entsteht, wenn in der Simulation von einem abstrakten Modell zu einem realen Modell übergegangen wird.

1.3 System und Modell

Bisher wurde zwischen dem realen System und seinen abstrakten Modellen unterschieden.
Das System ist der von seiner Umwelt abgegrenzte Wirklichkeitsbereich, der untersucht werden soll. Ein reales System ist immer offen, das heißt, daß es mit seiner Umwelt in Beziehung steht.

Beispiel:

* Der reale Cedar-Bog-Lake, dessen Modell in Bd.1 Kap. 1.1.6 "Das Modell Cedar Bog Lake" beschrieben wurde, hat zahlreiche Verbindungen in Form von Zuflüssen und Abflüssen jeglicher Art.

* Selbst das Planetensystem, das als relativ abgeschlossen gelten kann, ist ein offenes System. So wirken z.B. Radiosignale von anderen Himmelskörpern ein.

Um zu einem einfachen abstrakten Modell zu kommen, wird die Systemanalyse bemüht sein, den zu untersuchenden Wirklichkeitsbereich so gegen die Umwelt abzugrenzen, daß sich möglichst wenig Abhängigkeiten ergeben. Man ist bestrebt, eine möglichst abgeschlossene Einheit zu erreichen. In vielen Fällen ergibt sich eine solche Abgrenzung ganz natürlich, wie z.B. für das Planetensystem. Für andere Systeme ist eine Abgrenzung nicht oder nur sehr schwer erreichbar.

Hinweis:

* Die Abgrenzung des zu untersuchenden Wirklichkeitsbereiches ist relativ willkürlich. Das bedeutet, daß die Grenzen des Systems zur Umwelt entsprechend vorgegebener Kriterien beliebig gezogen werden können. So ist es z.B. nicht denkunmöglich, ein System so abzugrenzen, daß es unsere Sonne, die Planeten und die Sonne eines benachbarten Systems enthält. Für ein derartiges System dürfte es allerdings schwierig sein, ein einfaches abstraktes Modell zu finden, das die Bahnbewegungen der Himmelskörper zu untersuchen gestattet.

Das System als abgegrenzter Wirklichkeitsbereich stellt sich dem menschlichen Verstand nur in Form unstrukturierter Ausgangsdaten vor. Das abstrakte Modell ist das Bild des Systems im menschlichen Bewußtsein. Das bedeutet, daß das erkennende Bewußtsein nicht das reale System sieht, sondern nur dessen Bild in Form des abstrakten Modells. Das abstrakte Modell prägt die Sicht- und Sprechweise in Bezug auf das reale System. Das abstrakte Modell entspricht dem Paradigma bei Kuhn /24/.

Wenn man diesen Gedanken zu Ende führt, löst sich die Realität auf und es bleibt nur das abstrakte Modell als das, was dem Bewußtsein zugänglich und faßbar ist.
Das hat dazu geführt, daß Autoren den Begriff System für die Bezeichnung des zu untersuchenden Realitätsschrittes ganz aufgegeben haben. So verwendet beispielsweise Kulla /30/ den Begriff System für das, was in diesem Buch abstraktes Modell heißt.
Kulla schreibt: "Bei einem System handelt es sich also stets um ein theoretisches, begrifflich zeichenmäßiges Konstrukt, das der Mensch durch sein erkennendes Zusammenfassen und Ordnen schafft. (Siehe /30/ Seite 35)
Diese Definition entspricht genau der Definition, die für den Begriff abstraktes Modell gegeben worden ist.

In ähnlicher Weise äußert sich Schüßler:
"Ein System ist ein mathematisches Modell eines Gebildes mit Eingängen und Ausgängen, das die Beziehungen zwischen Eingangs- und Ausgangsgrößen beschreibt". (Siehe /27/).

In der Definition von Kulla wird System mit abstraktem Modell gleichgesetzt. In der Definition von Schüßler sind Systeme eine besonders ausgezeichnete Teilmenge der Modelle. Beide Definitionen haben gemeinsam, daß sie zwischen System und abstraktem Modell nicht deutlich genug trennen.
Der sogenannte "gesunde Menschenverstand" der Wissenschaftler, Techniker und Handwerker nimmt an, daß es einen realen Wirklichkeitsbereich gibt, der untersucht oder bearbeitet wird. Wissenschaftler gehen davon aus, daß in der realen Welt tatsächlich so etwas wie ein Planetensystem existiert. Auch ein Techniker ist davon überzeugt, daß die Maschine, die er gebaut hat und von deren Leistungsvermögen er sich mit Hilfe eines Modells vergewissern will, in der realen Welt wirklich vorkommt.
Um sich nicht allzu weit von den anerkannten Begriffen der Umgangssprache entfernen zu müssen, wurde daher der Begriff System für den zu untersuchenden Wirklichkeitsbereich beibehalten. Der Begriff abstraktes Modell bezeichnet demgegenüber das Bild, das sich das menschliche Bewußtsein vom System macht.

Wenn das Verhalten eines Systems untersucht werden soll, so ist es häufig möglich, die Untersuchung am System selbst vorzunehmen. Der Aufbau eines Modells erübrigt sich.

Beispiele:

* Wenn man wissen möchte, in welcher Zeit sich eine Tierpopulation verdoppelt, könnte man die Tierpopulation als reales System untersuchen und feststellen, wie lange es tatsächlich dauert, bis die Anzahl der Tiere den gewünschten Wert erreicht hat. Ein Experiment am realen System liefert die gewünschte Antwort auf die gestellte Frage.

* Wenn erwogen wird, ob in einem Industriebetrieb eine Veränderung in der Bearbeitung der Aufträge eine verbesserte Auslastung der Maschinen bringt, so könnte man die neue Organisationsform probeweise einführen und dann am realen System feststellen, welche Konsequenzen sich ergeben haben.

Das Experiment am realen System liefert die genauesten Auskünfte. Ein Modell hat sich aufgrund des Abstraktionsprozesses und der Idealisierung in seinem Verhalten bereits vom System entfernt und gibt daher das Systemverhalten nicht exakt wieder.

Dennoch gibt es zahlreiche Fälle, in denen das Verhalten des Systems nicht direkt untersucht werden kann und der Aufbau eines Modells erforderlich ist. Das kann aus folgenden Gründen der Fall sein:

* Das Experiment bedeutet eine unzumutbare Störung des realen Systems.
Beispiel:
* Um zu prüfen, ob ein Ökosystem die Zugabe einer bestimmten Menge von Chemikalien verträgt, könnte man ein Experiment durchführen. Im unglücklichsten Fall ist das Ökosystem anschließend zerstört.

* Das reale System ist nicht zugänglich

Beispiel: Um den Zusammenstoß von Galaxien in der Astrophysik untersuchen zu können, bleibt keine andere Möglichkeit, als die Galaxien im Modell aufzubauen und im Modell kollidieren zu lassen. Siehe hierzu /31/.

* Die Zustandsübergänge des realen Systems laufen zu langsam oder zu schnell ab.
Beispiel:
Die Geologie untersucht die Verschiebung der Kontinente. Diese Vorgänge laufen sehr langsam ab und sind nur in einem Modell nachvollziehbar.

* Untersuchungen am realen System sind zu aufwendig und zu teuer.
Beispiel:
Um zu untersuchen, ob in einem Industriebetrieb der Bau eines neuen fahrerlosen Transportsystems eine Erhöhung des Umsatzes bewirkt, ist es nicht empfehlenswert, das fahrerlose Transportsystem erst aufzubauen und nachträglich Erfahrungen damit zu sammeln. Eine Modelluntersuchung vor der eigentlichen Installation ist kostengünstiger.

Zusätzlich zu den bisher aufgezählten Gründen, die sich auf eine unmittelbare, praktische Fragestellung beziehen und die daher pragmatischer Natur sind, besitzen Modelle auch ein erkenntnistheoretisches Ziel. Erst ein Modell ermöglicht Verständnis des realen Systems.

Beispiel:

* Die weißen Lichtpunkte, die nachts am Himmel beobachtet werden, erklärt die Physik mit Hilfe eines Modells. Erst dieses Modell vermittelt Erkenntnis und Einsicht in den Ablauf des Planetensystems.

Ein Modell hat demnach zunächst einmal die Funktion, beobachtete Phänomene und Zusammenhänge zu erklären. Ein abstraktes Modell als Erklärung wird akzeptiert, wenn das Modell die beobachteten Sachverhalte innerhalb eines bestimmten Toleranzbereiches zu reproduzieren vermag.

Beispiel:

* In Bd.1 Kap. 1.1.6 wurde das Modell Cedar Bog Lake beschrieben. Es soll angenommen werden, daß die Zunahme der Bodenablagerung experimentell bestimmt worden ist. Dieses Verhalten soll nachträglich erklärt werden. Hierzu dient das beschriebene Modell.

Das abstrakte Modell besteht, wie bereits dargestellt, aus Subautomaten, deren Wechselwirkungen die Struktur des Modells festlegen. Jeder Subautomat des Modells ist nur durch sein Input-Output-Verhalten beschrieben; er ist somit seinerseits wieder erklärungsbedürftig. Eine derartige Erklärung würde dann auf einer Abstraktionsebene tiefer erforderlich sein. Siehe hierzu Bd.1 Kap. 1.2.3 "Abstraktionsebenen" Bild 7.

Ein Modell hat nicht nur erklärende Funktion. Es kann auch eingesetzt werden, um Vorhersagen zu treffen.

Beispiel:

* Mit Hilfe des Modells Cedar Bog Lake kann vorhergesagt werden, zu
welcher Zeit der See endgültig verlandet sein wird.

Das dritte Einsatzgebiet von Modellen betrifft die Untersuchung von
Alternativen. Es besteht die Möglichkeit, das Modellverhalten bei
unterschiedlichen Bedingungen zu untersuchen. Insbesondere läßt sich
feststellen, welche Modifikationen durchgeführt werden müssen, damit
das Modellverhalten zu einer vorgegebenen Zeit ein gewünschtes Verhalten zeigt. Modelle, die zur Untersuchung von Alternativen eingesetzt werden, heißen auch Entscheidungsmodelle.

Beispiel:

Im Cedar Bog Lake soll die Möglichkeit bestehen, das Pflanzenwachstum zu beeinflussen. Das bedeutet, daß die Größe 4.03 in der Differentialgleichung

$dx(p)/dt = x(s) - 4.03*x(p)$

keine Konstante sondern eine Variable ist. Das Modell kann herangezogen werden, um zu bestimmen, bei welcher Verzögerung des Pflanzen-
wachstums die Verlandung des Sees um eine angebbare Zeit hinausgezö-
gert wird.
Man sieht, daß dasselbe Modell zur Erklärung, zur Vorhersage und zur
Untersuchung von Alternativen eingesetzt werden kann.

Hinweis:

* In /22/ wird eine Klassifikation der Modelle dem Verwendungszweck
nach vorgestellt. Als besondere, zu unterscheidende Modellklassen
werden Monitor-, Prognose-, Erklärungs- und Entscheidungsmodelle
angegeben. Diese Klassifikation ist sehr unglücklich gewählt, da sie
die Tatsache nicht deutlich genug in Erscheinung treten läßt, daß
dasselbe Modell sowohl als Prognose-, Erklärungs- oder Entschei-
dungsmodell eingesetzt werden kann.
Besonders fragwürdig ist der Begriff des Monitormodells. Der Definition in /22/ zufolge dienen Monitormodelle zur laufenden Erfassung
und Abbildung von Systemzuständen. Es handelt sich offensichtlich um
die Erhebung und Protokollierung von Meßwerten, die durch Untersuchung und Experiment aus dem System gewonnen worden sind. Die aufge-
nommenen und gemessenen Daten allein bilden jedoch noch kein Modell.
Voraussetzung für ein Modell ist die Angabe der Modellstruktur und
die Möglichkeit, aus der Modellbeschreibung neue Sätze über das Modellverhalten abzuleiten.

Die Gleichwertigkeit von Erklärung und Vorhersage kommt sehr deutlich in einem Schema zur Geltung, das von Hempel und Oppenheimer
vorgestellt worden ist /32/:

N(1), ... , N(n)   Sätze zur Beschreibung des
                        abstrakten Modells (Explanans)

A(1), ... , A(r)   Anfangsbedingungen

------------------   Deduktion

S(1), ... , S(s)   Singuläre Aussage zum Modell-
                        verhalten (Explanadum)

Aus der Modellbeschreibung und den Anfangsbedingungen lassen sich
mit Hilfe der Ableitungsregeln, die zur Modellbeschreibung gehören,
neue Sätze über das Verhalten des Modells deduzieren.
Sind die Anfangsbedingungen und die singuläre Aussage vorgegeben, so
spricht man von Erklärung, wenn ein Modell gefunden werden kann, aus
dem sich unter Vorgabe der Anfangsbedingungen ein singulärer Satz
über eine bestimmte Verhaltensweise des Modells ableiten läßt.
Liegen dagegen die Anfangsbedingungen und das Modell vor, so können
daraus Aussagen über das Modellverhalten gewonnen werden. In diesem
Fall handelt es sich um Vorhersagen.

Hinweis:

* Das Schema nach Hempel und Oppenheimer berücksichtigt nur die analytische Vorgehensweise. Die Möglichkeit, Aussagen über das Verhalten des abstrakten Modells mit Hilfe der Simulation zu gewinnen,
bleibt unberücksichtigt.
Weiterhin geht aus dem Schema nicht deutlich genug hervor, daß aus
der Modellbeschreibung nicht nur singuläre Sätze über ein bestimmtes
Modellverhalten abgeleitet werden können. Falls man sich auf die Deduktion beschränkt, sind auch weiterführende, allgemeine Aussagen
möglich. Siehe hierzu Bd.1 Kap. 2 "Reale Modelle und Simulation".

1.4 Parameterschätzung

Die Systemanalyse erstellt aus den unstrukturierten Ausgangsdaten
ein abstraktes Modell durch die Festlegung der Modellobjekte mit deren Attributen und durch den Aufbau der Modellstruktur, die berücksichtigt, in welcher Weise die Attribute aufeinander einwirken.
Die Wirkung der Zustandsvariablen aufeinander wurde bisher durch
Pfeile graphisch symbolisiert. Diese zunächst qualitative Abhängigkeit muß noch quantifiziert werden. Das bedeutet, daß angegeben werden muß, in welchem Maße sich die Zustandsvariablen beeinflussen.

Beispiel:

* Im Modell Cedar Bog Lake zeigt Bild 5, daß die Biomasse der Pflanzen das Wachstum der Pflanzenfresser beeinflußt. Wie stark dieser
Einfluß ist, geht aus Bild 5 nicht hervor. Quantitative Angaben
hierzu macht die angegebene Differentialgleichung:

$$dx(k) = 4.85*x(p) - 4.65*x(h)$$

Die Koeffizienten, im vorliegenden Fall 4.85 und 4.65, können bestimmt werden, indem man die Modellergebnisse mit den Meßwerten vergleicht und die Koeffizienten so anpaßt, daß das Modellverhalten das
Verhalten des realen Systems innerhalb einer akzeptierten Toleranz
befriedigend wiedergibt. Dieses Vorgehen heißt Parameterschätzung.
Es soll an einem Beispiel ausführlich dargestellt werden.

Das Modell, das betrachtet werden soll, behandelt den Abbau des Thyroxins im Blut. Es wurde /33/ entnommen.

Wenn Thyroxin in den Blutstrom injiziert wird, gelangt es in die Leber. Dort wird es in Jod umgewandelt und an die Galle abgegeben. Die
Aufnahme des Thyroxin durch die Leber, die Umwandlung in Jod und die
Absorption des Jods durch die Galle vollziehen sich jedoch nicht
schlagartig. Vielmehr gelangt ein Teil des Thyroxin zurück in den
Blutstrom und wird erst im Verlauf einer längeren Zirkulation vollständig von der Leber verarbeitet. Durch die Verwendung radioaktiver
Isotope konnte man die zeitlichen Entwicklungen des Thyroxingehalts
im Blut und in der Leber sowie des Jodgehalts in der Galle messen.
Allgemeine quantitative Aussagen über den Ablauf und den Wirkmecha-
nismus dieser Vorgänge ließen sich jedoch aus den Beobachtungen
nicht gewinnen.

Es handelt sich hier um die Ausgangssituation für eine Systemanalyse
in der folgenden Form:
Die unstrukturierten Ausgangsdaten liegen zunächst als Messungen
vor. Das Verhalten des Systems, insbesondere die Funktionsweise und
das Zusammenwirken der Komponenten ist unbekannt.
In dieser Situation wurde ein Modell konstruiert, das die Komponenten Blutstrom, Leber und Galle abbildete.
Als Attribute wurden der Thyroxingehalt im Blut und in der Leber sowie der Jodgehalt in der Galle in das abstrakte Modell übernommen.

Hinsichtlich der Funktionsweise und Wirkungszusammenhänge wurden die
Hypothesen aufgestellt, daß der Übergang des Thyroxin aus dem
Blutstrom in die Leber, sowie die Umwandlung von Thyroxin in Jod
proportional zum Thyroxingehalt im Blut bzw. in der Leber verlaufen.
Daraus ergab sich die folgende Struktur für das abstrakte Modell:

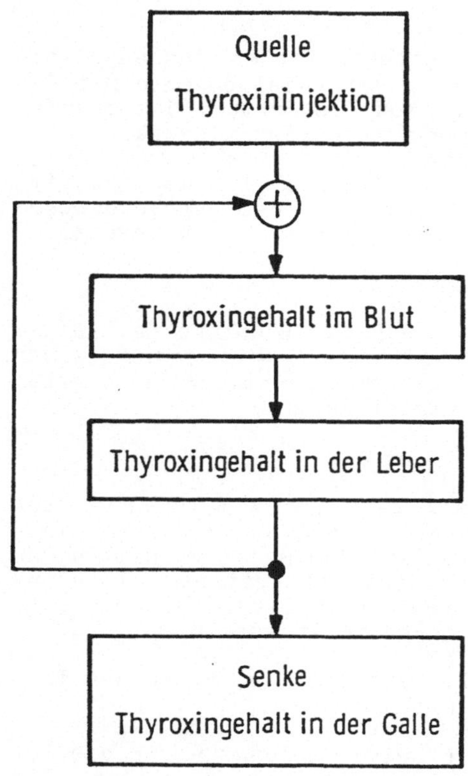

Bild 15: Das Modell Thyroxinabbau

Bei der Darstellung in Bild 15 ist zu beachten, daß dieses Bild
nicht den Fluß des Thyroxins beschreibt. Es zeigt vielmehr die Abhängigkeiten der Zustandsvariablen.
Unter der einfachen Annahme, daß die Änderungsraten der Konzentration proportional sind, ergibt sich das folgende Gleichungssystem:

Veränderung des Thyroxingehalts im Blut:

$$dx/dt = -k1*x \qquad + \quad k2*y \qquad + \quad a(t)$$

Abnahme wegen	Zunahme wegen	Zunahme
Absorption durch	Rückstroms aus	durch Injektion
die Leber	der Leber ins Blut	

Veränderung des Thyroxingehalts in der Leber:

$$dy/dt= \quad k1*x \qquad - \qquad k2*y \qquad - \qquad k3*y$$

    Zunahme wegen   Abnahme wegen   Abnahme wegen
    Absorption durch   Rückstroms aus   Umwandlung in
    die Leber   der Leber ins Blut Jod

Veränderung des Jodgehalts in der Galle:

$$dz/dt = k3*y$$

    Zunahme wegen
    Umwandlung in Jod

Darin bedeuten:

x   - Thyroxingehalt im Blut

y   - Thyroxingehalt in der Leber

z   - Jodgehalt in der Galle

k1 - Proportionalitätskonstante des Transfers
     vom Blut in die Leber

k2 - Proportionalitätskonstante des Rückstroms
     aus der Leber in das Blut

k3 - Proportionalitätskonstante der Umwandlung
     in Jod

Im vorliegenden Modell Thyroxinabbau wurde zunächst für die Modellstruktur die einfache Annahme gemacht, daß die Änderungsrate des Thyroxin abhängig von der Konzentration ist. Das Finden dieser Modellidee ist der wesentliche, kreative Schritt, der die Systemanalyse von den unstrukturierten Ausgangsdaten zu einem abstrakten Modell führt.

Die Stärke der Wechselwirkung zwischen den Zustandsvariablen ist bisher in die Differentialgleichungen noch nicht eingegangen. Die Werte für die Konstanten k1, k2 und k3 müssen nachträglich bestimmt werden, indem man versucht, durch immer neue Modifikation einen Satz von Konstanten zu finden, die zu Modellkurven führen, die den experimentell beobachteten Kurvenverlauf zufriedenstellend wiedergeben.
Bild 16 zeigt die experimentell ermittelten Meßwerte, die das Verhalten des realen Systems beschreiben. Die Schwankungen ergeben sich aufgrund der Meßfehler, aufgrund kleiner Störeinflüsse der Umwelt während der Messung und aufgrund von zahlreichen, für sich allein gesehen vernachlässigbaren Einflüssen beim Patienten.

Bild 16 zeigt weiterhin das Verhalten des abstrakten Modells. Die Modellergebnisse wurden mit den folgenden Anfangswerten erzielt:

Thyroxingehalt im Blut   x = 0.05
Thyroxingehalt in der Leber y = 0.
Jodgehalt in der Galle   z = 0.

P L O T NR 1

VARIABLE	MINIMUM	MAXIMUM	MITTELWERT	95%-KONFIDENZ INTERVALL	ENDE EINSCHW. VORGANG	MITTELWERT VERSCHIEBUNG	MW.-VERSCH IN PROZENT
X = THYRGAL	1.0668E-03	5.0000E-02	——	——	——	——	——
Y = THYRLEB	0.	2.2430E-02	——	——	——	——	——
Z = JODGAL	0.	4.6203E-02	——	——	——	——	——
• = EXTHYGAL	0.	5.3616E-02	——	——	——	——	——
+ = EXTHYLEB	0.	2.4964E-02	——	——	——	——	——
% = EXJODGAL	0.	5.5477E-02	——	——	——	——	——

X= THYRGAL	0.	1.1000E-02	2.2000E-02	3.3000E-02	4.4000E-02	5.5000E-02
Y= THYRLEB	0.	1.1000E-02	2.2000E-02	3.3000E-02	4.4000E-02	5.5000E-02
Z= JODGAL	0.	1.1000E-02	2.2000E-02	3.3000E-02	4.4000E-02	5.5000E-02
•= EXTHYGAL	0.	1.1000E-02	2.2000E-02	3.3000E-02	4.4000E-02	5.5000E-02
+= EXTHYLEB	0.	1.1000E-02	2.2000E-02	3.3000E-02	4.4000E-02	5.5000E-02
%= EXJODGAL	0.	1.1000E-02	2.2000E-02	3.3000E-02	4.4000E-02	5.5000E-02

ZEIT   0   10   20   30   40   50   60   70   80   90   100 DUPLIKATE EVENT

ZEIT   0   10   20   30   40   50   60   70   80   90   100 DUPLIKATE EVENT

X= THYRGAL	0.	1.1000E-02	2.2000E-02	3.3000E-02	4.4000E-02	5.5000E-02
Y= THYRLEB	0.	1.1000E-02	2.2000E-02	3.3000E-02	4.4000E-02	5.5000E-02
Z= JODGAL	0.	1.1000E-02	2.2000E-02	3.3000E-02	4.4000E-02	5.5000E-02
•= EXTHYGAL	0.	1.1000E-02	2.2000E-02	3.3000E-02	4.4000E-02	5.5000E-02
+= EXTHYLEB	0.	1.1000E-02	2.2000E-02	3.3000E-02	4.4000E-02	5.5000E-02
%= EXJODGAL	0.	1.1000E-02	2.2000E-02	3.3000E-02	4.4000E-02	5.5000E-02

Bild 16: Die experimentell bestimmten Meßwerte für das

Der Thyroxingehalt im Blut hat seine Ursache in einer einmaligen Injektion zur Zeit T.

Für die Konstanten wurden die folgenden Werte ermittelt:

k1 = 0.04
k2 = 0.01
k3 = 0.02

Man sieht, daß die Modellergebnisse die beobachteten Meßreihen zufriedenstellend wiedergeben.

Hinweise:

* Die Bestimmung der Konstanten wurde durch einen einmaligen Vergleich mit den Meßwerten erreicht. Unter der Annahme, daß die ge-
wählte Struktur für das Modell richtig ist, können nur zusätzliche
Vergleiche mit weiteren Messungen die Vertrauenswürdigkeit der Werte
für die Konstanten k1, k2 und k3 erhöhen.

* Das Verfahren der Parameterschätzung ist mit großer Vorsicht einzusetzen, wenn zahlreiche Konstanten zugleich angepaßt werden müssen. Es ist möglich, durch geschickte Wahl der Konstanten auch bei
falscher Modellstruktur eine Übereinstimmung zwischen Modellergebnissen und Meßwerten zu erzielen. (Es ist z.B. gelungen, mit einer
Modellstruktur, die zur Darstellung des Kreislaufs im menschlichen
Körper entwickelt worden war, die zeitliche Entwicklung der Aktien-
kurse an der New Yorker Börse zu fitten.)

Bild 17 zeigt, wie die Meßergebnisse aus Bild 16 mit einem fehlerhaften Modell erklärbar werden. Um die Ergebnisse aus Bild 16 zu erhalten, wurde von einem fehlerhaften abstrakten Modell ausgegangen,
das den Rückstrom von Thyroxin im Blut nicht berücksichtigt. Mit
dieser falschen Annahme ergeben sich die folgenden Differentialgleichungen:

dx/dt = -k1*x + a(t)

dy/dt = +k1*x - k3*y

dz/dt = +k3*y

Für die Koeffizienten gilt:

k1 = 0.045
k3 = 0.025

Ein verstärktes Zutrauen in die Richtigkeit des abstrakten Modells
ergibt sich, wenn es möglich ist, die Werte der Konstanten nicht
durch Vergleich mit experimentellen Ergebnissen zu gewinnen, sondern
aufgrund weiterer, tiefergehender Modelluntersuchungen zu bestimmen.

Im Modell Thyroxinabbau gilt für die Veränderung des Thyroxingehal-
tes im Blut:

dx/dt = -k1*x + k2*y

In automatentheoretischer Darstellung hat diese Gleichung die folgende Form (siehe Bd.1 Kap. 1.2.2 "Der Begriff des Automaten").

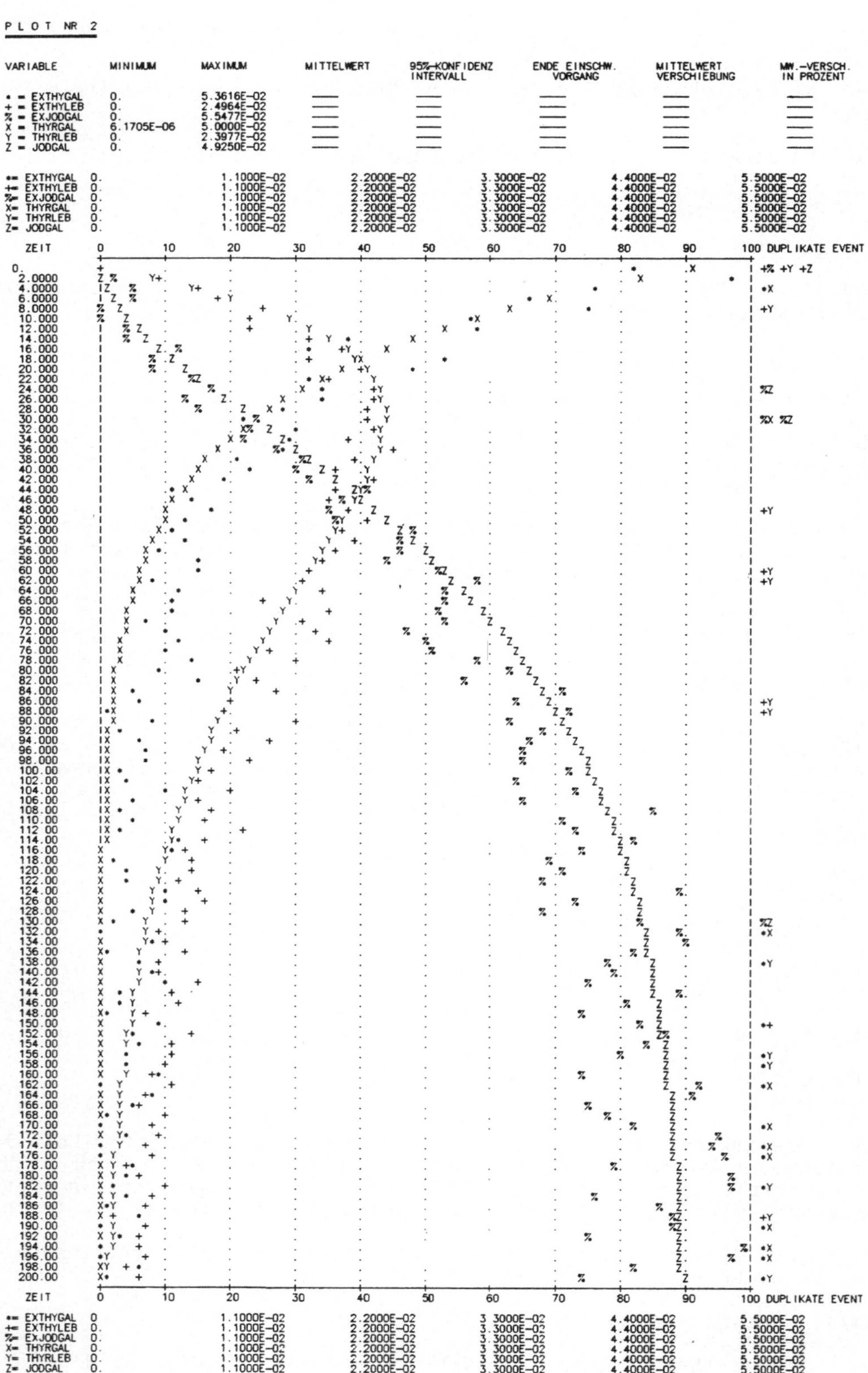

Bild 17: Die Modellergebnisse für eine fehlerhafte Modellstruktur

x(t+dt)= x(t) - (k1*x + k2*y)/dt

Dem entspricht die Zustandsfunktion:

x(t+dt) = f(x(t), y(t))

Eine Ausgabefunktion g ist nicht erforderlich. Der Wert für die Zustandsvariable wird direkt nach außen weitergegeben.

In graphischer Darstellung:

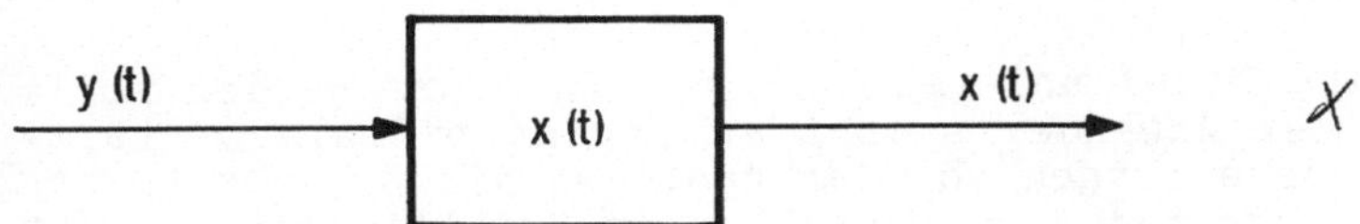

Das bedeutet zunächst, daß der neue Zustand des Automaten zur Zeit t+dt vom ursprünglichen Zutand zur Zeit t und vom Input y(t) abhängt. y(t) ist hierbei gleichzeitig der Ausgang des Automaten, der den Thyroxingehalt in der Leber beschreibt.
Ein vertieftes Modellverständnis ergibt sich, wenn es gelingt, das Input-Output-Verhalten des Automaten zu erklären, indem auf der nächstniedrigeren Abstraktionsstufe ein abstraktes Modell für den vorliegenden Automaten gefunden wird. In diesem Zusammenhang ergeben sich dann auch Beziehungen, die die Berechnung der Konstanten k1 und k2 zulassen würden.
Ein derartiges verfeinertes Submodell müßte die Diffussionsvorgänge im Gefäßsystem genauer untersuchen. Hierzu würden dann neue Zustandsvariable und Subautomaten zur Beschreibung benötigt. Denkbar wären beispielsweise die Permeabilität der Gefäßwände oder die Molekülgröße von Thyroxin.

1.5 Der Lebenszyklus für die Modellentwicklung

Die Modellentwicklung ist von den Problemen abhängig, die bearbeitet
werden sollen. Dennoch lassen sich einige übergeordnete Gesichtspunkte angeben, die bei den meisten Vorhaben zu beachten sind. Bild
18 zeigt einen Ablaufplan, der die Schrittfolge enthält, die in der
Regel durchlaufen wird.
Es entsteht damit ein Lebenszyklus, der Ähnlichkeiten mit dem Lebenszyklus von Software-Produkten hat, wie er in der Software-Tech-
nologie üblich ist.

1.5.1 Problemdefinition

Wenn für Anwender eine Modelluntersuchung durchgeführt werden soll,
dann fällt auf, daß der Anwender selbst zu Beginn oftmals verhältnismäßig unscharfe Vorstellungen von der Problemstellung, vom Umfang
oder der Leistungsfähigkeit des zu erstellenden Modells oder von der
Art der zu erwartenden Ergebnisse hat.
Es ist die Aufgabe der Problemdefinition, die oftmals unscharfen Anwenderwünsche zu präzisieren und die Ausgangsdaten festzulegen.
Falls es sich um ein Modell für ein existierendes System handelt,
werden die Ausgangsdaten in der Regel durch Messungen ermittelt.

Beispiel:

* Im Modell Thyroxinabbau aus Bd.1 Kap. 1.4 "Parameterschätzung" ist
die Fragestellung bereits geklärt. Die Ausgangsdaten liegen in einer
Form vor, die Bild 16 zeigt. Damit ist die Problemdefinition abgeschlossen.

Falls ein Modell für ein System entworfen werden soll, das zunächst
nur geplant worden ist und vor der Entwicklung und vor dem tatsächlichen Aufbau erst einmal untersucht werden soll, so sind die Ausgangsdaten die Vorgaben des Konstrukteurs.

Für die Problemdefinition ergibt sich damit die folgende Vorgehensweise:

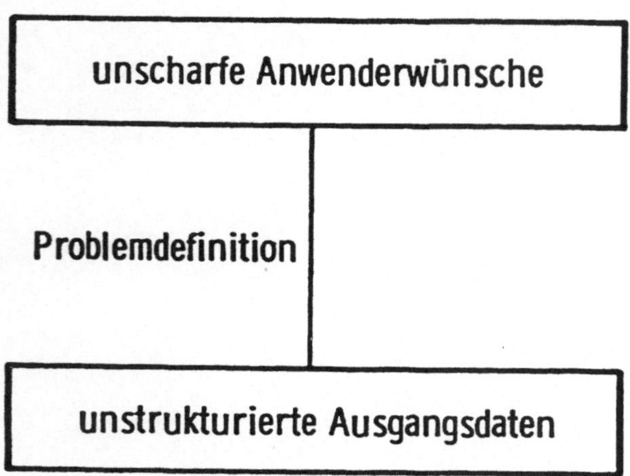

Bild 18: Die Problemdefinition

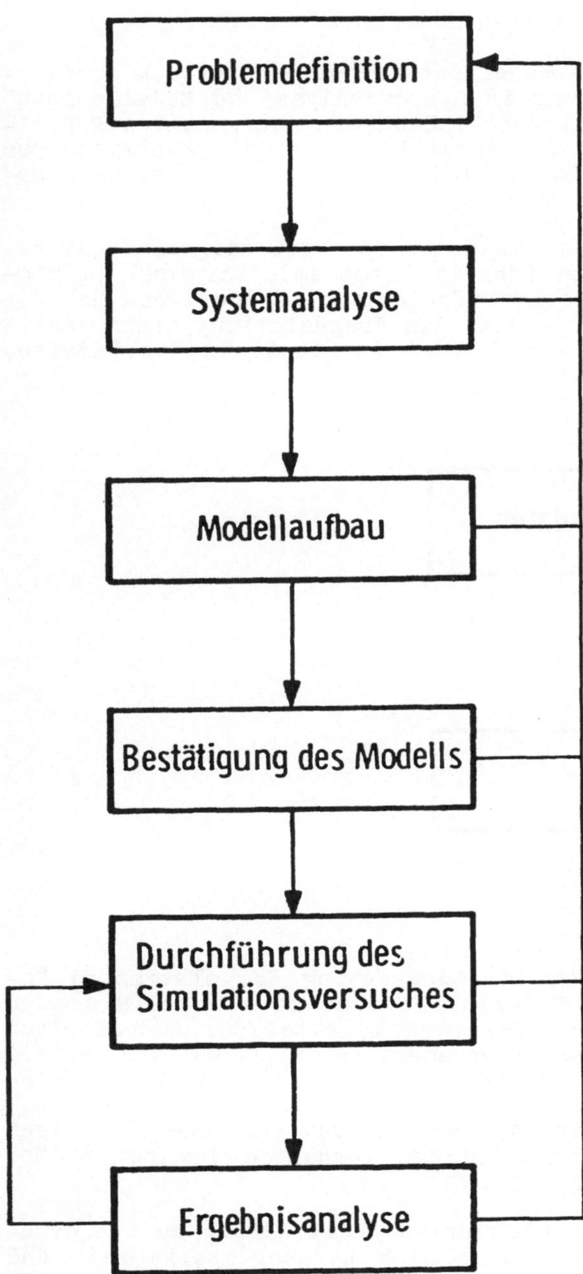

Bild 19: Der Lebenszyklus für die Modellentwicklung

1.5.2 Systemanalyse und Modellaufbau

Die Schritte Systemanalyse und Modellentwurf wurden bereits ausführlich in Bd.1 Kap.1.1 "Einführung in Systemanalyse und Modellaufbau" beschrieben. Sie stellen den wesentlichen Kern der gesamten Modelluntersuchung dar. Wie bereits dargestellt, greift die Systemanalyse die unstrukturierten Ausgangsdaten auf und liefert das abstrakte Modell.

Bild 19 entnimmt man, daß unter Umständen die Notwendigkeit besteht, aufgrund der Systemanalyse den Schritt "Problemdefinition" zu wiederholen. Das kann beispielsweise erforderlich werden, wenn bei der Systemanalyse festgestellt wurde, daß die Fragestellung nicht realistisch ist oder daß andere Objekte oder Attribute in die Untersuchung mit einbezogen werden müssen.

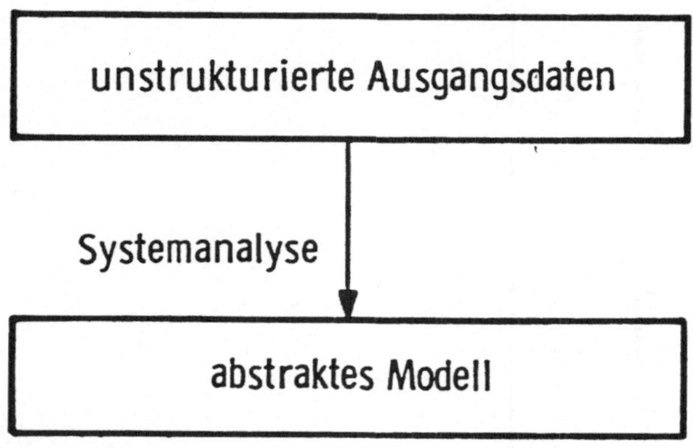

Bild 20: Die Systemanalyse

Im Falle der Simulation erfolgt die Auswertung des abstrakten Modells mit Hilfe eines realen Modells. Handelt es sich beim realen Modell um eine digitale Rechenanlage, so bedeutet der Modellaufbau die Erstellung des Simulationsprogrammes. Eine Auswertung erhält man, indem man das Simulationsprogramm auf der Rechenanlage ablaufen läßt.
Der Modellaufbau geht vom abstrakten Modell aus. Als Ergebnis dieses Schrittes erhält man Ergebnisse, die das Verhalten des realen Modells beschreiben.

Es kann notwendig sein, auch den Schritt Modellaufbau zu wiederholen. Das ist dann erforderlich, wenn sich herausgestellt hat, daß der Modellaufbau nicht korrekt war. Die Rektifikation hat gezeigt, daß ein reales Modell entstanden ist, das nicht den Vorschriften des abstrakten Modells entspricht. Rektifikation ist hierbei die Tätigkeit, die überprüft, ob das reale Modell den Entwurfsvorschriften des abstrakten Modells genügt (rectus = richtig).

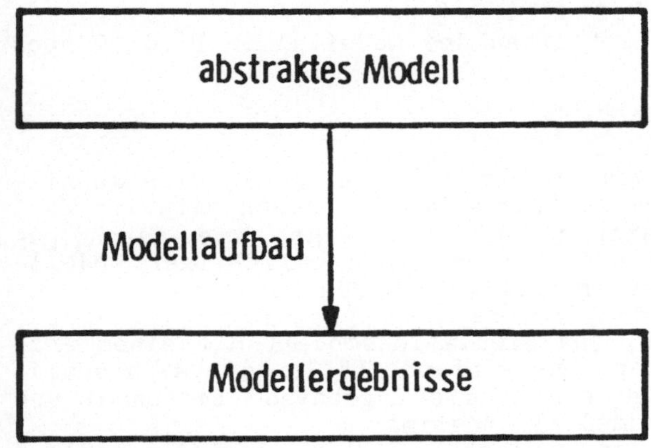

Bild 21: Der Modellaufbau

1.5.3 Bestätigung des Modells

Nach dem Modellaufbau muß geprüft werden, ob das Modell das Verhalten des Systems tatsächlich richtig wiedergibt. Um ein Modell zu bestätigen, kann man die Ergebnisse der Untersuchungen am Modell mit den Ergebnissen vergleichen, die Messungen am System ergeben haben. Dieses Vorgehen ist natürlich nur anwendbar, wenn das System bereits existiert und Messungen möglich sind. Stimmen Modell und System in den Fällen überein, für die ein Vergleich möglich ist, so schließt man daraus, daß das Modell richtige Ergebnisse auch für die Fälle liefert, die nicht überprüft worden sind.

Hinweis:

* Die Übereinstimmung zwischen Systemmessungen und Modellergebnissen kann keine vollständige sein. Sie ist immer nur innerhalb einer vorgebbaren Toleranz angebbar. Siehe hierzu Bd.1 Kap.1.1.4 "Die Validierung" und Bd.1 Kap. 1.1.6 "Das Modell Cedar Bog Lake".

Falls die Übereinstimmung zwischen Systemmessungen und Modellergebnissen innerhalb der Toleranz nicht genügend ist, so sind hierfür drei Grunde möglich:

* Der Toleranzbereich ist zu klein
Das bedeutet, daß das Modell zwar richtig aber zu "grob" ist. In diesem Fall hat die Systemanalyse zuviele relevante Aspekte vernachlässigt oder die Idealisierung zu weit getrieben. Eine ausführlichere Systemanalyse wird erforderlich.

* Die Systemanalyse ist nicht korrekt
Das bedeutet, daß die Modellstruktur falsch ist oder daß für Modellkoeffizienten falsche Werte bestimmt worden sind. Die Systemanalyse muß ebenfalls wiederholt werden.

* Der Modellaufbau ist fehlerhaft
In diesem Fall muß der Schritt "Aufbau des Modells" in Bild 19 noch
einmal durchlaufen werden.

Hinweise:

* Falls die Übereinstimmung von Systemmessungen und Modellergebnissen vorliegt, kann dennoch das abstrakte Modell falsch sein. In Bd.1
Kap. 1.4 "Die Parameterschätzung" wurde gezeigt, wie durch geschickte Wertzuweisung für Koeffizienten trotz unrichtiger Modellstruktur brauchbare Ergebnisse erzielt werden können.

* Gelegentlich ist es möglich, das Simulationsmodell mit einem analytischen Modell zu vergleichen. Für einfache Fälle, die sich analytisch behandeln lassen, werden einmal die Ergebnisse berechnet und
dann mit Hilfe des Simulationsmodells bestimmt.
Wenn die Übereinstimmung in den einfachen Fällen zufriedenstellend
ist, schließt man dann, daß das Simulationsmodell auch in den Fällen
richtig arbeitet, die analytisch nicht zu bearbeiten sind.
Dieses Verfahren offenbart nur die Fehler, die im Abschnitt "Modellaufbau" gemacht wurden. Es unterstützt die Rektifikation.

Wegen der großen Bedeutung einer einheitlichen Begriffsbildung werden an dieser Stelle Validierung und Rektifikation noch einmal ge-
genübergestellt:

* Validierung
Feststellen der Übereinstimmung von abstraktem Modell und realem Sy-
stem.
Die Übereinstimmung kann nur an Hand von Daten vorgenommen werden.
Das bedeutet, daß empirisch erhobene Daten aus dem realen System mit
Daten verglichen werden müssen, die das abstrakte Modell liefert.
Ein unmittelbarer Vergleich von abstraktem Modell und realem System
ist nicht möglich.

* Rektifikation
Nachweis, daß das reale Modell den Vorschriften des abstrakten Mo-
dells entsprechend korrekt aufgebaut wurde.
Die Rektifikation erfolgt im Falle der Computer-Simulation durch
Überprüfung des Programmes durch Test oder durch formales Beweisen.

Die bisher beschriebenen Probleme machen es unmöglich, für die Modellvalidierung allgemeingültige und verbindliche Regeln aufzustel-
len. Man wird immer wieder genötigt sein, dem entsprechenden Modell
angepaßte Verfahren einzusetzen. Einen Überblick über mögliche
Methoden findet man beispielsweise in /42/.

1.5.4 Durchführung des Simulationsversuches

In der Regel wird die Durchführung des Simulationsversuches keine
prinzipiellen Probleme aufwerfen. Nur im Falle von stochastischen
Modellen ist besondere Sorgfalt auf die Dauer des Modellaufes zu legen.

Für ein stochastisches Modell wird man zuverlässige Ergebnisse erst
nach einer gewissen Laufzeit erhalten.
Das analytische Modell liefert für zufallsabhängige Parameter, wie
z.B. mittlere Warteschlangenlänge oder mittlere Bedienzeit sofort

exakte Werte. Um diese Werte im Simulationsmodell zu ermitteln, müssen genau wie im realen System Einzelfälle gesammelt und ausgewertet werden. Befindet sich das System im stationären Zustand, d.h. sind die Mittelwerte nicht zeitabhängig, so wird man das Simulationsprogramm ablaufen lassen und in Zeitabständen die gewünschten Werte der zufallsabhängigen Parameter bestimmen. Auf Grund des Gesetzes der großen Zahlen werden diese Werte einem Grenzwert zustreben.
Trägt man die Werte gegen die Zeit auf, läßt sich ein Überblick über die Schwankungen in der Zeit gewinnen. Man sieht dann, wann sich die statistischen Schwankungen herausgemittelt haben und die Werte dem Grenzwert zustreben.

Ist das System nicht stationär, so muß für jeden Wert zu jedem Zeitpunkt ein Mittelwert gebildet werden. Man gewinnt diesen Mittelwert, indem man den Simulationslauf oft genug wiederholt. Dieses Verfahren wird für komplexe Systeme so aufwendig, daß der Einsatz der Simulation als Methode bei der Systemanalyse und beim Systementwurf hierdurch eine ernsthafte Beschränkung erfährt.

Neben den statistischen Schwankungen treten zu Beginn eines Simulationslaufes Schwankungen auf, die eine Folge des Anfangszustandes sind. Die Bedingungen, die zu diesem Zeitpunkt vorliegen, sind verschieden von den normalen Betriebsbedingungen, die auftreten, wenn sich das System im eingeschwungenen Zustand befindet.
Um die Verfälschungen der Ergebnisse auf Grund der Einschwingphase zu vermeiden, gibt es zwei Möglichkeiten:

* Einmal kann man den Simulationslauf bereits mit dem eingeschwungenen Systemzustand beginnen lassen. Das würde z.B. bedeuten, die Belegung aller Betriebsmittel sowie alle Warteschlangen vorzubesetzen. Dieses Vorgehen setzt eine sehr gute Kenntnis des Systems voraus.

* Weiterhin ist es möglich, den Simulationslauf einschließlich der Einschwingphase von Anfang an ablaufen zu lassen; das Sammeln der Ergebnisse erfolgt jedoch erst, nachdem das Modell in den eingeschwungenen Zustand übergegangen ist und sich Anfangsschwankungen nicht mehr auswirken.

Die genaue Bestimmung des Zeitpunktes, zu dem die Einschwingphase beendet ist, ist schwer möglich, da den Anfangsschwankungen immer noch statistische Schwankungen überlagert sind. Man müßte in diesem Fall jedes System, auch ein stationäres, in der Anfangsphase wie ein nichtstationäres System behandeln.

Eine ausführliche Diskussion aller Fragen, die mit statistischen Schwankungen und dem Einschwingvorgang in Zusammenhang stehen, findet man in /40/. Eine leicht lesbare Einführung gibt /16/.

1.5.5 Ergebnisanalyse

Zur Bewertung und Weiterbehandlung der durch die Simulationsläufe ermittelten Ergebnisse stehen zahlreiche Verfahren und Hilfsmittel zur Verfügung. Benutzt man z.B. die Simulation zur System-Optimierung, so können die Verfahren eingesetzt werden, die hierzu von Operations Research entwickelt worden sind. Diese Verfahren erleichtern das Bestimmen der Optima und helfen bei der Beurteilung der erzielten Resultate. Sie werden hier nicht behandelt, da sie nicht mehr in den Bereich der Simulation fallen.

Aufgrund der Analyse der Endergebnisse wird in der Regel eine Wiederholung des Simulationslaufes nötig.
In Bild 18 ist daher ein Weg eingetragen, der von der Ergebnisanalyse zurück zum Abschnitt "Durchführung des Simulationsversuches" führt.

2 Reale Modelle und Simulation

Der Entwurf des abstrakten Modells beinhaltet den wesentlichen Schritt bei der Modellbildung.
Um Aussagen über das Verhalten des abstrakten Modells zu gewinnen, gibt es zwei grundsätzlich verschiedene Vorgehensweisen. Zunächst kann man auf analytischem Wege zu neuen Ergebnissen kommen. Die zweite Möglichkeit sieht vor, daß ein reales Modell aufgebaut wird. In diesem Fall spricht man von Simulation.

2.1 Systeme mit identischem abstrakten Modell

Voraussetzung für die Möglichkeit der Simulation ist, daß zu dem zu untersuchenden System ein zweites System gefunden wird, für das ein abstraktes Modell vorliegt, das mit dem abstrakten Modell des ursprünglichen Systems übereinstimmt. Das bedeutet, daß beiden realen Systemen das gleiche abstrakte Modell unterlegt werden kann. Ein Beispiel soll diese Vorgehensweise erläutern.

2.1.1 Das mechanische Feder-Stoßdämpfer System

Zunächst soll ein mechanisches System untersucht werden, das aus einer Masse, einer Feder und einem Stoßdämpfer bestehen soll.

Die Masse M sei über die Feder mit der Federkonstanten K und über den Stoßdämpfer mit Dämpfungsfaktor D an einer festen Wand befestigt (Bild 22).

Für das vorliegende mechanische System soll ein abstraktes Modell aufgebaut werden, das über die Bewegung des Schwerpunktes der Masse Auskunft gibt, wenn unterschiedliche Kräfte F(t) angreifen.

Die Systemanalyse löst aus der Menge der Attribute, die das reale System kennzeichnen, diejenigen heraus, die für die Fragestellung relevant sind und verknüpft sie zu einem abstrakten Modell.

Die zunächst wichtigen Attribute sind die folgenden:

x Auslenkung des Masseschwerpunktes aus der Ruhelage

M Masse

K Federkonstante

D Dämpfungsfaktor

Die Abhängigkeit dieser Zustandsvariablen wird durch die folgende Differentialgleichung beschrieben:

$$M*x'' + D*x' + K*x = F(t)$$

Damit liegt ein abstraktes Modell für das reale System vor.

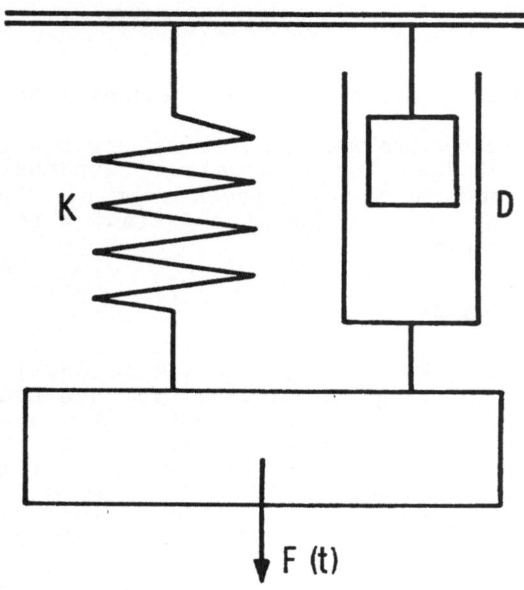

Bild 22: Das Mechanische System

Hinweis:

* Das Modell ist verhälnismäßig grob; das heißt, daß die Abstraktion
sehr weit gegangen ist und z.B. solche Gegebenheiten wie den Luftwiderstand bei der Bewegung, Reibungsverluste und dgl. nicht berücksichtigt. Die Idealisierung hat für eine reale Feder, deren Federkonstante von zahlreichen Faktoren wie z.B. von der Temperatur, der
Auslenkung usw. abhängt, durch eine Feder ersetzt, für die die Federkonstante K unabhängig von irgendwelchen Einflußgrößen und damit
konstant ist.
Hieraus wird deutlich, daß das Verhalten des abstrakten Modells und
das Verhalten des realen Systems nur innerhalb einer vorgegebenen
Toleranz übereinstimmen können.

Um das Verhalten des abstrakten Modells zu untersuchen, steht zunächst das analytische Verfahren zur Verfügung. Das würde bedeuten,
daß die Differentialgleichung 2. Ordnung gelöst werden muß. Für einfache Funktionen F(t) ist das relativ leicht möglich. Siehe Bd.1
Kap. 2.4 "Die analytische Auswertung und die Simulation".
Wie bereits dargestellt, besteht jedoch die weitere Möglichkeit, ein
zweites reales System zu suchen, das mit dem zu untersuchenden, realen Feder-Stoßdämpfer-System das abstrakte Modell gemeinsam hat. Ein
derartiges System heißt reales Modell zum ursprünglichen System.

Die Untersuchungen werden dann am realen Modell vorgenommen und auf das ursprüngliche System zurückübertragen. Man sagt, daß das reale Modell das ursprüngliche Modell simuliert.

2.1.2 Das elektrodynamische System

Es soll ein System untersucht werden, das zunächst mit dem Feder-Stoßdämpfer-System vom äußeren Anschein her vollkommen verschieden ist. Es handelt sich um ein elektrodynamisches System.
In einem Stromkreis werden ein Widerstand R, ein Kondensator mit der Kapazität C sowie eine Spule mit dem Induktionskoeffizienten L seriell geschaltet (Bild 23).

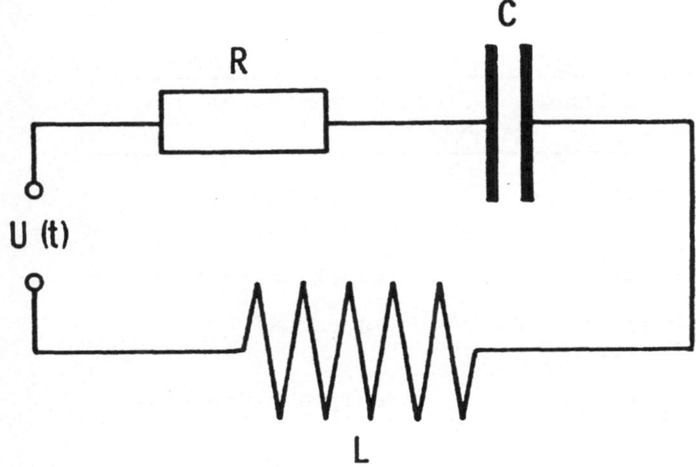

Bild 23: Das elektrodynamische System

Für das vorliegende, reale System soll ein abstraktes Modell entworfen werden, das Antwort auf die Frage geben kann, wie sich die Ladung auf einem Kondensator bei einer Eingangsspannung U(t) verhält.

Ein verhältnismäßig grobes abstraktes Modell benötigt die folgende Zustandsvariable:

x Ladung auf dem Kondensator

Die erforderlichen Koeffizienten sind die folgenden:

L Induktionskoeffizient der Spule

R Widerstand

C Kapazität des Kondensators

Das Verhalten des vorliegenden Systems wird durch die nachfolgende Differentialgleichung beschrieben:

L*x'' + R*x' + 1/C*x = U(t)

Vergleicht man diese Differentialgleichung mit der Differentialgleichung für das Feder-Stoßdämpfer-Modell, so stellt man fest, daß sie identisch sind. In beiden Fällen handelt es sich um eine Differentialgleichung 2. Ordnung, die eine gedämpfte Schwingung beschreibt. Das bedeutet, daß die beiden realen Systeme das gleiche abstrakte Modell besitzen.

Für das abstrakte Modell läßt sich allgemein schreiben:

$A*x'' + B*x' + C*x = D(t)$

Die Zuordnung der Attribute erfolgt durch die folgende Tabelle 1.

Tabelle 1:   Zuordnungstabelle

Allgemeine Differentialgleichung	Mechanisches Modell	Elektrodynamisches Modell
x	x Auslenkung	x Ladung auf dem Kondensator
A	M Masse	L Induktionskoeffizient
B	D Dämpfungs-Faktor	R Widerstand
C	K Federkon-stante	1/C Reziproke Kapazität
D(t)	F(t) Kraft	U(t) Spannung am Eingang

Man sieht, daß das mechanische System und das elektrodynamische System trotz aller äußeren Verschiedenheit durch ihr gemeinsames abstraktes Modell miteinander verbunden sind. Das bedeutet, daß ein System in der Lage ist, das Verhalten des anderen Systems zu simulieren.
Welches der beiden Systeme als reales Modell betrachtet wird, hängt von der Behandelbarkeit der Systeme ab. Es ist möglich, daß ein Federstoßdämpfer-System untersucht werden soll und als Modell das elektrodynamische System herangezogen wird, da sich beispielsweise an elektrodynamischen Systemen die Messungen leichter durchführen lassen.
Es wäre jedoch möglich, auch umgekehrt zu verfahren.

Es ist besonders wichtig, daß für die Simulation, die zur Systemuntersuchung ein reales Modell benötigt, auf jeden Fall ein abstraktes Modell erforderlich ist, das das zu untersuchende System und das System, das Modell spielt, in Verbindung setzt. Die Zuordnung der Systemkomponenten erfolgt nicht direkt sondern über das abstrakte Modell.

Ein System kann nur reales Modell für ein zu untersuchendes System in Bezug auf die Fragestellung und in Bezug auf die von der Abstraktion als wesentlich erkannten Attribute sein.

Beispiel:

* Wenn das Verhalten des mechanischen Systems in Abhängigkeit von Temperaturschwankungen untersucht werden soll, so ist das elektrodynamische System kein Modell mehr. In Bezug auf die Temperaturabhängigkeit werden sich beide Systeme verschieden verhalten.

2.1.3 Das Modell für einen chemischen Reaktor

Es ist überraschend, wieviele Systeme trotz ihrer Unterschiede in der äußeren Erscheinung ein gemeinsames abstraktes Modell besitzen. Ein weiteres Beispiel soll das deutlich machen. (Siehe /22/)

Eine chemische Produktionsanlage sei so aufgebaut, daß die Reagenzien in einem Kreislauf umlaufen und dabei durch einen Reaktor gepumpt werden. Im Reaktor wird eine Teilmenge der Reagenzien durch ein katalytisches Filter gedrückt und dabei in das gewünschte Produkt umgesetzt; der Rest fließt in den Kreislauf zurück.

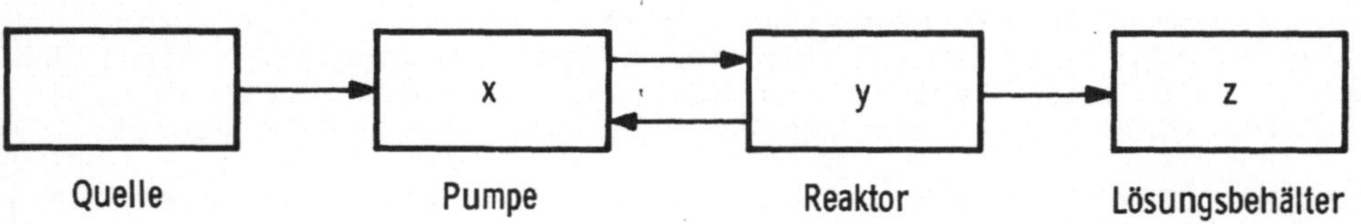

Bild 24: Modell eines chemischen Reaktors

Der chemische Prozeß ist durch den Zeitverlauf dreier Zustandsvariablen x, y und z gekennzeichnet: x ist die Konzentration einer bestimmten Substanz S im Kreislauf, y ist die Konzentration dieser Substanz im Reaktor (am Filter) und z ist die Konzentration des Produkts P in einem Lösungsbehälter.

Die zeitlichen Veränderungen dieser drei Zustandsvariablen mögen sich durch folgendes lineares Gleichungssystem darstellen lassen:

Veränderung der Konzentration von S im Kreislauf:

$$dx/dt = - k1*x \qquad + \qquad k2*y \qquad + \qquad a(t)$$

Abnahme wegen Absorption durch das	Zunahme wegen Rückstrom in den	Zunahme durch Input

$$dy/dt = + k1*x \qquad + \qquad k2*y \qquad - \qquad k3*y$$

Zunahme wegen Absorption durch das Filter	Abnahme wegen Rückstrom in den Kreislauf	Abnahme wegen Umsetzung in das Produkt

Veränderung der Konzentration von P in der Produktlösung:

dz/dt = + k3*y

        Zunahme wegen Umsetzung

Darin bedeuten:

x   -   Konzentration von S im Kreislauf
y   -   Konzentration von S im Reaktor
z   -   Konzentration von P in der Lösung

k1 -   Proportionalitätskonstante für die
        Filterabsorption
k2 -   Proportionalitätskonstante für den Rückfluß
        aus dem Filter
k3 -   Proportionalitätskonstante für die Umsetzung

Vergleicht man die Differentialgleichungen für den chemischen Reaktor mit den Gleichungen für das System Thyroxinabbau, das in Bd.1
Kap. 1.4 "Parameterschätzung" beschrieben wurde, so sieht man, daß
die Differentialgleichungen für beide Systeme identisch sind. Das
bedeutet, daß beide Systeme ein abstraktes Modell gemeinsam haben.
Ein System könnte daher als reales Modell für das andere dienen.

In anschaulicher Weise könnte man sagen, daß das abstrakte Modell
diejenigen Aspekte beschreibt, die beide Systeme gemeinsam haben. Im
Fall des Thyroxinabbaus und des chemischen Reaktors sind es Diffussionsvorgänge. Bei diesen Vorgängen ist die Änderung der Konzentration der Konzentration selbst proportional.
Im Fall des mechanischen und elektrodynamischen Systems handelt es
sich um Schwingungsvorgänge. Diese Schwingungsvorgänge können durch
eine Differentialgleichung 2. Ordnung beschrieben werden.

Bild 4 aus Bd.1 Kap. 1.1 "Einführung in Systemanalyse und Modellaufbau" zeigt, wie zwei reale Systeme durch ihr gemeinsames, abstraktes Modell miteinander verbunden sind.
Falls für ein abstraktes Modell eine analytische Lösung gefunden
werden kann und zugleich ein reales Modell dazu existiert, so können
die Ergebnisse, die durch die zwei Verfahren bestimmt worden sind,
verglichen werden. Bild 4 zeigt, daß die Ergebnisse in der Regel
nicht identisch sind. Beim Aufbau des realen Modells ergibt sich
eine Verfälschung, die dem Fehler entspricht, der entsteht, wenn die
Systemanalyse durch Abstraktion und Idealisierung vom realen System
zum abstrakten Modell übergeht.
Das Verhalten des realen Modells wird in der Regel durch mehr Einflußgrößen bestimmt als im abstrakten Modell erscheinen. Dazu kommt,
daß beim Übergang vom abstrakten Modell zum realen Modell die
Idealisierung zurückgenommen werden muß.

Beispiel:

* Die in Bd.1 Kap. 2.1.2 "Das elektrodynamische System" beschriebene
Differentialgleichung für Schwingungen

A*x'' + B*x' + C*x = D(t)

verlangt, daß B eine Konstante ist.
Wählt man das elektrodynamische System als reales Modell, so ent-

spricht der Konstanten B der Widerstand R. Der Widerstand im realen
Modell ist nur in erster Näherung konstant. Er hängt z.B. von der
Stromstärke ab, da eine Erhöhung der Stromstärke eine Erwärmung des
Widerstandes und damit eine Erhöhung bewirkt.
Weiterhin wird im abstrakten Modell eine ideale Spule angenommen,
die keinen ohmschen Widerstand besitzt, sondern nur durch den
Selbstinduktionskoeffizienten L beschrieben wird. Eine reale Spule
im realen Modell wird sich daher unterschiedlich verhalten.

Zusätzlich werden die unvermeidlichen Meßfehler das Verhalten des
realen Modells verfälschen.
Daraus folgt, daß ein reales Modell das Verhalten eines abstrakten
Modells nur innerhalb eines gewissen Toleranzbereichs korrekt wiedergibt. Es handelt sich hierbei um einen allgemeinen, nicht zu ver-
meidenden Fehler, der immer auftritt, wenn man vom abstrakten Modell
in ein reales Modell übergeht. Es ist der gleiche Fehler, der auftritt, wenn die Systemanalyse für ein reales System ein abstraktes
Modell gewinnt.

2.2 Klassifikation der realen Modelle

Eine Klassifikation für reale Modelle richtet sich nach praktischen Gesichtspunkten, die ihren Einsatz und ihre Verwendung betreffen. Das bedeutet, daß die Handhabbarkeit, die Kosten beim Modellaufbau, die Verfügbarkeit usw. im Vordergrund stehen.

Hinweis:

* Reale Modelle sind reale Systeme, denen die Aufgabe zuerkannt wurde, Modell zu spielen. Die Klassifikation der realen Modelle ist eine Einteilung, die berücksichtigt, daß ein abstraktes Modell auf ein System der realen Welt abgebildet wird.

Eine Klassifikation für reale Modelle könnte eine Form haben, die Bild 25 zeigt.

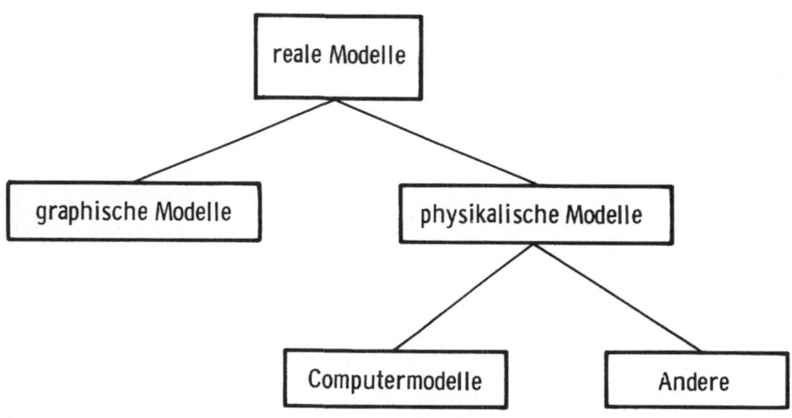

Bild 25: Die Klassifikation realer Modelle

<u>Physikalische Modelle:</u>

Die Systemobjekte sind materielle Körper; die Beziehungen und Wechselwirkungen erfolgen aufgrund der natürlichen, physikalischen Gesetze.
Beispiele:

* Für ein Flugzeug werden im Windkanal an einem verkleinerten Modell ärodynamische Kenngrößen ermittelt.

* Ein Wellensimulator als Modell untersucht den Einfluß der Brandung auf die Stabilität eines Deiches.

* Um den Aufbau eines Moleküls anschaulich zu machen, werden die Atome durch Kugeln und die Verbindungen durch ein Drahtgerüst wie-

dergegeben.

* Das in Bd.1 Kap.2.1 "Systeme mit identischem abstrakten Modell" beschriebene Feder-Stoßdämpfer-Modell oder das elektrodynamische Modell gehören in die Klasse der physikalischen Modelle.

Die Erstellung eines physikalischen Modells zeichnet sich dadurch aus, daß handwerkliche Tätigkeiten erforderlich sind. Man benötigt eine Werkstatt.

Graphische Modelle:

Die Elemente und Funktionen des abstrakten Modells werden auf graphische Darstellungen im 2-dimensionalen Raum abgebildet.

Beispiele:

* Eine mathematische Funktion läßt sich durch eine gezeichnete Kurve in einem Koordinatenkreuz darstellen.

* Der erdachte Bauplan eines Architekten wird als Zeichnung, die den Grundriß darstellt, festgelegt.

* Die Vorstellungen eines Künstlers erscheinen als graphisches Modell in einer Zeichnung oder in einem Gemälde.

Computermodelle:

Computermodelle gehören zu den physikalischen Modellen. Hierbei wird die Rechenanlage als physikalisches System betrachtet. Das Simulationsprogramm auf der Rechenanlage sorgt dafür, daß die Zustandsübergänge in der korrekten Art und Weise durchgeführt werden. Computermodelle lassen sich noch einmal in der folgenden Weise unterteilen:

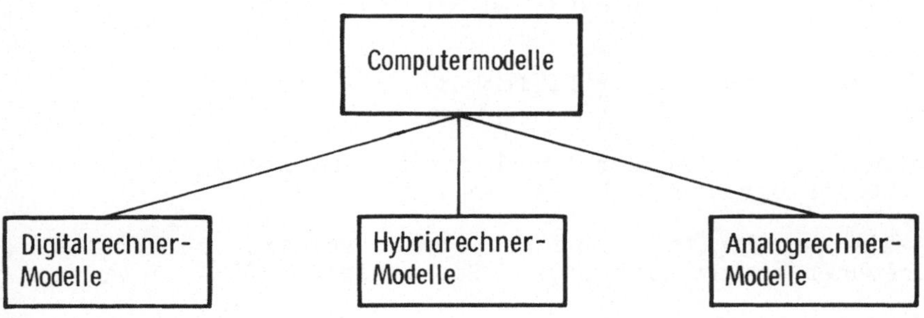

Bild 26: Computermodelle

Analogrechner vermögen Differentialgleichungen zu lösen, indem durch die Verbindung von Schaltelementen ein elektrodynamisches System aufgebaut wird. Analogrechner haben daher sehr viel Ähnlichkeit mit dem Beispielmodell, das in Bd. 1 Kap. 2.1.2 "Das elektrodynamische System" beschrieben wurde.
Da der Aufbau eines Modells mit Hilfe eines modernen Analogrechners kaum noch etwas mit der handwerklichen Tätigkeit des Aufbau von Schaltkreisen zu tun hat, sondern der Programmierung von Digitalrechner näher steht, werden Analogrechner zu den Computer-Modellen gezählt und nicht zu den physikalischen Modellen.
Einen Überblick über den Aufbau, die Leistungsfähigkeit und die Leistungsgrenzen der analogen Simulation findet man in /34/.

Digitalrechner eignen sich zunächst besonders gut zur Darstellung von diskreten, abstrakten Modellen. Die Vorgehensweise der digitalen Simulation wird in Bd.2 Kap.1 "Die Ablaufkontrolle" beschrieben.
Um kontinuierliche, abstrakte Modelle auf einem Digitalrechner zu bearbeiten, ist es erforderlich, das kontinuierliche, abstrakte Modell zu diskretisieren. Diese Diskretisierung liefert die numerische Integration von Differentialgleichungen. Die Simulation zeitkontinuierlicher Modelle auf einem Digitalrechner ist daher gleichbedeutend mit numerischer Integration. Siehe hierzu Bd.1 Kap.2.3 "Numerische Integration von Differentialgleichungen".

Die bei der Modellerstellung mit Hilfe von Computermodellen wesentliche Tätigkeit ist in jedem Fall Rechnerbedienung und Programmierung.

Die Simulation mit Digitalrechnern und Analogrechnern hat charakteristische Vorzüge, die kurz beschrieben werden sollen:

* Digitalrechner
Hohe Rechengenauigkeit
Hohe Verfügbarkeit der Rechenanlage
Gute Ein- und Ausgabemöglichkeiten
Gute Möglichkeiten zur Darstellung diskreter Zustandsübergänge (z.B. Diskontinuitäten aufgrund von Schaltungsvorgängen usw.)

* Analogrechner
Gute Behandlungsmöglichkeit für Differentialgleichungen
Schnelligkeit

Die hohe Schnelligkeit ist der Grund dafür, daß Realzeitsimulation vorwiegend mit Analogrechnern betrieben wird.

Um die Vorteile der digitalen und analogen Simulation zu verbinden, sind Hybridrechner entwickelt worden. Siehe hierzu /35/.

Die bisherige Klassifikation unterscheidet nach der Dimension des realen Modelles.
Eine weitere Einteilung berücksichtigt den Grad der Ähnlichkeit zwischen dem ursprünglichen System und dem System, das die Rolle des Modells übernimmt.

Maßstabsmodelle

Reale Modelle, die man als Maßstabsmodelle bezeichnet, bilden das System in verkleinertem oder vergrößertem Maßstab ab. Entscheidend ist, daß für das maßstäbliche reale Modell die gleichen physikalischen Gesetze gelten. Auf diese Weise erspart man sich gelegentlich im abstrakten Modell, das beiden Systemen gemeinsam ist, die explizite Angabe der Dynamik. Man weiß, daß sich System und reales Modell in der Zeit gleichartig entwickeln, da beide den gleichen physikalischen Gesetzen unterworfen sind.

Beispiel:

Als System und reales Modell sollen ein Flugzeug und sein verkleinertes Abbild im Windkanal betrachtet werden.

Es ist wichtig zu sehen, daß auch bei maßstäblichen Modellen die Zuordnung von System und realem Modell nur über ein abstraktes Modell erfolgt. Das abstrakte Modell enthält die Elemente des Flugzeugs, die aufgrund der Fragestellung wichtig sind und die auf das verkleinerte Modell übertragen werden sollen.

Im vorliegenden Fall enthält jedoch das abstrakte Modell keine Angaben über das dynamische Verhalten. Es gibt hier z.B. keine Differentialgleichungen, die Wirbel oder Turbulenzen beschreiben. Diese Angaben sind nicht erforderlich, da man voraussetzt, daß das Flugzeug und sein Modell im Luftstrom identisches Verhalten zeigen.

Symbolmodelle

Reale Modelle, die man als Symbolmodelle bezeichnet, kennen keine aueßerliche Ähnlichkeit zwischen System und Modell. Sie sind nur durch das gemeinsame abstrakte Modell verbunden, welches in diesem Fall Angaben über die Modellkomponenten und das dynamische Verhalten machen muß.

Beispiel:

Der elektrische Schwingkreis ist das symbolische Modell zum Feder-Stoßdämpfersystem. Das absolute Modell enthält die Zuordnung der Attribute (siehe Bd.1 Tabelle 1) und zusätzlich die Differentialgleichung, die das dynamische Verhalten beschreibt.

Die Angabe der Differentialgleichung ist erforderlich, da ein elektrodynamisches System nach anderen physikalischen Gesetzen abläuft als ein mechanisches System.

Hinweise:

* Computermodelle gehören zu den symbolischen Modellen.

* Der Begriff "Simulationsmodell" wird gelegentlich auf Computermodelle beschränkt . In diesem Fall bezeichnet ein Simulationsmodell nur ein Modell, das mit Hilfe einer Simulationssprache oder eines Simulationspaketes auf einer Rechenanlage abläuft. Diese Einschränkung scheint unberechtigt. Aus Gründen, die in Bd.1 Kap. 2.4 "Die analytische Auswertung und die Simulation" deutlich werden, ist es zweckmäßig, den Begriff Simulation auf das Arbeiten mit realen Modellen insgesamt anzuwenden. "Reales Modell" und "Simulationsmodell" sind demnach gleichbedeutende Begriffe.

2.3 Numerische Integration von Differentialgleichungen

Bei der Untersuchung zeitkontinuierlicher Modelle besteht die Aufgabe darin, für die Zustandsvariablen die zeitliche Abhängigkeit
festzulegen. In vielen Fällen ist es jedoch nicht möglich, diese Abhängigkeit direkt anzugeben. Bekannt ist nicht der Verlauf der Zustandsvariablen als Funktion der Zeit sondern nur der Verlauf der
Änderungsrate.
Eine Differentialgleichung gibt an, in welcher Weise die Änderungsrate von der Zeit und den anderen Zustandsvariablen abhängt. Es gilt
für die Änderungsrate und damit für den Differentialquotienten:

$$dx/dt = f(x,y,t)$$

Aus der Differentialgleichung muß die Integralkurve bestimmt werden.
In einigen wenigen Fällen läßt sich die Lösung analytisch bestimmen.
In der Regel ist man jedoch auf den Einsatz numerischer Verfahren
und damit auf die Simulation angewiesen.
Zunächst soll in anschaulicher Form die numerische Integration nach
dem einfachsten Verfahren dargestellt werden. Bei der numerischen
Lösung einer Differentialgleichung nach Euler geht man durch eine
Approximation zur Differenzengleichung über. Das bedeutet, daß ein
abstraktes Modell, das mit Hilfe von Differentialgleichungen beschrieben wird, durch ein abstraktes Modell mit Differenzengleichun-
gen ersetzt wird (siehe Bd.1 Kap. 1.2.8 "Die Approximation").
Es gilt:

$$dx/dt = f(x,t)$$

$$(x(t+dt) - x(t))/dt = f(x,t)$$

$$x(t+dt) = x(t) + f(x,t)dt$$

Der Übergang zu einer Differenzengleichung bei Einschrittverfahren
liefert:

$$x(t+\Delta t) = x(t) + f(x,t)\Delta t$$

Diese Gleichung bildet die Grundlage für die numerische Lösung der
Differentialgleichung. Sie besagt, daß sich der neue Funktionswert
$x(t+\Delta t)$ aus dem vorhergehenden Funktionswert $x(t)$ und dem Zuwachs
berechnen läßt. Da $f(x,t)$ die Zuwachsrate darstellt, ist der tatsächliche Zuwachs zur Zeit t durch $f(x,t)*\Delta t$ gegeben.

Hieraus ergibt sich ein Iterationsschema. Ausgehend vom Anfangswert
$x(0)$ zur Zeit $t(0)$ läßt sich durch Hinzufügen des Zuwachses der neue
Funktionswert $x(1)$ zur nächsten Zeit $t(1)$ bestimmen. Es gilt:

$$x(n+1) = x(n) + f(x(n),t(n)) * \Delta t \qquad wobei \quad t(n) = n*\Delta t$$

wobei die Änderungsrate $f(x(n),t(n))$ berechnet wird, indem die Werte
für $x(n)$ und $t(n)$ in die Differentialgleichung eingesetzt werden.

Für die numerische Integration ergeben sich die folgenden Eigentümlichkeiten:

1. Der Funktionsverlauf der berechneten Funktion $x(t)$ liegt nur in
Form einer Wertetabelle vor. Funktionswerte, die zwischen zwei
Stützstellen liegen, sind zunächst nicht bekannt.

2. Die numerische Integration geht von einem vorgegebenen Anfangszustand aus und bestimmt die Lösung. Aussagen über die Lösungsgesamtheit für die Differentialgleichung liegen nicht vor.

3. Durch die Approximation ergibt sich ein Fehler, der in der Regel von der Größe des gewählten Zeitschrittes Δt abhängt.

An einem einfachen Beispiel soll das Vorgehen erläutert werden.
Es soll die folgende Differentialgleichung numerisch integriert werden:

dx/dt = f(x)

dx/dt = 2*x + 1

Die Auftragsbedingungen sind hierbei die folgenden:

t(0)= 0.
x(0)= 0.5

Für die Schrittweite gilt:

 Δt = 0.1

Entsprechend der beschriebenen Vorgehensweise werden die Anfangsbedingungen in die Differentialgleichung eingesetzt. Als Ergebnis ergibt sich hierdurch der Wert des Differentialquotienten d(x)/dt zur Zeit t(0)=0. Es gilt:

x(0) = 0.5

Dieser Wert kann in die Differentialgleichung dx/dt=2*x+1 eingesetzt werden. Für den Differentialquotienten zur Zeit t(0) ergibt sich hierdurch der folgende Wert:

dx(0)/dt = 2.

Ausgehend von den drei Werten t(0), x(0) und dx(0)/dt läßt sich der erste Integrationsschritt durchführen. Es gilt:

x(1) = x(0) + f(x,t) * Δt
x(1) = 0.7

Für die Zeit gilt:
t(1) = t(0) + Δt
t(1) = 0.1

Der Differentialquotient zur Zeit t(1) kann berechnet werden, indem die Werte für x(1) wiederum in die Differentialgleichung eingesetzt werden. Man erhält dann:

dx(1)/dt = 2.4

Das Iterationsverfahren liefert durch fortgesetzte Anwendung die Funktion x(t) in Form einer Wertetabelle zu den Zeiten t=0, t=0.1, t=0.2,...
Jeder Integrationsschritt führt hierbei von x(n), dx(n)/dt und t(n) zur nachfolgenden Stützstelle x(n+1), dx(n+1)/dt und t(n+1).

Man erhält die folgende Tabelle:

Integrations- schritt n	t(n)	x(n)	dx(n)/dt
0	0	0.5	2.
1	0.1	0.7	2.4
2	0.2	0.94	2.88
3			

Stützwerte für die numerische Integration

Es wird dem Leser empfohlen, die nächsten Iterationsschritte selbst durchzuführen. Es handelt sich in diesem Fall um Simulation "mit der Hand".

Das numerische Integrationsverfahren nach Euler besitzt eine sehr anschauliche Deutung. Sie wird in Bild 27 erläutert.

Der Differentialquotient dx(n)/dt gibt die Steigung der Kurve im Punkt t=t(n) und x=x(n) an. Es gilt:

$$\tan \alpha = dx(n)/dt$$
$$\tan \alpha = \Delta x / \Delta t$$
$$x = \tan \alpha * \Delta t$$

Damit gilt für den neuen Funktionswert:

$$x(n+1) = x(n) + \Delta x$$
$$= x(n) + \tan \alpha * \Delta t$$
$$= x(n) + dx(n)/dt * \Delta t$$

Durch die Approximation, die von der Differentialgleichung zur Differenzengleichung übergeht, wird ein Fehler gemacht. Mit Hilfe von Abschätzungsverfahren kann man versuchen, Angaben über den Fehler zu machen, der sich durch einen Integrationsschritt ergeben hat.

Hinweis:

* Da der Verlauf der analytischen Lösung in der Regel nicht bekannt ist, kann der Fehler nicht genau bestimmt werden. Man muß daher zu Verfahren Zuflucht nehmen, die wenigstens eine Schätzung liefern.

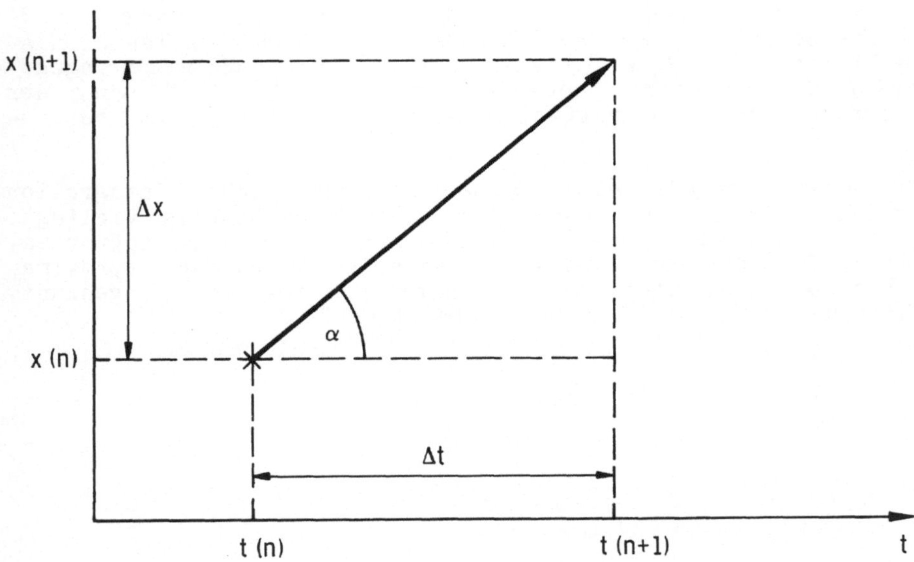

Bild 27: Ein Integrationsschritt nach Euler

Eine Möglichkeit zur Abschätzung des Fehlers würde darin bestehen, einen Integrationsschritt zu wiederholen und durch zwei Schritte mit halber Schrittweite zu ersetzen. Aus der Differenz der hierdurch ermittelten Ergebnisse läßt sich die Größenordnung der Fehler abschätzen.

Das bisher beschriebene Integrationsverfahren nach Euler und das Verfahren zur Fehlerabschätzung ist elementar und sehr einfach. Der Einsatz von Rechenanlagen erlaubt es, wesentlich komplexere Methoden einzusetzen. Zahlreiche Lehrbücher behandeln die numerische Integration ausführlich. Siehe z.B. /36/.

Hinweis:

* Für den Benutzer von Simulatoren ist es nicht erforderlich, sich mit den verschiedenen Verfahren zur numerischen Integration auseinanderzusetzen. Es genügt, daß er im Fall von Einschrittverfahren weiß, daß der Simulator einen Integrationsschritt durchführt, indem er vom Tripel (x(n), t(n), dx(n)/dt) zum nachfolgenden Tripel (x(n+1), t(n+1), dx(n+1)/dt) übergeht.

Bisher wurde dargestellt, auf welche Weise nach dem Integrationsschritt der Fehler abgeschätzt werden kann. In vielen Fällen ist es erwünscht, eine vorgegebene Fehlerschranke nicht zu überschreiten. Das bedeutet, daß der abgeschätzte Fehler mit der angegebenen Fehlerschranke verglichen wird. Ist der geschätzte Fehler zu groß, so muß der Integrationsschritt mit reduzierter Schrittweite wiederholt werden. Falls der abgeschätzte Fehler weit unterhalb der angegebenen Fehlerschranke liegt, so ist das ein Zeichen, daß die Integrations-

schrittweite erhöht werden könnte. Ein derartiges Vorgehen heißt
automatische Schrittweitenanpassung. Es ist in nahezu allen Simulatoren realisiert. Der Benutzer kann sicher sein, daß seine angegebene Fehlerschranke nicht überschritten wird. Die Festlegung der
hierfür erforderlichen Schrittweite kann er dem Simulator überlassen.

Es wurde bereits angedeutet, daß bei der numerischen Integration
eine Approximation auf der Ebene der abstrakten Modelle vorliegt.
Hierbei wird ein Fehler gemacht; im allgemeinen heißt er Approximationsfehler. Bei der numerischen Integration wird der Approximationsfehler Abbruchfehler oder Diskretisierungsfehler genannt.
(Siehe hierzu Bd.1 Kap. 1.2.8 "Approximationen")

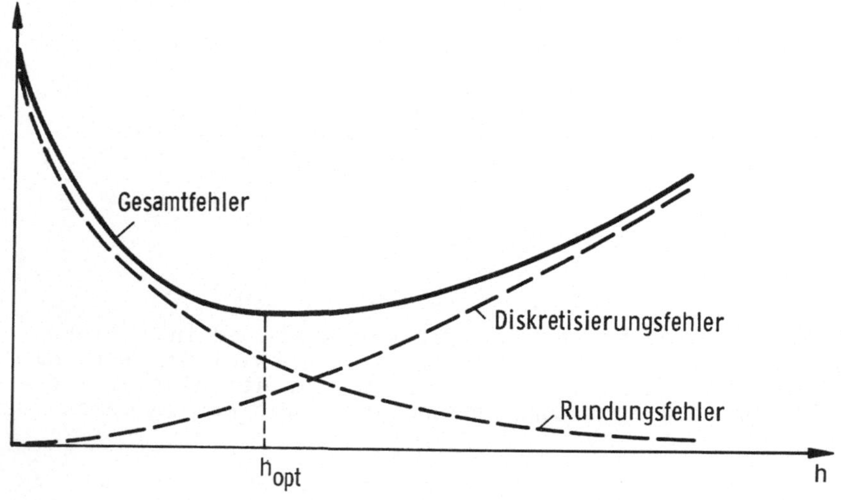

Bild 28: Der Gesamtfehler als Funktion der Schrittweite h

Abgesehen vom Abbruchfehler besteht noch eine weitere, vom Abbruchfehler unabhängige Fehlermöglichkeit.

Wird ein abstraktes Modell auf einer Rechenanlage ausgewertet, so
handelt es sich um eine Simulation. Das heißt, daß das abstrakte Modell auf ein reales System, nämlich die Rechenanlage abgebildet
wird. Bei der Modellbildung mit Hilfe eines realen Systems ergeben
sich weitere Fehler. Sie sind z.B. bei der digitalen Simulation
durch die endliche Wortlänge bedingt. Dieser Fehler heißt im allgemeinen Simulationsfehler. Im Falle von Computermodellen auf digitalen Rechenanlagen wird der entsprechende Simulationsfehler Rundungsfehler genannt.

Es ist nützlich, beide Fehlermöglichkeiten mit ihren prinzipiellen Unterschieden auseinander zu halten. Man sieht, daß der Abbruchfehler von der Art des gewählten Integrationsverfahrens abhängt. Der Rundungsfehler wird demgegenüber vom Aufbau der Rechenanlage bedingt.

Eine kurze Darstellung von Abbruchfehler und Rundungsfehler findet man in /36/.
Für die Anwendung der Simulation ist es wichtig zu wissen, daß sich der Abbruchfehler und der Rundungsfehler überlagern.
Bild 28 zeigt den Verlauf des Gesamtfehlers in Abhängigkeit der gewählten Integrationsschrittweite h.

Hinweis:

* Bei der Simulation mit den Analogrechnern tritt ein vergleichbarer Abbruchfehler nicht auf, da in diesem Fall die Differentialgleichung ohne Approximation auf das reale System übertragen werden kann. Bei Analogrechnern ergibt sich ein Fehler nur beim Übergang vom abstrakten Modell zum realen Modell. Gründe hierfür sind beispielsweise, daß die realen Schaltelemente kein ideales Verhalten aufweisen.

2.4 Die analytische Auswertung und die Simulation

Analytische Auswertung und Simulation sind zwei grundsätzlich verschiedene Verfahren, um zu Aussagen über das Verhalten des abstrakten Modells zu kommen.

2.4.1 Der Vergleich der Verfahren

In einer Gegenüberstellung soll der Einsatzbereich beider Verfahren verglichen werden. Sie sind in der nachfolgenden Tabelle zusammengestellt.

	Vorteil	Nachteil
Analytische Auswertung (Deduktion)	Allgemeine Ergebnisse	Häufig fehlende Lösungsmethoden
Aufbau eines realen Modells (Simulation)	Keine grundsätzliche Beschränkung des Anwendungsbereichs	Hoher Aufwand für die Modellerstellung Nur singuläre Ergebnisse

---

Tabelle 2:   Der Vergleich des Einsatzbereiches

Analytische Modelle:

* Allgemeine Ergebnisse
Abstrakte Modelle sind in der Regel allgemeingültig. Das heißt, daß sie nicht nur bestimmte, singuläre Phänomene der realen Welt beschreiben, sondern Abläufe ganz generell. Das äußert sich z.B. in der Tatsache, daß in der Beschreibung des aufgrund der Deduktion gewonnenen Modellverhaltens variable Koeffizienten vorkommen können. Die Aussagen des abstrakten Modells gelten dann für jede beliebige Belegung dieser Variablen.
Wenn mit Hilfe von Ableitungsregeln aus dem abstrakten Modell neue Aussagen abgeleitet werden, so beziehen sich die neuen Aussagen in der Regel erneut auf alle Werte, die die Variablen annehmen können. Das heißt, daß die Ergebnisse wieder allgemeingültig sind.

* Häufig fehlende Lösungsmethoden
Es zeigt sich, daß nur in sehr begrenztem Umfang analytische Lösungen für abstrakte Modelle existieren. Die Konzentration der Wissenschaften auf die abstrakten Modelle, die analytisch behandelbar sind, hat den Blick dafür verstellt, daß Modelle, die den Anspruch erheben, realitätsnah zu sein, nur in Ausnahmefällen analytische Lösungen besitzen.

Die Vor- und Nachteile, die für Simulationsmodelle aufgeführt werden, beziehen sich auf Computermodelle. Für physikalische Modelle gilt eine Begrenzung des Anwendungsbereichs. Als Vorteil gilt die hohe Anschaulichkeit.

Simulationsmodelle:

* Keine Einschränkung des Anwendungsbereichs
Computermodelle kennen keine Einschränkungen. Sobald Zustandsübergänge im abstrakten Modell definiert sind, können sie auch in einer Rechenanlage nachgespielt werden. Zu berücksichtigen ist in der Regel nur die Betriebsmittelausstattung der eingesetzten Rechenanlage. Die Computersimulation erweist sich damit als das leistungsstärkste Verfahren.

* Hoher Aufwand für die Modellerstellung
Charakteristisch für Computermodelle sind hohe Rechenzeit, umfangreicher Speicherbedarf und aufwendige Programmierung. Es steht jedoch zu erwarten, daß der technologische Fortschritt ausreichende Rechenleistung zu einem günstigen Preis zur Verfügung stellt. In gleichem Maße sorgt die Softwaretechnologie dafür, daß sich die Modellprogrammierung trotz erhöhter Leistungsfähigkeit ständig vereinfacht.

* Nur singuläre Ergebnisse
Bei der Simulation wird ein allgemeines abstraktes Modell auf ein singuläres physikalisches Modell abgebildet. Die Simulation kann daher nur Ergebnisse liefern, die sich auf das individuelle physikalische Modell beziehen. Man erhält nur singuläre Ergebnisse. Allgemeine Strukturaussagen sind nicht möglich.

An zwei Beispielen soll in den folgenden Abschnitten 2.4.2 "Der Schwingkreis" und 2.4.3 "Analytische Lösung für Warteschlangenmodelle" der Leistungsvergleich erläutert werden.

2.4.2 Der Schwingkreis

In Bd.1 Kap. 2.1.1 "Das mechanische Feder-Stoßdämpfer System" wird ein Schwingkreis beschrieben, dessen abstraktes Modell durch die folgende Differentialgleichung beschrieben wird:

M*x'' + D*x' + K*x = F(t)

M   Masse
D   Dämpfungsfaktor (Reibung)
K   Federkonstante
F   Kraft

Es handelt sich um eine lineare, inhomogene Differentialgleichung mit konstanten Koeffizienten. Für diese Differentialgleichung existiert eine analytische Lösung.
Man erhält die allgemeine Lösung als Summe der allgemeinen Lösung der homogenen Differentialgleichung x(h) und einer partikulären Lösung der inhomogenen Differentialgleichung x(p). Es gilt:

x = x(h) + x(p)

Die homogene Lösung erhält man, wenn F(t)=0= const ist. Man setzt also versuchsweise x(t)=exp(ω t) und geht damit in die Differentialgleichung ein; das ergibt

$$(M\lambda^2 + D\lambda + K)e^{\lambda t} = 0$$

Man erhält also für λ eine quadratische Gleichung mit den Wurzeln

$$\lambda_{1,2} = \frac{-D \pm \sqrt{D^2 - 4 \cdot K \cdot M}}{2 \cdot M}$$

Offenbar sind sämtliche Funktionen

$$x(t) = C_1 e^{\lambda_1 t} + C_2 e^{\lambda_2 t}$$

Lösungen der Differentialgleichung.
Bei der Lösung der quadratischen Gleichung (der sogenannten charakteristischen Gleichung der Differentialgleichung) unterscheidet man
die drei Fälle, daß beide reell, beide konjugiert komplex und beide
reell und zusammenfallend sind.

Fall a): D**2 < 4*K*M
Hier ist also der Dämpfungsfaktor D relativ klein, und beide Wurzeln
sind komplex. Man setzt

$$\lambda_1 = -\rho + i\omega$$
$$\lambda_2 = -\rho - i\omega \qquad \text{mit} \qquad \rho = \frac{D}{2M}, \quad \omega = \sqrt{\omega_0^2 - \rho^2}, \quad \omega_0 = \sqrt{\frac{K}{M}} \; .$$

Damit erhält man nun die allgemeine Lösung der homogenen Differentialgleichung:

$$x(t) = e^{-\rho t}\{C_1 e^{i\omega t} + C_2 e^{-i\omega t}\}$$

$$= e^{-\rho t}\{(C_1 + C_2)\cos\omega t + i(C_1 - C_2)\sin\omega t\} \; .$$

Bei entsprechender Umbenennung der Koeffizienten ergibt sich

$$x(t) = e^{-\rho t}\{A_1 \cos\omega t + A_2 \sin\omega t\} \; .$$

Der zweite Faktor gibt wie im reibungsfreien Fall eine harmonische
Schwingung. Der erste Faktor   sorgt für ein Abklingen der Schwingungen mit dem Dämpfungsexponenten

Für die Kreisfrequenz gilt:

$$\omega = \sqrt{\omega_0^2 - \rho^2}$$

Das Feder-Stoßdämpfer Modell schwingt unter dem Einfluß der Reibung
langsamer. (Siehe Bild 29)

VARIABLE	MINIMUM	MAXIMUM	MITTELWERT	95%-KONFIDENZ INTERVALL	ENDE EINSCHW. VORGANG	MITTELWERT VERSCHIEBUNG	MW.-VERSCH. IN PROZENT
X = X(T)	0.	1.0828E+00	.6803	4.6887E-02	1.800	1.4392E-02	2.115

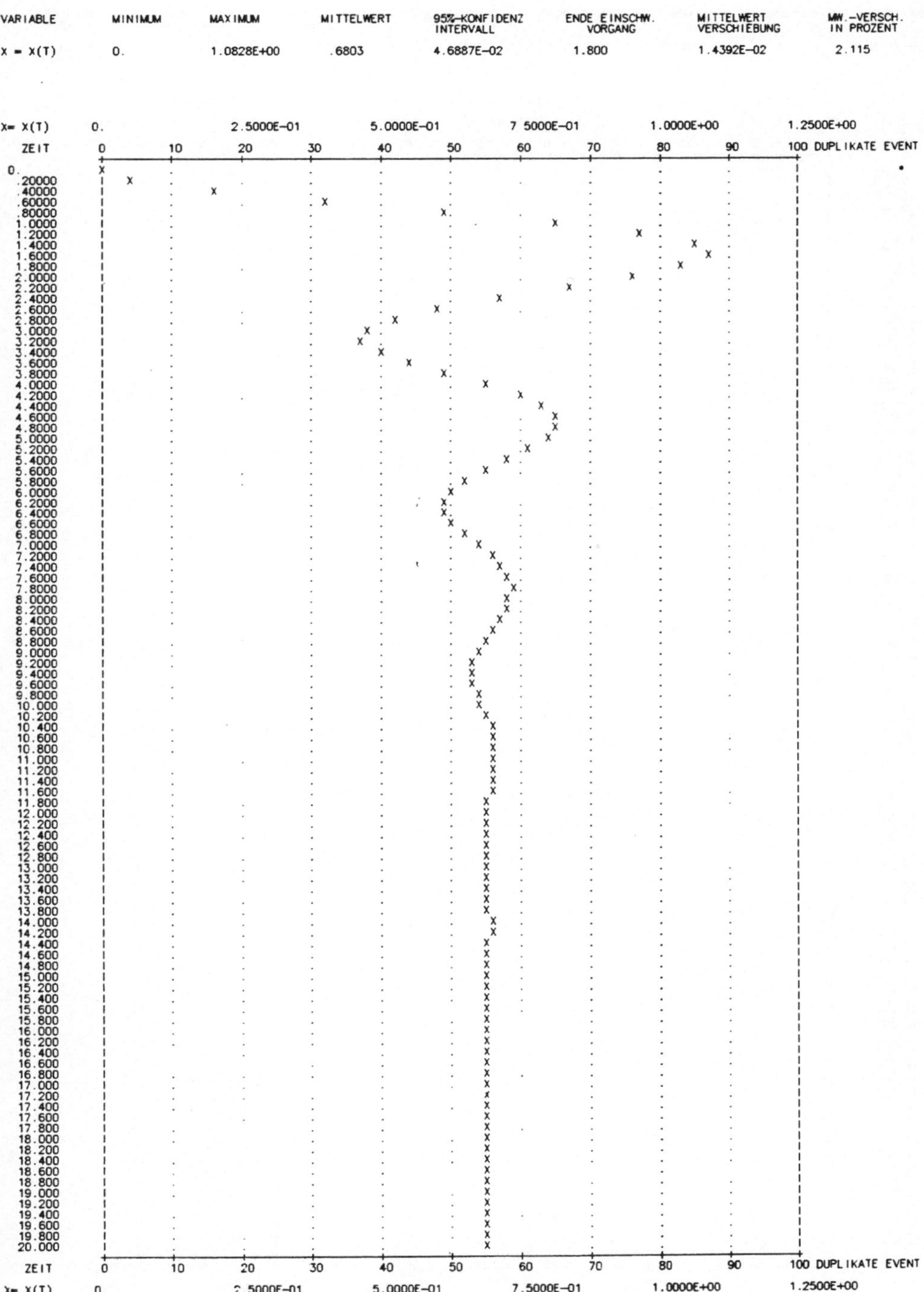

Bild 29: Die gedämpfte Schwingung

VARIABLE	MINIMUM	MAXIMUM	MITTELWERT	95%-KONFIDENZ INTERVALL	ENDE EINSCHW. VORGANG	MITTELWERT VERSCHIEBUNG	MW.-VERSCH. IN PROZENT
X = X(T)	0.	9.9950E-01	.7971	1.027	19.80	.2024	25.39

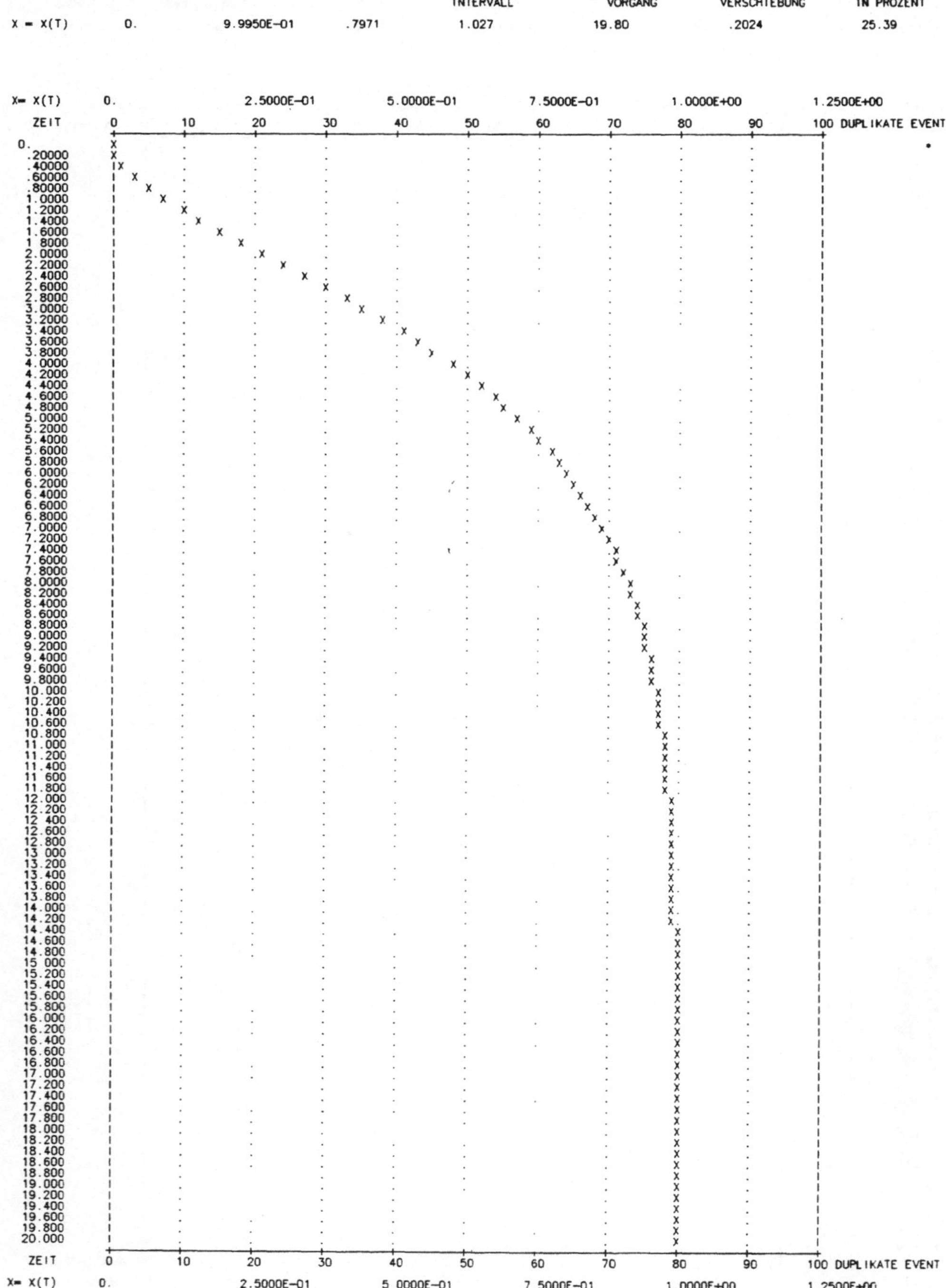

Bild 30: Aperiodischer Verlauf

Fall b): D**2 > 4*K*M
Die Reibung ist relativ groß, beide Wurzeln λ_1, λ_2 der charakteristischen Gleichung sind reell und negativ, die Lösungen

$$x(t) = C_1 e^{\lambda_1 t} + C_2 e^{\lambda_2 t}$$

klingen ohne Schwingungen, "aperiodisch", ab (Bild 30). Das Pendel
"kriecht" in die Ruhelage zurück, ohne zu schwingen.

Fall c): D**2 = 4*K*M
Dieser Grenzfall zwischen periodischem und aperiodischem Verhalten
ist dadurch ausgezeichnet, daß die beiden Wurzeln für die charakteristische Gleichung zusammenfallen; hier liefert die Differentialgleichung in Wirklichkeit nur eine freie Konstante. Für die Lösung gilt:

$$x(t) = C_1 e^{\lambda_1 t}$$

Eine partikuläre Lösung für die inhomogene Differentialgleichung zu
finden, ist in der Regel nicht so einfach. Für Spezialfälle lassen
sich Lösungen angeben (siehe /37/).

Die analytische Lösung der Differentialgleichung für das Feder-Stoßdämpfer Modell soll nur als Beispiel für die Vorgehensweise dienen.
Im Zusammenhang des Leistungsvergleichs zwischen analytischen Verfahren und Deduktion lassen sich die folgenden Punkte als wichtig
herausstellen:

* Die Beschreibung des Feder-Stoßdämpfer Modells liegt zunächst in
Form der Differentialgleichung vor. Die analytische Lösung liefert
ein Ergebnis, das für alle Werte von M, D und K gültig ist. Es ist
sogar möglich, Aussagen zu machen, für welche Werte von M, D und K
eine gedämpfte Schwingung oder ein aperiodischer Verlauf erwartet
werden kann.

* Um für einen individuellen Fall bei vorgegebenen Werten für M, D
und K und vorgegebenen Anfangsbedingungen eine singuläre Lösung zu
gewinnen, wird aus der Lösungsgesamtheit, die analytisch bestimmt
worden ist, nachträglich die singuläre Lösung durch Einsetzen der
Werte für M, D und K ausgesondert.

Neben der analytischen Lösung für die Differentialgleichung besteht
die Möglichkeit der Simulation. Das bedeutet, daß ein reales System
gefunden wird, dem sich die Differentialgleichung unterlegen läßt.
Möglich wären beispielsweise das elektrodynamische System, das in
Bd. 1 Kap. 2.1.2 beschrieben wurde, oder ein Computermodell.

Die Simulation muß von festen Anfangsbedingungen ausgehen und kann
nur für diesen einen Fall Ergebnisse liefern. Allgemeine Struktur-
voraussagen, wie z.B. die Aussage, unter welchen Bedingungen eine
gedämpfte Schwingung oder der aperiodische Verlauf vorliegt, sind
für die Simulation nicht möglich. Man kann nur eine Situation als
reales Modell aufbauen. Im singulären Ergebnis wird sich zeigen, ob
für den vorliegenden, individuellen Fall eine gedämpfte Schwingung
beobachtet wird oder nicht.

Hinweise:

* Der soeben beschriebene Sachverhalt ist für alle realen Modelle gültig, unabhängig davon, ob es sich um physikalische Modelle, graphische Modelle oder Computermodelle handelt. Aus diesem Grund ist es gerechtfertigt, den Begriff "Simulationsmodell" nicht auf Computermodelle zu beschränken, sondern im allgemeinen für alle realen Modelle einzusetzen. Die Begriffe Simulationsmodell und reales Modell sind daher gleichbedeutend.

* Es wird daran erinnert, daß die Lösung der Differentialgleichung bei digitaler Simulation auf die numerische Integration hinausläuft. Die numerische Integration zeigt deutlich, daß die Simulation von der vorgegebenen Anfangsbedingung ausgehend nur eine singuläre Lösung zu konstruieren vermag.

* Die numerische Integration beginnt mit den Anfangsbedingungen und entwickelt daraus eine singuläre Lösung. Die analytische Lösung bestimmt zunächst die Lösungsgesamtheit und sondert nachträglich durch Einsetzen der Anfangsbedingung eine singuläre Lösung aus.

Als entscheidenden Nachteil des analytischen Vorgehens ergibt sich die Tatsache, daß nur für einen verschwindend geringen Bereich für Differentialgleichungen analytische Lösungen vorliegen. Nichtlineare Differentialgleichungen oder zeitvariante Koeffizienten stellen die Mathematik sehr schnell vor unlösbare Probleme. Als einzige Möglichkeit bleibt, bei der Systemanalyse das abstrakte Modell durch fortgesetzte Abstraktion und Idealisierung soweit zu vereinfachen, bis eine analytische Lösung möglich wird. Auf diese Weise ergibt sich jedoch eine immer weitere Entfernung zum realen System, das untersucht werden soll. So ist es nicht verwunderlich, daß abstrakte Modelle, für die analytische Lösungen existieren, oftmals nur noch wenig mit den realen Systemen gemeinsam haben, für die sie entworfen wurden.

Im Vergleich dazu kennt die numerische Integration kaum Beschränkungen. Insbesondere ist es bei der Systemanalyse nicht erforderlich, sich dadurch einengen zu lassen, daß man für das abstrakte Modell nur Differentialgleichungen zuläßt, für die analytische Lösungen existieren.

2.4.3 Analytische Lösungen für Warteschlangenmodelle

Die Möglichkeit, zu analytischen Lösungen für das abstrakte Modell zu kommen, ist nicht auf zeitkontinuierliche Modelle beschränkt. Alles, was bisher über zeitkontinuierliche Modelle gesagt worden ist, gilt auch für zeitdiskrete Modelle. Als Beispiel wird ein Warteschlangenmodell ausgewählt. Bild 31 zeigt den Aufbau.

Eine Quelle erzeugt Aufträge, deren Zwischenankunftszeiten der Exponentialverteilung genügen. Die Bedienstation vermag genau einen Auftrag zu bearbeiten. Trifft ein Auftrag auf eine belegte Bedienstation, so wird er in die Warteschlange eingereiht, die sich vor der Bedienstation aufbaut. Die Reihenfolge der Aufträge in der Warteschlange wird hierbei durch die Policy FIFO (First In, First Out) festgelegt. FIFO besagt hierbei, daß der Auftrag, der die Warteschlange als erster betreten hat, sie als erster wieder verlassen kann. Demzufolge ordnet FIFO die Aufträge in der Reihenfolge ihres Eintreffens in der Warteschlange. Die Bearbeitungszeit der Aufträge

in der Bedienstation soll ebenfalls exponentiell verteilt sein.
Ist die Bearbeitung eines Auftrages beendet und wird die Bedienstation freigegeben, so läuft der fertige Auftrag auf die Senke, wo er
vernichtet wird. Gleichzeitig wird der Warteschlange ein neuer Auftrag entnommen und bearbeitet.

Die Warteschlangentheorie nennt ein derartiges einfaches Modell ein
M/M/1-Modell.

Man sieht, daß sich zahlreiche reale Systeme auf ein M/M/1-Modell
abbilden lassen. Beispiele sind: Supermarktkasse, Kundenberatung bei
einer Bausparkasse usw.

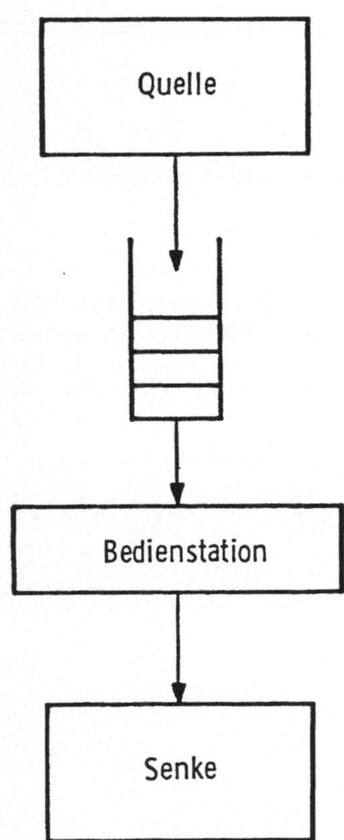

Bild 31: Ein Warteschlangenmodell mit einer Bedienstation

Die Beschreibung des abstrakten Modells beinhaltet Angaben über die
Zwischenankunftszeiten, die Bearbeitungszeiten und die Policy zur
Einordnung der Aufträge in die Warteschlange.
Aus dieser Beschreibung des abstrakten Modells vermag die analy-
tische Warteschlangentheorie Aussagen über das Verhalten des ab-

strakten Modells abzuleiten. Es werden die folgenden abkürzenden Be-
zeichnungen eingeführt:
Mittlerer Ankunftsabstand $E[A] = 1/\lambda$
Mittlere Bearbeitungszeit $E[B] = 1/\mu$

So lassen sich z.B. für ein M/M/1-Modell im stationären Zustand die
folgenden Aussagen beweisen:

1. Wahrscheinlichkeit für die Belegung der Bedienstation
Die Wahrscheinlichkeit, daß die Bedienstation belegt ist, beträgt

$$\rho = \mu/\lambda$$

2. Mittlere Warteschlangenlänge
Für die mittlere Warteschlangenlänge $E[W]$ vor der Bedienstation gilt:

$$E[W] = \rho/(\mu - \lambda)$$

3. Mittlere Verweilzeit
Die mittlere Verweilzeit $E[V]$ eines Auftrages im Modell beträgt

$$E[V] = 1/(\mu - \lambda)$$

Wichtig ist an dieser Stelle, daß sich aus der Beschreibung des abstrakten Modells Aussagen über das Verhalten des Modells ableiten
lassen.
Diese Aussagen sind wieder allgemeingültig. Das heißt, sie gelten
für alle Werte von λ und μ .

Soll das Verhalten eines individuellen Modells ermittelt werden,
wird aus der allgemeinen Lösung die singuläre Lösung bestimmt, indem
in der allgemeinen Lösung die Werte für die variablen Koeffizienten
eingesetzt werden.

Beispiel:

* Für ein Warteschlangenmodell soll gelten:

$E[A] = 5.0$ Zeiteinheiten
$E[B] = 4.0$ Zeiteinheiten

Aus der Beziehung

$$E[V] = 1/(\mu - \lambda)$$

ergibt sich für die mittlere Verweilzeit:

$E[V] = 20.0$ Zeiteinheiten

Besonders hervorzuheben ist, daß die Warteschlangentheorie unmittelbar Aussagen über Erwartungswerte wie z.B. mittlere Warteschlangenlänge oder mittlere Verweilzeit machen kann.

Neben der analytischen Auswertung des Warteschlangenmodells besteht
die Möglichkeit der Simulation. In diesem Fall ist erforderlich, ein
reales Modell aufzubauen, in dem Aufträge einzeln berücksichtigt
werden.

Hierzu müssen die Aufträge nach der Exponentialverteilung mit einem
vorgegebenen Mittelwert tatsächlich erzeugt und bearbeitet werden.
Das Verhalten des Modells wird laufend beobachtet und das Frgebnis
als Funktion der Zeit registriert.
Das bedeutet insbesondere, daß für Erwartungswerte nur Schätzungen
möglich sind, die auf dem Verhalten der bisher beobachteten Aufträge
beruhen.

Man sieht wieder, daß die Simulation gezwungen ist, sich auf singuläre Aussagen zu beschränken. Ausgehend von den vorgegebenen Werten
für μ und λ kann das singuläre Verhalten des Modells beobachtet
werden. Strukturaussagen sind nicht möglich.

Die Beschränkung der analytischen Warteschlangentheorie liegt in dem
sehr eng umgrenzten Anwendungsgebiet. Nur sehr einfache Modelle mit
einfachen Policies wie z.B. FIFO und "gutmütigen" Wahrscheinlichkeitsverteilungen lassen sich analytisch behandeln. Eine wirklich-
keitsgetreue Modellierung realer Systeme ist damit nur in seltenen
Fällen möglich.
Für komplexere Modelle, für die keine analytische Lösungen existieren, verbleibt nur die Simulation. Sie kennt in dieser Beziehung
keine Finschränkung.

3 Warteschlangenmodelle

Warteschlangenmodelle gehören zur Klasse der zeitdiskreten Modelle.
Sie zeichnen sich dadurch aus, daß die möglichen Zustandsübergänge
durch zusätzliche Bestimmungen festgelegt werden.

3.1 Beschreibungsmöglichkeit für Warteschlangenmodelle

Warteschlangenmodelle lassen sich aus einer relativ geringen Anzahl
von Basiselementen, den sogenannten Primitiven zusammensetzen.
Hierzu gehören zunächst die folgenden 4 stationären Elemente und die
Aufträge.

* Quellen
    Funktion: Erzeugen der Aufträge
    Kennzeichen: Zwischenankunftszeit der Aufträge
                 Attribute der erzeugten Aufträge

* Stationen
    Funktion: Blockieren der Aufträge
    Kennzeichen: Prioritätenlogischer Ausdruck
                 Logexp
                 Policy

* Zeitverzögerung
    Funktion: Zeitliche Verzögerung eines Auftrages
    Kennzeichen: Verzögerungszeit

* Senken
    Funktion: Vernichten der Aufträge
    Kennzeichen: Keine

* Aufträge
    Funktion: Durchlauf durch das Modell
    Kennzeichen: Eigenschaften
                 Bearbeitungsreihenfolge in den Stationen

Es folgt eine etwas ausführlichere Beschreibung der Basiselemente.

* Quellen
Quellen erzeugen Aufträge. Sie sind zunächst charakterisiert durch
die Zwischenankunftszeiten, die die Zeitdifferenz zwischen der Generierung von zwei Aufträgen festlegen. Die zweite Eigenschaft der
Quellen betrifft die Attribute, die sie den von ihnen erzeugten Aufträgen mitgeben. Als Attribut wäre denkbar: Priorität, Bearbeitungszeit und dergleichen.

* Stationen
Stationen sind im allgemeinen Fall Elemente, vor denen sich eine
Warteschlange von Aufträgen aufbauen kann. Eine Station im allgemei-
nen Fall heißt Gate.
Ein Gate ist zunächst durch einen prädikatenlogischen Ausdruck
LOGEXP (logical expression) gekennzeichnet. Der prädikatenlogische

Ausdruck kann alle definierten Modellvariablen enthalten.
Trifft ein Auftrag auf ein Gate, so wird der Wahrheitswert des
LOGEXP überprüft. Es gilt:

LOGEXP.EQ.TRUE   Der Auftrag passiert das Gate

LOGEXP.EQ.FALSE   Der Auftrag wird in die Warteschlange vor dem Gate
                   eingereiht

Zu jeder Station gehört demnach eine Warteschlange, in der die Aufträge, für die der logische Ausdruck LOGEXP den Wahrheitswert FALSE
hat, in geordneter Reihenfolge stehen. Die Ordnung wird durch die
Policy hergestellt. Sie gibt die Kriterien an, nach denen die Aufträge in der Warteschlange ihren Platz erhalten.

Beispiel:

* Eine Bahnschranke ist ein sehr einfaches Beispiel für ein Gate.
Der prädikatenlogische Ausdruck lautet wie folgt:

LOGEXP = Bahnschranke ist offen.

Falls die Bahnschranke offen ist und der logische Ausdruck LOGEXP
demnach den Wahrheitswert TRUE besitzt, können alle Fahrzeuge das
Gate ungestört passieren. Wird die Schranke geschlossen, so schaltet
der Wahrheitswert des logischen Ausdruckes von TRUE auf FALSE. Ankommende Fahrzeuge bilden eine Warteschlange. Das Ordnungskriterium
wird im vorliegenden Fall durch die Policy FIFO (First In, First
Out) festgelegt.

* Zeitverzögerungen
Es muß Elemente geben, die die Aufträge für eine angebbare Zeit auf-
halten. Hierdurch lassen sich Bearbeitungszeiten oder Laufzeiten auf
Verkehrswegen im Modell nachbilden.

* Senke
Senken vernichten die Aufträge und entfernen sie damit aus dem Modell.

Neben den stationären Modellelementen gibt es die mobilen Modellelemente, die Aufträge. Sie wandern im Modell von Station zu Station,
werden blockiert oder verteilt. Sie werden durch ihre Eigenschaften
charakterisiert. Am Ende ihres Modelldurchlaufs werden sie von der
Senke aus dem Modell genommen und vernichtet.

Bisher wurden nur die Modellobjekte beschrieben, die in einem Warteschlangenmodell vorkommen können. Zur vollständigen Charakterisierung eines Warteschlangenmodells gehören die Angaben über die Struktur.
Die Struktur eines Warteschlangenmodells wird festgelegt durch die
Reihenfolge, in der die Aufträge die stationären Modellkomponenten
anlaufen. Man kann für die Aufträge einen Fahrplan anlegen, in den
aufeinanderfolgend die Stationen aufgelistet sind, die angelaufen
werden sollen. Ein Zeiger vermerkt für jeden Auftrag, an welcher
Stelle des Fahrplans er sich befindet. Es steht somit fest, welche
Stationen der Auftrag bereits durchlaufen hat und welche Stationen
als nächstes aufgesucht werden müssen. Der Fahrplan kann auch Bedingungen enthalten. Das bedeutet, daß in Abhängigkeit des Modellzu-
standes entweder die eine oder die andere Station angelaufen werden

soll.
Weiterhin ist es möglich, aufgrund von Wahrscheinlichkeiten zu verschiedenen Stationen zu verzweigen.

Durch die Angabe des Fahrplanes als Strukturmerkmal und durch die
Kennzeichnung der Modellobjekte ist ein Warteschlangenmodell vollständig beschrieben.

Hinweise:

* Für die Modellbildung ist es von ausschlaggebender Bedeutung, für
eine Modellklasse die verschiedenen Basiselemente und die Struktur-
möglichkeiten herauszuarbeiten. Mit Hilfe der Basiselemente können
dann beliebig komplexe Modelle einer Klasse in Form der Bausteintechnik aufgebaut werden.

* Ein Simulator, der für die Basiselemente sprachliche Darstellungsmöglichkeiten besitzt, ermöglicht in einfacher und modularer Weise
den Modellaufbau. Es gibt keine Eigenschaften eines Modells, die
sich nicht mit Hilfe der Basiselemente zusammenstellen ließen.

* Der Simulator GPSS-FORTRAN Version 3 folgt in Bezug auf Warteschlangenmodelle der an dieser Stelle vorgeschlagenen funktionalen
Dekomposition. Das bedeutet, daß der Anwender in GPSS-FORTRAN Version 3 die Möglichkeit hat, alle Warteschlangenmodelle schnell und
bequem in Form der Bausteintechnik zu erstellen.

3.1.1 Das Modell Supermarkt

An Hand eines sehr einfachen Beispiels soll gezeigt werden, in welcher Weise ein Modell aus der Klasse der Warteschlangenmodelle vollständig beschrieben werden kann.
Die Aufgabenstellung verlangt für einen Supermarkt die Untersuchung
der Wartezeiten vor den zwei Verkaufsständen und der Kasse. Für die
Modellobjekte gilt:

* Quelle
Es gibt eine Quelle. Sie repräsentiert den Eingang, durch den die
Kunden (Aufträge) den Supermarkt betreten. Die Zwischenankunftszei-
ten sollen der Exponentialverteilung mit dem Mittelwert $F[A]$ genügen.

* Stationen
Der Zugang zu den beiden Verkaufsständen wird durch Gates im Modell
nachgebildet.
Für beide Gates sei der logische Ausdruck:
LOGEXP(1) = LOGEXP(2) = Es wird kein Kunde bedient.

Hat ein logischer Ausdruck den Wahrheitswert FALSE, so ist der Ver-
kaufsstand belegt und der Kunde reiht sich in die Warteschlange ein.
Die Policy sei FIFO.
In gleicher Weise wird der Zugang zur Kasse geregelt.

* Zeitverzögerung
Es gibt 3 Zeitverzögerungen. Sie treten jeweils bei der Bedienung
eines Kunden vor den beiden Verkaufsständen und vor der Kasse auf.
Die Bedienzeiten sollen wieder der Exponentialverteilung genügen und
für die drei Stationen unterschiedliche Mittelwerte $\mu(1)$, $\mu(2)$ und
$\mu(3)$ haben.

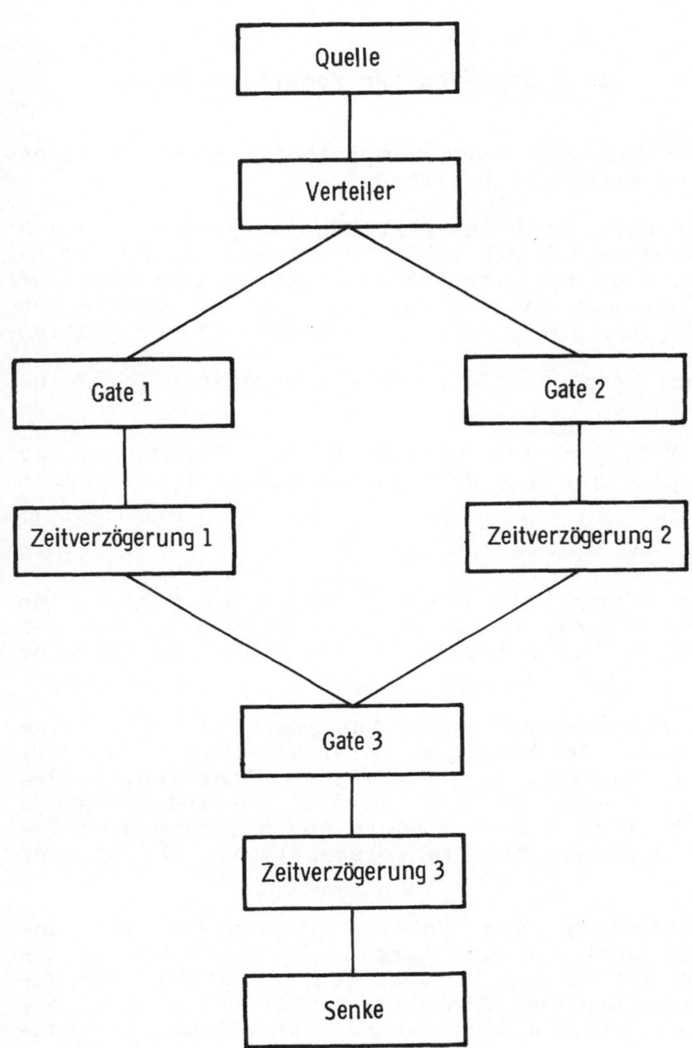

Bild 32: Der Fahrplan für das Modell Supermarkt

* Senke
Es gibt einen Ausgang, der die Kunden aus dem Modell entfernt.

* Aufträge
Die Kunden sollen im vorliegenden einfachen Beispiel alle identisch
sein und keine besonderen Attribute besitzen.

Die Struktur des Modells wird durch den Fahrplan festgelegt, der den
Weg der Kunden durch das Modell beschreibt. Er enthält die Aufeinan-
derfolge der Stationen . Nach dem Betreten des Supermarktes wird der
Kundenstrom aufgrund einer Gleichverteilung zufällig auf die beiden
Stationen verteilt. 40% gehen zur Station 1, während 60% zur Station
2 geschickt werden.
Der Fahrplan für das vorliegende einfache Modell wird in Bild 32 an-
gegeben.

Durch die Angabe der Modellobjekte und durch die Festlegung der
Struktur durch den Fahrplan ist das Warteschlangenmodell Supermarkt
eindeutig beschrieben.

Hinweise:

* Die vorliegende Beschreibung gilt für ein abstraktes Modell. Aus
der bunten Vielgestaltigkeit des realen Systems Supermarkt hat die
Systemanalyse einige wenige Modellobjekte und eine einfache Struktur
herausgelöst.

* Die Beschreibung des abstrakten Modells Supermarkt enthält keine
mathematischen Gleichungen. Im Vergleich hierzu siehe Bd.1 Kap.
1.1.6 "Das Modell Cedar-Bog-Lake". In zeitdiskreten Modellen, zu denen auch Warteschlangenmodelle zählen, werden Zustandsübergänge
nicht durch mathematische Gleichungen sondern durch Bedingungen beschrieben. Daher werden diskrete Modelle gelegentlich auch logische
Modelle genannt.

* Die bisherige Beschreibung des Modells Supermarkt ist um-
gangssprachlich. Wünschenswert ist eine formale Beschreibung mit un-
zweideutiger Syntax. Es ist jedoch zu beachten, daß trotz der um-
gangssprachlichen Beschreibung das abstrakte Modell vollständig definiert ist. Eine formale Beschreibung vermag nichts Neues hinzuzu-
fügen.

* Für Computermodelle muß die Modellbeschreibungssprache formal
sein.

3.1.2 Grundlagen einer formalen Modellbeschreibungssprache für War-
        teschlangenmodelle

Eine formale Modellbeschreibungssprache für Warteschlangenmodelle
baut auf den bisherigen anschaulichen Überlegungen auf.

Zunächst werden die Modellobjekte eingeführt:

```
DECLARE    TYPE      Source
    ATTRIBUTE         Next      (DOMAIN IS DISTRIBUTION)
    ATTRIBUTE         Priority  (DOMAIN IS INTEGER)
```

```
DECLARE    TYPE     Station
   ATTRIBUTE         Logexp      (DOMAIN IS CONDITION)
   ATTRIBUTE         Policy      (DOMAIN IS POLICY)

DECLARE    TYPE     Advanc
   ATTRIBUTE         Time        (DOMAIN IS DISTRIBUTION)

DECLARE    TYPE     Sink

DECLARE    TYPE     Task
   ATTRIBUTE         Eigenschaft 1 (DOMAIN IS REAL)
                     Eigenschaft 2 (DOMAIN IS REAL)
                     Sequence      (DOMAIN IS SEQUENCE)
```

Das Schlüsselwort "TYPE" besagt, daß ein Objektmuster mit dem angegebenen Namen und den angegebenen Attributen erzeugt wird. Für die Attribute wird der Attributname und der Wertebereich angegeben.

Eine Reihe von einfachen Wertebereichen sind bereits fest vorgegeben: INTEGER, BOOLEAN, CONDITION, DISTRIBUTION, POLICY und SEQUENCE. Außerdem hat der Benutzer die Möglichkeit, eigene Wertebereiche zu definieren.

Als Beschreibung dürfen alle bisher bekannten Wertebereiche verwendet werden.

Beispiel:

Eine Source ist durch die Zwischenankunftszeit und durch die Priorität gekennzeichnet, die die erzeugte Aufträge erhalten.
Die Zwischenankunftszeit, die zwischen zwei zu erzeugenden Aufträgen liegt, wird durch das Attribut Next definiert. Die Zwischenankunftszeit soll einer Verteilung aus dem Wertebereich DISTRIBUTION genügen. Im Wertebereich von DISTRIBUTION liegen z.B.: Exponentialverteilung, Gaußverteilung, Konstante usw.

Die formale Beschreibung des abstrakten Modells Supermarkt würde jetzt die folgende Form haben:

```
DECLARE SOURCE Entry
    Next      = Erlang (K=1, Mean=6)
    Priority = 1

DECLARE STATION Counter 1
   Logexp  = State of Counter 1
   Policy  = FIFO

DECLARE STATION Counter 2
   Logexp = State of Counter 2
   Policy = FIFO

DECLARE STATION Cash
   Logexp = State of Cash
   Policy = FIFO

DECLARE ADVANC Service 1
   Time  = Erlang (K=1, Mean=2)
```

```
DECLARE ADVANC Service 2
   Time  = Erlang (K=1, Mean=2)

DECLARE ADVANC Service 3
   Time  = Erlang (K=1, Mean=4)

DECLARE SINK Exit

DECLARE TASK Customer
   Sequence = Entry
              BRANCH DO 40% Counter 1 Service 1
                     DO 60% Counter 2 Service 2
              END BRANCH
              Cash
              Service 3
              Exit
```

Beispiele:

* Aus der Klasse Source wird ein individuelles Objekt mit dem Namen
Entry deklariert. Der Typ-Deklaration entnimmt man, daß die Attribute Next und Priority verlangt werden. Für die Source Entry wird
als Verteilung der Zwischenankunftszeiten die Erlang-Verteilung mit
K=1 (Exponentialverteilung) und Mittelwert 6 gewählt.
Alle Aufträge, die von der Source Entry erzeugt werden, haben die
gleiche Priorität.

* Es wird eine Taskklasse mit dem Namen Customer erzeugt. Die Task
Customer ist durch ihren Fahrplan gekennzeichnet, der in der vorgeschriebenen Reihenfolge die Namen der anzulaufenden Stationen enthält.

Hinweise:

* Die beschriebene Modellbeschreibungssprache in der bisherigen Form
ist unvollständig. Es fehlt die endgültige Syntaxbeschreibung. Die
Syntaxbeschreibung zu liefern ist mit der erforderlichen Sorgfalt an
dieser Stelle nicht möglich. Eine vollständige Beschreibung findet
man in /38/. Es soll nur exemplarisch deutlich gemacht werden, wie
die anschauliche Beschreibung der Umgangssprache in eine formale
Sprache überführt werden kann.

* Der Entwurf einer formalen Sprache und die Festlegung ihrer Syntax
ist sekundär gegenüber den grundsätzlichen Überlegungen, die die
funktionale Dekomposition betreffen. Der wichtige und entscheidende
Schritt besteht in der Entwicklung der Basiselemente, mit denen ein
Modell aufgebaut werden kann.

* Eine formale Sprache fügt den Ergebnissen, die die funktionale Dekomposition geliefert hat, nichts Neues hinzu. Sie erlaubt nur die
eindeutige Beschreibung. Ein schlechtes Konzept bleibt auch in der
formalen Beschreibung schlecht.

3.2 Stationen in Warteschlangenmodellen

Die allgemeine Station für Warteschlangenmodelle ist das Gate. Es
wird charakterisiert durch die beiden folgenden Bestimmungen:

* Prädikatenlogischer Ausdruck
* Policy

Eine verfeinerte Unterteilung der Warteschlangenmodelle ist möglich,
indem man die Stationen durch zusätzliche Bestimmungen weiter ein-
grenzt. Es hat sich als sinnvoll und nützlich erwiesen, Stationen
mit festem prädikatenlogischen Ausdruck durch eine Klassifikation
besonders herauszuheben.

3.2.1 Übersicht über die Stationstypen

Zunächst wird ein Überblick über die wichtigsten Stationstypen gegeben. Natürlich ist es möglich, noch weitere Stationstypen zu verein-
baren und zu benennen.
Es ist zu beachten, daß sich alle Stationstypen durch ihren festste-
henden, prädikatenlogischen Ausdruck voneinander unterscheiden.

* Facility
Eine Facility ist eine Bedienstation, die genau einen Auftrag bearbeiten kann. Trifft ein Auftrag auf eine Facility, die bereits belegt ist, so ordnet er sich in die Warteschlange vor dieser Station
ein.

* Multifacility
Eine Multifacility besteht aus mehreren einfachen Bedienstationen,
die parallel angeordnet sind und auf eine gemeinsame Warteschlange
zugreifen.

* Pool
Ein Pool ist ein nichtadressierbarer Speicher. Ein Auftrag, der eine
vorgebbare Anzahl Speichereinheiten belegen will, wird in die Warteschlange gestellt, wenn die Speicherplätze, die noch frei sind,
nicht ausreichen. Die Anzahl der Speicherplätze, die noch frei sind
und die für eine Belegung in Frage kommen, ist die Differenz aus
Poolkapazität und aktuellem Belegungsstand.
Über die Speicherbelegung im einzelnen wird nicht Buch geführt. Es
ist nicht möglich, individuelle Speicherplätze gezielt anzusprechen.

* Storage
Storages sind adressierbare Speicher. Über jeden einzelnen Speicherplatz kann Information registriert werden. Insbesondere kann
festgehalten werden, ob der Speicherplatz frei oder belegt ist. Storages eignen sich zur Untersuchung von Systemen, für die die Spei-
cherbelegungsstrategie von Bedeutung ist.

* Gather-Stationen
Gather-Stationen sammeln Aufträge in der Warteschlange, bis eine vom
Benutzer angebbare Anzahl zusammengekommen ist. In diesem Fall lau-
fen alle aufgesammelten Aufträge gemeinsam weiter.

* User Chain und Trigger-Station
User Chains und Trigger Stationen treten immer gemeinsam auf. Sie
dienen der Auftragskoordination in zwei getrennten Bearbeitungszweigen. Aufträge sammeln sich vor der User-Chain, bis ein Auftrag auf

eine Trigger-Station läuft und aus der User-Chain eine angebbare Zahl von Aufträgen aus der Warteschlange aushängt und zur Weiterbearbeitung schickt.

3.2.2 Facilities

Facilities sind Bedienungs- und Bearbeitungsstationen, die von genau einer Transaction über einen bestimmten Zeitabschnitt belegt und anschließend wieder frei gegeben werden können (siehe Bild 33). Ist die Facility belegt, so bauen neu ankommende Transactions vor dieser Station eine Warteschlange auf.

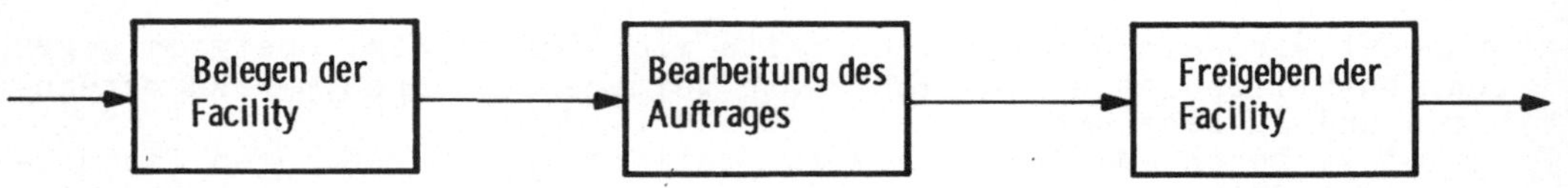

Bild 33: Belegung der Facility durch einen Auftrag

Beispiele:

* An der Kasse eines Supermarktes kann jeweils ein Kunde abgefertigt werden. Ist die Kasse von einem Kunden belegt, müssen sich die neu ankommenden Kunden in eine Warteschlange einreihen.

* Der Prozessor einer Rechenanlage kann jeweils einen Prozeß bearbeiten. Alle Prozesse, die sich um den Prozessor bewerben, werden in eine Warteschlange eingereiht. Wird der Prozessor frei, wird aufgrund einer Policy ein neuer Prozeß ausgewählt, der dann den Prozessor belegt.

Eine Besonderheit von Bedienstationen besteht in der Möglichkeit der Verdrängung. Die Verdrängung bedeutet, daß ein Auftrag, der sich im Besitz der Facility befindet, in seiner Bearbeitung unterbrochen wird, um einem neuankommenden Auftrag, der aufgrund der Policy bevorrechtigt ist, die Belegung der Facility zu ermöglichen. Der verdrängte Auftrag wird mit seiner Restbearbeitungszeit in die Warteschlange vor der Facility zurückverwiesen.

* Zurüstphase
Die Bedienstation wird betriebsbereit gemacht. Gleichzeitig wird für den Auftrag die Bearbeitungsvorbereitung vorgenommen.

* Bearbeitungsphase
Der Auftrag wird bearbeitet.

* Abrüstphase
Die Bedienstation wird in den ursprünglichen Zustand überführt. Der Auftrag wird entfernt.

Beispiele:

* Bei der Reparatur eines PKW in einer Werkstatt läßt sich zunächst
die Zurüstphase beobachten. Der PKW wird vom Parkplatz auf den Repa-
raturstand gebracht. Außerdem werden die erforderlichen Werkzeuge
bereitgestellt.
Der Reparatur, die als Bearbeitungsphase aufgefaßt wird, folgt die
Abrüstphase. Hier wird das Werkzeug aufgeräumt, der Arbeitsplatz ge-
säubert und der PKW zurück auf den Parkplatz gefahren.

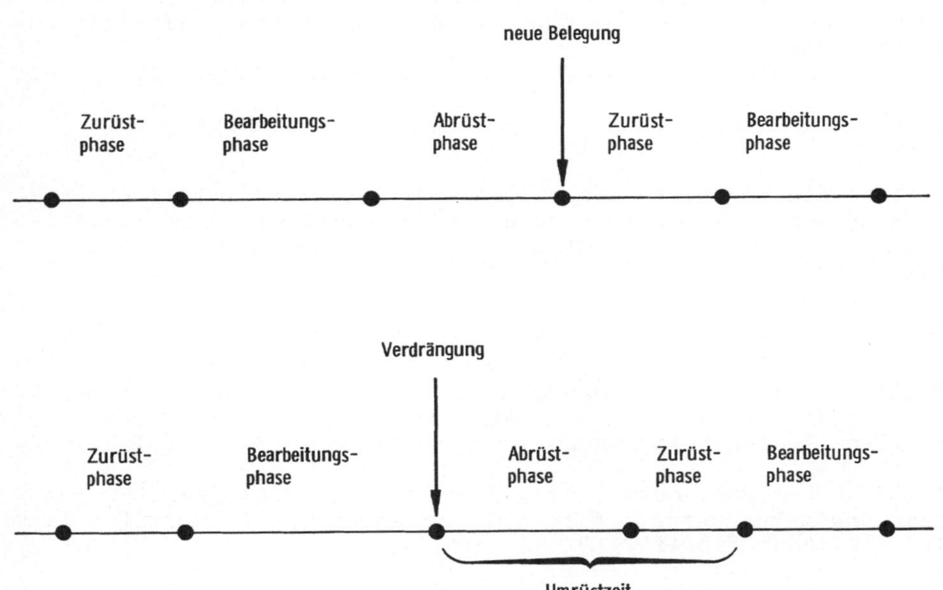

Bild 34: Zeitlicher Ablauf einer Verdrängung bei Berücksichtigung
der Umrüstzeit

Wenn keine Verdrängung vorgesehen ist, kann man die drei Phasen zur
Gesamtbearbeitungszeit zusammenfassen. Es besteht kein Grund, sie
gesondert auszuweisen.
Wenn Verdrängung erfolgen soll, ist dagegen für jeden Verdrängungs-
vorgang die Umrüstzeit zu berücksichtigen. Die Umrüstzeit umfaßt die
Abrüstzeit des Auftrages, der die Bedienstation belegt und die Zu-
rüstzeit des Auftrages, der die Verdrängung veranlaßt hat (siehe
Bild 34).

Beispiel:

* Im Behandlungszimmer eines Arztes wird ein Notfall gemeldet. Der
Patient, der gerade untersucht wird, soll das Behandlungszimmer verlassen und in das Wartezimmer zurückkehren. Hierzu muß sich der Patient ankleiden, während der Arzt die benutzten Geräte aufräumt. Die
hierfür erforderliche Zeit entspricht der Abrüstzeit.
Bevor der Notfallpatient behandelt werden kann, müssen die dazugehö-
rigen Vorbereitungen getroffen werden, die die Zurüstphase ausmachen.

Durch den beschriebenen Verdrängungsvorgang fällt zusätzlicher Verwaltungsaufwand in Form der Umrüstzeit an, die sich aus der Abrüstzeit des ersten Patienten und aus der Zurüstzeit des Notfallpatien-
ten zusammensetzt.
Dieser Verwaltungsaufwand trägt nicht zur reinen Bearbeitungszeit
bei.

Hinweise:

* Facilities als besonders ausgezeichneter Stationstyp bilden zusammen mit Quellen, Senken, Verzögerungen und Aufträgen die Basiselemente für ein Bedienstationenmodell. Siehe hierzu Bd.1 Kap.1.2.6
"Modellklassen".

3.2.3 Multifacilities

Eine Multifacility besteht aus mehreren Bedienstationen, die parallel angeordnet sind und die auf eine gemeinsame Warteschlange zugreifen. Eine Bedienstation kann von genau einem Auftrag belegt werden.
Die Anzahl m der Bedienstationen, die zu einer Multifacility gehören, kann angegeben werden. Wird m=1, so entartet die Multifacility
zu einer einfachen Facility.

Beispiel:

* Eine Rechenanlage mit mehreren Prozessoren kann als Multifacility
aufgefaßt werden. Jeder Prozessor gilt als Bedienstation; die Prozesse, die rechenfähig sind und sich daher in der bereit-Menge be-
finden, bauen vor den Prozessoren eine zentrale Warteschlange auf.

Die Verwaltung der Aufträge in den Warteschlangen und der Bedienstationen in der Multifacility übernehmen die Policy und der Plan.
Die Policy wählt unter den wartenden Aufträgen denjenigen aus, der
als nächstes bearbeitet werden soll. Das geschieht unter Berücksichtigung der Prioritäten und von Bedingungen, die der Benutzer festlegen kann.
Der Plan enthält das Verfahren, nach dem die einzelnen Bedienstationen einer Multifacility belegt werden sollen. Für eine einzelne Facility ist ein Plan nicht erforderlich, da eine Auswahl nicht getroffen werden kann.
Eine weitere Funktion übernimmt der Plan bei Verdrängung. Erscheint
ein Auftrag mit einer hohen Priorität, die Verdrängung verlangt, so
muß entschieden werden, welche Bedienstation zu räumen ist.

* Bei Verdrängung bestimmt der Plan PRIOR (Prioritätenabhängigkeit),
daß das Service-Element, das den Auftrag mit der niedrigsten Priorität bearbeitet, freigeschaltet werden muß.

Eine Multifacility soll symmetrisch heißen, wenn jeder Auftrag auf jedem Service-Element bearbeitet werden kann. Eine besondere Zuordnung von Aufträgen zu bestimmten Service-Elementen soll es nicht geben. Die Multifacilities in GPSS-FORTRAN sind so aufgebaut, daß sie für alle neu ankommenden Aufträge symmetrisch sind.

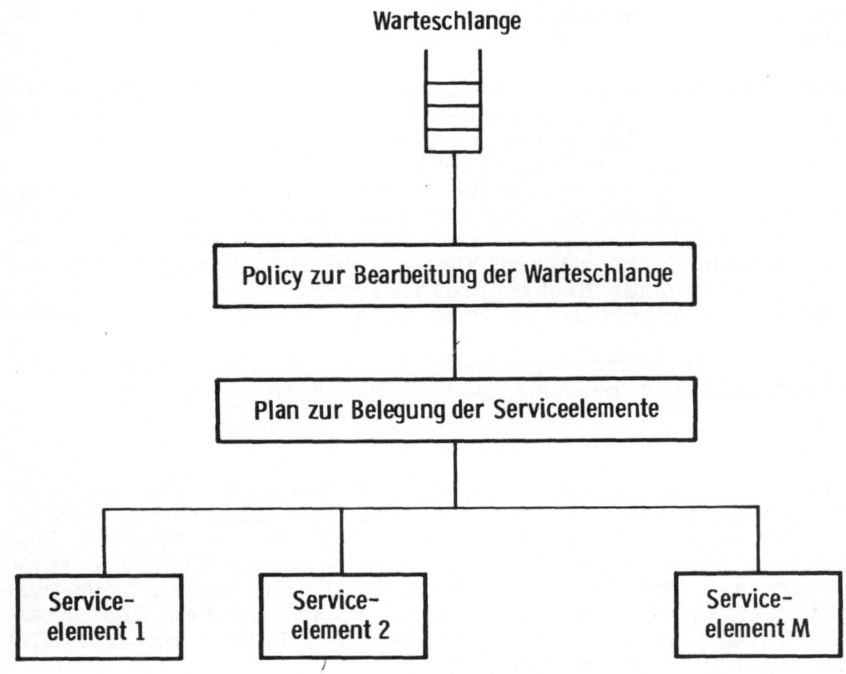

Bild 35: Der Aufbau der Multifacility

Die analytische Warteschlangentheorie beschränkt sich fast ausschließlich auf Modelle, die aus Bedienstationen und Mehrfachbedienstationen aufgebaut sind.

In der analytischen Warteschlangentheorie ist die folgende abkürzende Beschreibung für eine Bedienstation üblich:

A/S/n - Policy

A   Zwischenankunftszeit (arrival)
S   Bearbeitungszeit   (service)
n   Anzahl der Bedienstationen

Ein Beispiel wäre:

M/G/2 - FIFO

Hierdurch wird eine Multifacility mit zwei Bedienstationen beschrieben. Die Zwischenankunftszeiten sind exponential verteilt (Markoff-

Eigenschaft); die Bearbeitungszeit kann eine beliebige Verteilung
(General) sein. Die Einordnung der Aufträge in die Warteschlange erfolgt nach FIFO.

Allgemeine Warteschlangenmodelle, die ein Netzwerk aus Gates bilden,
sind für analytische Verfahren nicht behandelbar. Sie werden daher
von der analytischen Warteschlangentheorie erst gar nicht in Be-
tracht gezogen. Auf diese Weise ergibt sich eine unglückliche Veren-
gung des Blickwinkels.

Die häufig geäußerte Kritik an der mangelnden Ausdrucksfähigkeit der
Warteschlangenmodelle hat hier ihre Ursache. Auf der Ebene des abstrakten Modells sind beliebig komplexe Warteschlangenmodelle auf-
baubar. Eine Einschränkung ist hier nicht gegeben.
Wenn es darum geht, aus der Beschreibung des Warteschlangenmodells
Aussagen über das Verhalten des Warteschlangenmodells zu gewinnen,
so kennt die Simulation ebenfalls keine Einschränkungen. Alle diskreten Zustandsübergänge, die das abstrakte Modell aufweist, können
auch in einem Digitalrechner nachgespielt werden.
Demgegenüber sind die analytischen Modelle in starkem Maße benach-
teiligt.
Für die analytische Warteschlangentheorie besteht die Gefahr, daß
sie nur das als Modellbeschreibung zuläßt, was auch lösbar ist.

Hinweis:

* In Bd.1 Kap. 1.1 "Einführung in Systemanalyse und Modellaufbau"
wird zwischen Modellbeschreibung und Modellauswertung unterschieden.
Die Modellbeschreibung liefert die Darstellung des abstrakten Modells. Aus der Modellbeschreibung können dann Aussagen über das Verhalten des abstrakten Modells auf unterschiedliche Weise gewonnen
werden. Es wird deutlich, daß man sich in Bezug auf das abstrakte
Modell nicht auf das beschränken darf, was mit Hilfe der analytischen Warteschlangentheorie behandelbar ist.

3.2.4 Pools und Storages

Pools und Storages sind Speicher, die durch die Kapazität und den
Bestand charakterisiert sind. Ein Auftrag, der auf eine Storage
läuft, kann eine bestimmte Zahl von Einheiten belegen. In ähnlicher
Weise können Speicherplätze durch einen Auftrag freigegeben werden.
Alle Aufträge, deren Speicheranforderungen zum aktuellen Zeitpunkt
nicht erfüllt werden können, bauen vor dem Pool bzw. vor der Storage
eine Warteschlange auf.

Beispiel:

* Auf einem Parkplatz wird jedem Pkw vom Parkwächter ein Parkplatz
zugewiesen. Ist der Parkplatz besetzt, so werden die ankommenden Pkw
in eine Warteschlange eingereiht.

Storages führen über die Belegung Buch. Es wird festgehalten, welche
Adressen die vergebenen Speicherplätze haben. Weiterhin wird eine
Anforderung, die mehrere Speicherplätze benötigt, in der Regel nur
dann bedient, wenn die gewünschte Anzahl an Speicherplätzen zusammenhängend zur Verfügung steht.

Für Pools wird nur der augenblickliche Bestand und die Kapazität festgehalten. Gezielte Belegung ist in diesem Fall nicht möglich.

Bild 36 zeigt den prinzipiellen Aufbau.

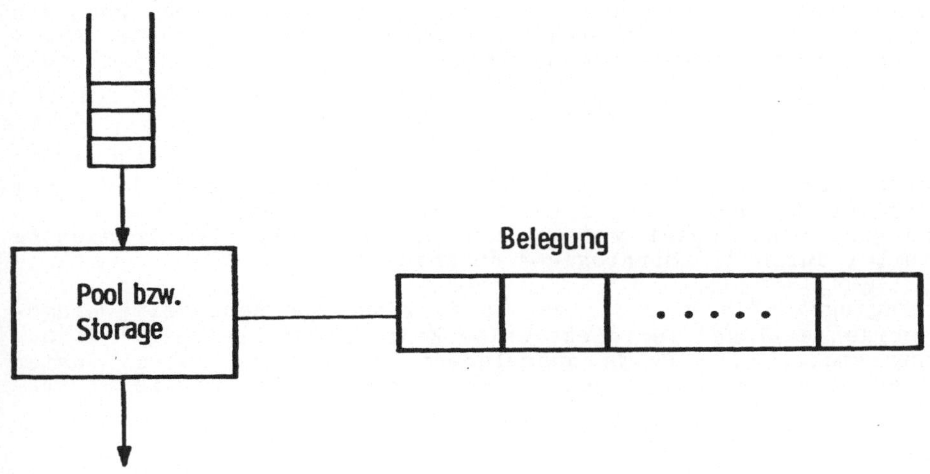

Bild 36: Der Aufbau von Pools

Für Pools lautet der prädikatenlogische Ausdruck, der ein Weiterlaufen des Auftrags ermöglicht:

LOGEXP = Anforderung .LE. Bestand an freien Plätzen

Für Storages lautet der prädikatenlogische Ausdruck:

LOGEXP = Die Anforderung ist nach der entsprechenden
         Strategie erfüllbar.

Hinweise:

* Bei Pools können die zu speichernden Einheiten auf die freien Speicherplätze verteilt werden. Zusammenhängende Lagerung ist nicht erforderlich. Daher gilt bei Pools eine Anforderung als erfüllbar, wenn die Anzahl der verfügbaren Speicherplätze größer ist als die Anzahl der angeforderten Speicherplätze.

* Bei Storages wird die Anforderung zusammenhängend abgespeichert. Es ist möglich, daß zwar insgesamt gesehen ausreichend Speicherplatz zur Verfügung steht, um eine Anforderung zu erfüllen, es jedoch keine genügend große Lücke gibt, die die Anforderung erfüllt.

* Das Verfahren, nach dem eine ausreichend große Lücke gesucht wird, heißt Strategie.

3.2.5 Strategien für Storages

Für das Belegen und Freigeben von Speichern gibt es eine große Zahl
von Möglichkeiten. In ausgeprägtem Maße sind Strategien problemabhängig. In einer kurzen Übersicht werden die einfachsten Strategien
vorgestellt.
Man muß unterscheiden zwischen Strategien, die das Belegen besorgen
und solchen, nach denen ein Speicher wieder freigegeben werden soll.
Die einen heißen Strategie-A (Allocate), die anderen Strategie-F
(Free).

Beispiel:

* Der Arbeitsspeicher einer Rechenanlage wird so vergeben, daß einem
neuen Auftrag die erste freie Lücke zugewiesen wird, in die er zusammenhängend eingelagert werden kann (First Fit). Die Einlagerung
wird hierbei durch die Strategie-A durchgeführt.

* Beim Paging-Verfahren muß immer dann, wenn eine neue Seite eingelagert werden soll und für diese Seite kein freier Speicherplatz zur
Verfügung steht, eine Seite ausgelagert werden. Die Auswahl unter
den Seiten, die zur Auslagerung in Frage kommen, trifft die Strategie-F.

Hinweis:

* Bei Speichern ist darauf zu achten, daß sich der Unterschied zwischen Policy und Strategie nicht verwischt. Alle Aufträge, deren
Speicherplatzanforderungen nicht erfüllt werden können, bauen vor
dem Speicher eine Warteschlange auf. Wird der Speicherplatz freigegeben, so wird aufgrund der Policy entschieden, in welcher Reihenfolge die wartenden Aufträge erneut versuchen können, Speicherplatz
zu belegen. Die Zuweisung und Freigabe des Speicherplatzes selbst
erfolgt über die Strategien.
Demnach gehört zu jeder Storage zunächst eine Policy, die die Warteschlange vor dem Speicher verwaltet, sowie zwei Strategien, von
denen die eine für das Belegen, die andere für die Freigabe verantwortlich ist.

Die Strategie-A hat im wesentlichen zwei Aufgaben zu erfüllen. Einmal muß sie entscheiden, ob der Speicherbedarf einer Anforderung erfüllt werden kann. Ist dies nicht der Fall, so muß sich die Anforderung in eine Warteschlange vor dem Speicher einreihen. Steht jedoch
mehr Speicher zur Verfügung als benötigt wird, so muß die Strategie-
A als nächstes entscheiden, an welcher Stelle die Einheiten abgelegt
werden sollen.

Bei FFIT wählt die Strategie-A diejenige Lücke aus, die als erste
den Speicherbedarf decken kann. Da hierbei keine Rücksicht darauf
genommen wird, wie gut eine Anforderung in einen freien Bereich
paßt, entstehen bei dieser Strategie-A eine große Zahl kleiner Restlücken, die dann nur schwer zu belegen sind. Auf diese Weise entsteht die sogenannte Speicherzersetzung. Vorteilhaft ist bei dieser
Strategie-A die kurze Suchzeit.

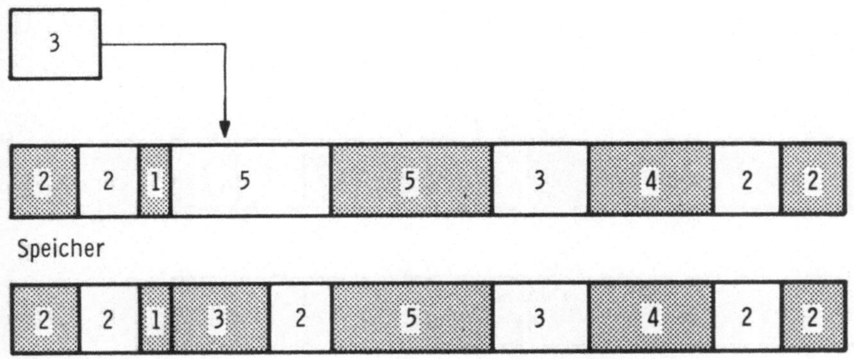

Bild 37: Die Strategie First-Fit

Bild 37 zeigt einen zum Teil besetzten Speicher. Die Felder mit den
Doppellinien bezeichnen belegte Bereiche, während die weißen freien
Speicherplatz darstellen. Einer Anforderung, die drei Einheiten ab-
legen möchte, wird nach First-Fit die erste passende Lücke zuge-
teilt. Es entsteht für das Beispiel in Bild 37 eine Restlücke mit 2
Plätzen.

BFIT arbeitet ähnlich wie FFIT. Es wählt jedoch nicht die erste passende Lücke aus, sondern sucht so lange, bis die Lücke gefunden
wurde, in die eine Anforderung am besten paßt.
Nachteilig ist bei BFIT die verlängerte Suchzeit. Als Vorteil ergibt
sich eine bessere Speicherausnutzung.

Bild 38 zeigt den Fall von Bild 37 für Best-Fit.

Beispiel:

* Die Lagerhalle einer Spedition ist in gleich große Parzellen auf-
geteilt, die zur Identifikation numeriert sind. Die Parzellen sind
die kleinsten Einheiten, in denen Lagerplatz vergeben werden kann.
Auf Anforderung wird von der Lagerverwaltung jedem Transportgut ein
ganzes Vielfaches der Grundeinheit zugeteilt.
Die Strategie FFIT sucht für jedes Transportgut den Lagerplatz
heraus, der vom Ladetor aus am schnellsten zu erreichen ist. Wird
das Lager nach der Strategie BFIT belegt, wird nach dem am besten
passenden freien Bereich gesucht.

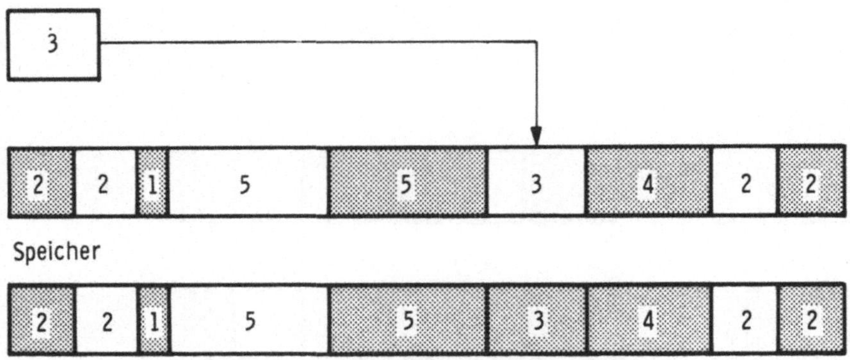

Bild 38: Die Strategie Best-Fit

Wenn aus einem Speicher gezielt eine Anforderung wieder ausgelagert werden soll, ist eine besondere Strategie-F nicht erforderlich. Sie ist nur notwendig, wenn unter verschiedenen Kandidaten ausgewählt werden muß.

Beispiele:

* Auf einem Bahnhof holt ein Reisender aus einem Regal mit Schließfächern seinen Koffer aus einem Fach, das durch eine Nummer eindeutig identifizierbar ist (Strategie-F nicht erforderlich).

* Ein Auftrag in einer Rechenanlage gibt seinen Speicherbereich frei. Dieser Speicherbereich ist eindeutig gekennzeichnet (Strategie-F nicht erforderlich).

* Eine Firma stapelt ihre Produkte in einer Lagerhalle. Bei einer Auslieferung muß entschieden werden, welcher der Lagerplätze, die mit den gewünschten Einheiten belegt sind, geräumt werden soll (Strategie-F erforderlich).

* Bei Paging muß bei Bedarf eine Seite aus dem Arbeitsspeicher auf den Hintergrundspeicher transferiert werden. Unter den möglichen Seiten, die zur Auslagerung zur Verfügung stehen, muß eine Auswahl getroffen werden (Strategie-F erforderlich).

Hinweis:

* Die Möglichkeiten, Speicher zu belegen oder freizugeben, sind sehr vielfältig und hängen sehr stark von den systemspezifischen Gegebenheiten ab. Wichtig ist, daß jede Strategie, auch die ausgefallenste, im abstrakten Modell beschreibbar ist.

3.2.6 Auftragskoordinierung

Die Auftragskoordinierung verlangt, daß Aufträge in ihrer Bearbeitung aufgehalten werden, bis andere Aufträge bestimmte, vorgegebene Bedingungen erfüllen. Im allgemeinen Fall kann daher zur Auftragskoordinierung ein Gate eingesetzt werden. Dieses Gate blockiert einen Auftrag solange, bis der prädikatenlogische Ausdruck, der den Zustand der restlichen Aufträge beschreibt, den Wahrheitswert .TRUE. angenommen hat.
Durch Festlegung des prädikatenlogischen Ausdrucks lassen sich jedoch wie im Fall von Facilities, Pools und Storages neue Stationen definieren.
So kann man eine neue Station einführen, die die Koordination in einem Bearbeitungszweig ermöglicht. Die Koordinierung in einem Bearbeitungszweig sieht vor, daß an einer Station eine bestimmte Anzahl von Aufträgen gesammelt wird, bevor diese weitergeleitet werden.

Beispiele:

* Die Postzustellung eines Betriebes wartet mit der Verteilung bis eine bestimmte Anzahl von Sendungen eingetroffen sind. Erst dann übernimmt ein Bote das Austragen.

* Die Führung durch eine mittelalterliche Burg beginnt erst dann, wenn sich 10 Teilnehmer eingefunden haben. Besucher, die eher eintreffen, müssen warten, bis die Gruppe die geforderte Stärke erreicht hat.

Stationen, die zur Koordinierung in einem Bearbeitungszweig dienen, heißen Gather-Stationen.
Neben der Koordination kann man die Koordination in parallelen Bearbeitungszweigen einführen. Hierzu dienen die Stationen User-Chain und Trigger.

Es soll möglich sein, von einem Bearbeitungszweig aus einen Stau von Aufträgen, der in einem parallelen Bearbeitungszweig entstanden ist, aufzulösen.

Vor den User-Chains wird von den ankommenden Aufträgen eine Warteschlange aufgebaut. Auf Anforderung kann ein anderer Auftrag, der auf eine Trigger-Station läuft, eine bestimmte Zahl von Aufträgen aus der Warteschlange aushängen und aktivieren. Diese aktivierten Aufträge werden anschließend weiterbearbeitet.

Beispiel:

* An einem Taxistand stehen Fahrgäste. Jedes Taxi, das am Taxistand vorbeifährt, nimmt eine bestimmte Anzahl von ihnen auf. Findet ein Taxi keinen Fahrgast vor, wartet es. Nach Abschluß der Fahrt kehrt das Taxi zum Stand zurück (Bild 39).

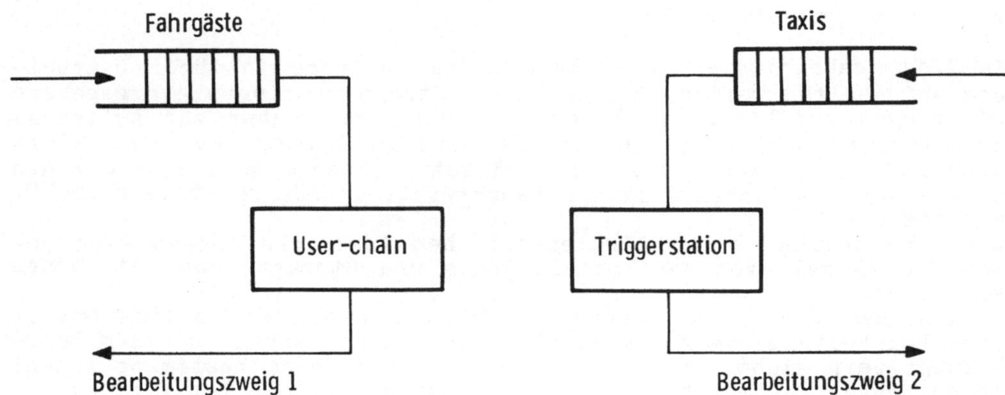

Bild 39: Taxistand als Beispiel für User-Chains

Hinweis:

* Bisher wurden besondere Stationen zu den drei Bereichen Bedienstation, Speicherverwaltung und Auftragskoordination vorgestellt. Es ist möglich, bei Bedarf neue Stationen zu definieren. Hierzu geht man von einem Gate als der allgemeinen Station aus und charakterisiert einen neuen Stationstyp durch Angabe des prädikatenlogischen Ausdrucks.

3.3 Die Policy

Die Policy bezeichnet das Kriterium, das die Ordnung und damit die Reihenfolge in einer Warteschlange festlegt.
Die Position in der Warteschlange legt die Policy mit Hilfe der Priorität fest. Die Priorität bezeichnet entweder eine dem Auftrag eigene Wichtigkeit oder sie wird von der Policy aufgrund des angegebenen Kriteriums berechnet.

In besonders dringlichen Fällen ist es erwünscht, daß eine gerade belegte Station geräumt wird, um einem Auftrag mit hoher Priorität die sofortige Bearbeitung zu ermöglichen. Der Mechanismus, der dieses Vorgehen ermöglicht, heißt Verdrängung. Eine Verdrängung wird immer mit Zeitbedarf verbunden sein. Daher kann zwar eine Policy mit Verdrängung sehr rasch auf dringende Fälle reagieren; dieser Vorteil wird jedoch durch zusätzliche Umrüstzeiten erkauft, die den Verwaltungsaufwand erhöhen.

3.3.1 Statische Policies

Es sollen im Folgenden einige wichtige, häufig vorkommende Policies beschrieben werden:

FIFO (First In, First Out)

Die Policy FIFO vergibt die Prioritäten nach der Ankunftszeit. Derjenige Auftrag, der sich am längsten in der Warteschlange befindet, erhält die höchste Priorität. FIFO verfährt nach dem Prinzip "Wer zuerst kommt, mahlt zuerst". Sie entspricht damit den Vorstellungen einer gerechten Behandlung.
Preemptive FIFO erhält man, wenn ein Auftrag, der auf eine Station trifft, den Auftrag, der gerade bearbeitet wird, verdrängen kann, wenn er höhere Priorität hat.

Beispiel:

* In einer Prozeßrechneranlage läuft ein weniger wichtiger Auftrag als Hintergrund-Job. Trifft ein Meßwert ein, der sofort aufgenommen und bearbeitet werden muß, so wird der Hintergrund-Auftrag vom Prozessor verdrängt. Er muß den Prozessor verlassen und wird in die bereit-Warteschlange zurückverwiesen.

LIFO (Last In, First Out)

Im Gegensatz zu FIFO begünstigt die Policy LIFO diejenigen Aufträge, die zuletzt in die Warteschlange eingetreten sind. LIFO arbeitet nach dem Stapelprinzip, demzufolge jeder neue Auftrag auf dem Stapel oben zu liegen kommt und von dort wieder abgeholt wird.

SJF (Shortest Job First)

Die Policy SJF vergibt die höchsten Prioritäten an die Aufträge, deren Bearbeitungszeit in der Station am kürzesten ist. Auf diese Weise läßt sich der Durchsatz optimieren, d.h. eine maximale Zahl von Aufträgen kann bearbeitet und eine maximale Zahl von Kunden kann zufriedengestellt werden. Dieser Policy liegt die Vorstellung zugrunde, daß es ratsam ist, alle kürzeren Fälle rasch zu bearbeiten, bevor man sich den langwierigen Aufträgen zuwendet.

Beispiel:

* Die Job-Planung einer Rechenanlage sieht vor, daß kurze Jobs vorrangig bearbeitet werden. Die zeitaufwendigen Langläufer müssen höhere Wartezeiten in Kauf nehmen, da sie einen größeren Anteil der
zur Verfügung stehenden Betriebsmittel beanspruchen.

Natürlich kann man auch bei SJF, wie bei allen anderen prioritäten-
gesteuerten Policies, zusätzlich Verdrängung einführen.

Round Robin (Zyklische Policy)

Die Policy Round Robin teilt jedem Auftrag die Station für eine bestimmte Zeit zu. Nach Ende dieser Zeitscheibe wird geprüft, ob der
Auftrag fertig ist und die Station verlassen kann. Ist das nicht der
Fall, so wird er mit seiner Restbearbeitungszeit wieder in die Warteschlange eingereiht (Bild 40). Diese Policy geht davon aus, daß es
günstig sein kann, jeden Auftrag der Reihe nach ein Stück weiter zu
bearbeiten. Dieses Vorgehen ist besonders dann sinnvoll, wenn der
Auftrag nach der kurzen Bearbeitungszeit selbst andere Aktivitäten
vornehmen kann, zu denen die Station selbst nicht benötigt wird.

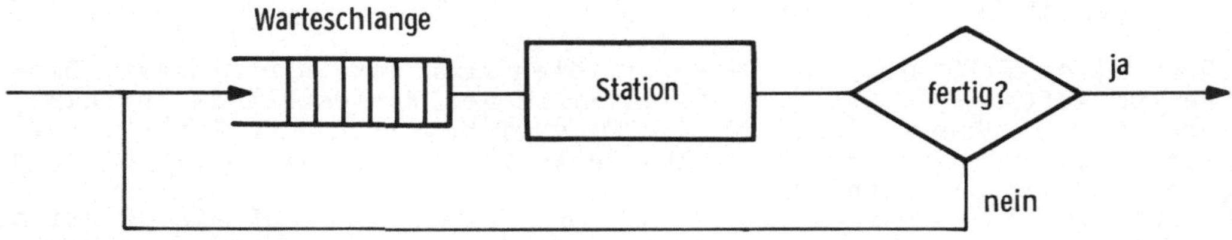

Bild 40: Die Policy Round Robin

Beispiel:

* Läuft eine Rechenanlage im Timesharing-Betrieb, so erhält jeder
Benutzer für seinen Job eine Zeitscheibe zugeteilt. Der Job wird
zwar bearbeitet, er kommt jedoch umso langsamer voran, je mehr Benutzer am Round Robin teilnehmen.

Round Robin ist nur realisierbar, wenn Verdrängung zur Verfügung
steht. In diesem Fall erfolgt die Verdrängung nicht, weil ein Auftrag mit einer höheren Priorität in der Warteschlange erscheint,
sondern aufgrund einer regelmäßigen Nachricht von der Uhr.

Round Robin kann flexibler gestaltet werden, wenn man die Länge der
Zeitscheiben nicht konstant läßt, sondern jedem Auftrag eine eigene
Zeitscheibe zuteilt, deren Länge von seiner Wichtigkeit abhängt. Man
kommt dann zur Policy RRP (Round Robin with Priorities).

LFB (Limited Feedback)

Zyklische Policies verursachen hohen Verwaltungsaufwand. Es ist daher in vielen Fällen ratsam, nicht alle Aufträge am Round Robin
teilnehmen zu lassen. Es gibt verschiedene Möglichkeiten für Policies, die bestimmte Aufträge auszeichnen und ihnen die Vorteile von
Round Robin gewähren, während sie die übrigen auf andere Weise behandeln.

Ein einfaches Beispiel ist die Policy LFB, nach der jedem Auftrag
N(max) Zeitscheiben im Round Robin zugeteilt werden. Ist die Zahl
der bereits in Anspruch genommenen Zeitscheiben N größer als der
vorgegebene Wert N(max), so wird der Auftrag in eine neue Warteschlange eingereiht, die nicht mehr an Round Robin angeschlossen
ist, sondern nach einer anderen Policy, z.B. nach FIFO abgearbeitet
wird.

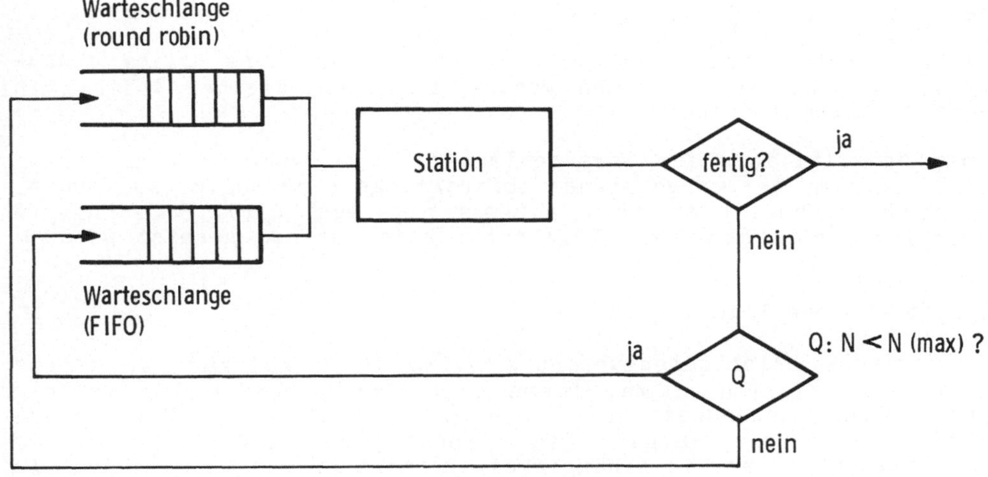

Bild 41: Die Policy Limited Feedback

Aus dieser Warteschlange werden nur dann Aufträge entnommen, wenn
keine weiteren Aufträge mehr im System sind, die am Round Robin
teilnehmen dürfen (Bild 41).

Hinweise:

* In der Policy zur Warteschlangenbearbeitung verbirgt sich die Organisationsform, nach der das reale System abläuft. Sehr viele Aspekte der Organisationsform in realen Systemen lassen sich durch Be-
arbeitungsreihenfolgen im Modell und damit durch eine Policy darstellen.
Die möglichen Policies sind so vielgestaltig wie es mögliche Organi-
sationsformen gibt.

Beispiele:

* Die Warteschlange vor einem Speicher kann der Speicherplatzanfor-
derung entsprechend geordnet sein. So könnte gelten, daß der Auftrag
mit der kleinsten Speicheranforderung die höchste Priorität hat.
Dieses Vorgehen führt dazu, daß Aufträge mit hohen Speicheranforderungen unverhältnismäßig lange warten müssen.

* Man könnte versuchen, z.B. in umgekehrter Weise den Aufträgen mit
hohen Speicheranforderungen auch eine hohe Priorität zu geben.

* Es ist denkbar, beide Verfahren zu mischen und eine Policy einzusetzen, die abwechselnd einen großen und einen kleinen Auftrag in
die Warteschlange ordnet.

In der Modellbildung für Warteschlangensysteme geht es sehr häufig
um das Problem, bei vorgegebener Auftragslage eine Policy zu finden,
die dem Betriebsziel so gut wie möglich gerecht wird. Beim Entwurf
von Policies soll dem Einfallsreichtum keine Grenze gesetzt werden.

3.3.2 Dynamische Prioritäten

Die statische Prioritätenzuordnung weist jedem Auftrag bei seiner
Generierung Prioritäten zu. Diese Prioritäten behält der Auftrag
während seiner Lebenszeit bei. Im Gegensatz hierzu wird bei der dynamischen Prioritätenvergabe die Priorität der Aufträge, die vor
einer Station warten, in Abhängigkeit bestimmter Bedingungen jeweils
neu vergeben.

Die Bedingungen, aufgrund derer die dynamische Festlegung der Prioritäten erfolgt, können unterschiedlicher Art sein. Eine verallge-
meinerte Aussage ist an dieser Stelle nicht möglich. Man kann nur
feststellen, daß die Prioritäten als Funktionswert einer Funktion
darstellbar sein müssen, die als Argumente Parameter des Systemzu-
standes enthält.

In den folgenden Abschnitten werden einige gebräuchliche Policies
mit dynamischer Prioritätenvergabe beschrieben.

UTL (Upper Time Limit)

Für jeden Auftrag kann eine Zeitobergrenze (upper time limit) angegeben werden, zu der er spätestens bearbeitet sein muß. Je näher ein
Auftrag an diese Zeitobergrenze bereits herangekommen ist, desto hö-

her wird seine Priorität. In diesem Fall ist die Priorität über eine
einfache Funktion zu bestimmen, die als Argument nur die noch bis
zur Zeitobergrenze verbleibende restliche Verweilzeit benötigt. Die
restliche Verweilzeit beinhaltet die reine Restbearbeitungszeit sowie einen Zeitraum, der als erlaubte Wartezeit zur Verfügung steht.

Im einfachsten Fall hängt die Prioritätenerhöhung linear mit der
Restverweilzeit zusammen. Die Priorität wird dann nach der folgenden
Beziehung neu bestimmt:

Priorität = - Restverweilzeit

Die Prioritäten sind in diesem Fall insgesamt negativ.

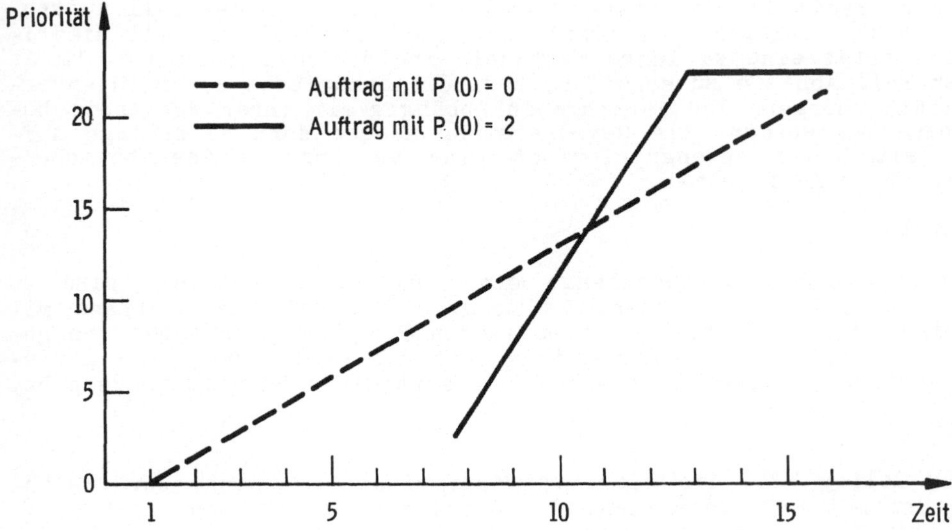

Bild 42: Prioritätenverlauf für Aufträge mit unterschiedlicher Anfangspriorität P(0)

UTLP (Upper Time Limit with Priorities)

Eine Verbesserung und Verfeinerung der Policy UTL kann erreicht werden, wenn die dynamische Prioritätenvergabe nicht für alle Aufträge
gleichmäßig erfolgt, sondern abhängig ist von einer vorgegebenen An-

fangspriorität. Die Policy UTLP erhöht die Prioritäten für die Aufträge, die eine hohe Anfangspriorität tragen, in stärkerem Maße als für Aufträge mit niedriger Anfangspriorität.
Für die Prioritäten kann sich dann in Abhängigkeit der Anfangspriorität $P(0)$ ein Verlauf ergeben, wie er in Bild 42 dargestellt ist. Zum Zeitpunkt $T=1$ erscheint der Auftrag mit der Anfangspriorität $P(0)=1$. Aufgrund der dynamischen Prioritätenvergabe erreicht er zum Zeitpunkt $T=13$ die Priorität $P=13$. Der Auftrag, der zur Zeit $T=8$ das System mit der Anfangspriorität $P(0)=4$ betritt, erreicht die Prioritätenobergrenze $P=20$ aufgrund bevorzugter Höherbewertung zum Zeitpunkt $T=14$. Wesentlich ist, daß die Reihenfolge der Aufträge nicht erhalten bleibt. Bei UTLP werden Überholvorgänge möglich.

WTLP (Waiting Time Limit with Priorities)

Wenn eine Facility sehr stark ausgelastet ist, kann der Fall auftreten, daß bei statischer Prioritätenvergabe die Aufträge mit niedriger Priorität eine zu lange Wartezeit in Kauf nehmen müssen. Um in diesem Fall Abhilfe zu schaffen, kann die dynamische Prioritätenvergabe dafür sorgen, daß Aufträge in Abhängigkeit ihrer Wartezeit höher bewertet werden. Als Gegenleistung müssen dann allerdings Aufträge mit hoher Anfangspriorität eine verlängerte Gesamtbearbeitungszeit in Kauf nehmen.

Beispiel:

* Für die bereit-Warteschlange einer Prozeßrechneranlage sind 20 Prioritätsstufen vorgesehen. Es zeigt sich, daß die Aufträge mit niedriger Priorität bei der dynamischen Prioritätenvergabe eine geringere mittlere Gesamtbearbeitungszeit und damit auch eine geringere Wartezeit aufweisen als bei der statischen Prioritätenvergabe.

Hinweis:

* Eine Policy WTL, die die Anfangspriorität $P(0)$ nicht berücksichtigt, ist mit FIFO identisch. Die statische Prioritätenvergabe aufgrund der Eintrittszeit in die Warteschlange ergibt die gleiche Bearbeitungsreihenfolge wie die dynamische Prioritätenvergabe, die eine Neubewertung aufgrund der bisherigen Wartezeit vornimmt.

Für alle Policies mit dynamischer Prioritätenvergabe gilt, daß die Neubewertung der Prioritäten gesondert veranlaßt werden muß.

Der Zeitpunkt, zu dem die Prioritätenzurodnung erfolgen soll, hängt von der Art der Aufgabe ab. Zwei übliche Vorgehensweisen sind die folgenden:

* Man bestimmt die Prioritäten nach festen Zeitintervallen

* Man bestimmt die Prioritäten jedes Mal, wenn ein neuer Auftrag von der Policy ausgewählt werden muß.

Je häufiger die Prioritätenvergabe erfolgt, desto besser spiegelt der Prioritätenstand die gegebenen Bedingungen wieder. Da jedoch die Prioritätenvergabe mit Verwaltungsarbeit verbunden ist, wird in diesem Fall ein Vorteil durch einen Nachteil erkauft.

Wenn die Bedienzeiten klein sind im Verhältnis zur Verwaltungszeit,
die zur dynamischen Prioritätenvergabe benötigt wird, darf die Verwaltungszeit nicht vernachlässigt werden.
Die Verwaltungszeit ist abhängig von der Anzahl der Aufträge, die
der dynamischen Prioritätenvergabe unterliegen. Je mehr Aufträge untersucht werden müssen, desto höher wird die hierfür erforderliche
Zeit werden.

3.4 Modell Fertigungssteuerung

An einem Beispiel soll gezeigt werden, wie ein Warteschlangenmodell
zur Untersuchung eines realen Systems eingesetzt werden kann.

In vielen praktischen Anwendungsfällen erweist es sich als nützlich,
bei der Systemanalyse die folgenden drei Komponenten zu unterscheiden:

* Betriebsmittelausstattung
Es müssen die eingesetzten Geräte mit den Kenn- und Leistungsdaten
angegeben werden.

* Auftragsprofil
Die zu bearbeitenden Aufträge werden beschrieben. Zum Auftragsprofil
gehören die Auftragskennzeichen, die Betriebsmittelanforderung, die
Ankunftszeiten und dgl.

* Organisationsform
Es muß dargestellt werden, in welcher Weise die Aufträge auf die Betriebsmittel verteilt werden und in welcher Reihenfolge sie dort bearbeitet werden sollen.

Die drei Komponenten Betriebsmittelausstattung, Auftragsprofil und
Organisationsform in enger Abhängigkeit voneinander bestimmen das
Verhalten des Warteschlangenmodells. Sie sind stark aufeinander bezogen.
Warteschlangenmodelle als abstrakter Modelltyp werden eingesetzt,
wenn das reale, zu untersuchende System aus Aufträgen und Stationen
besteht.
Charakteristische Größen, die mit Hilfe von Warteschlangenmodellen
untersucht werden können, sind beispielsweise die folgenden:

Mittlere Warteschlangenlänge vor einer Station, mittlere Bearbeitungszeit in einer Station, mittlere Auslastung einer Station, mittlere Gesamtbearbeitungszeit für ein Auftragsprofil, mittlerer Durchsatz oder mittlere Verweilzeit der Aufträge im Modell.

An einem Beispiel wird die Beschreibung eines Warteschlangenmodells
dargestellt. Das Beispiel soll einfach genug sein, um das Ablaufge-
schehen noch anschaulich verfolgen zu können; es soll jedoch auch so
komplex sein, daß die Frgebnisse nicht trivial erscheinen.

3.4 Modell Fertigungssteuerung

Für das Beispielmodell sind die folgenden Betriebsmittel vorgesehen:

* Speicher
Kapazität: 25 Einheiten

Die im Speicher gelagerten Einheiten werden jedem Auftrag in einer
Menge von 1 Stück zugeteilt. Vorstellbar sind Montageträger, Palet-
ten oder dgl. Jeder fertig bearbeitete Auftrag gibt am Fnde seine
Einheit an den Speicher zurück.

Ist der Speicher leer, so wird ein neuer Auftrag, der eine Einheit
aus dem Speicher benötigt, in eine Warteschlange vor dem Speicher
eingereiht. Hier wartet er, unter Umständen mit anderen Aufträgen,
bis ein fertiger Auftrag eine Einheit zurückgibt und zur Wiederzu-
teilung zur Verfügung stellt.
Warteschlangenpolicy: PFIFO (First In, First Out mit Prioritäten)
ohne Verdrängung.

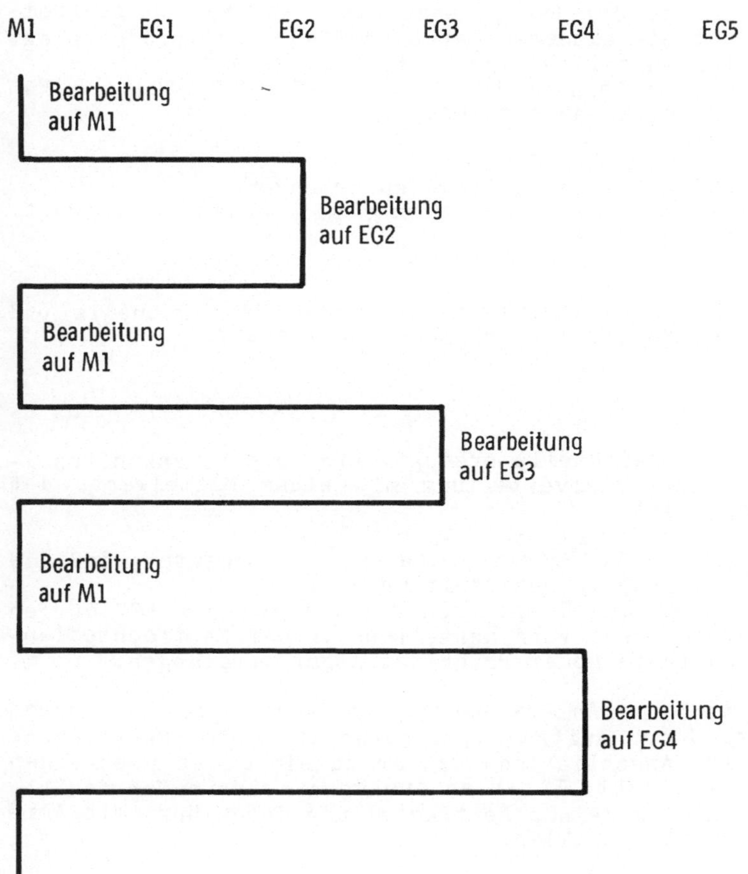

Bild 43: Struktur der Aufträge

* Mehrfachbedienstation M1
Eine Mehrfachbedienstation besteht aus mehreren einfachen Bedienelementen, die parallel angeordnet sind und auf eine gemeinsame Warteschlange zugreifen. Die einfachen Bedienelemente sind gleichwertig.
Kapazität: 2 bzw. 3 einfache Bedienstationen
Warteschlangenpolicy: PFIFO und Verdrängung

* Externe Geräte EG1, FG2, EG3, FG4, FG5,
Ein externes Gerät ist in der Lage, genau einen Auftrag zu bearbeiten. Aufträge, die auf ein externes Gerät treffen, das gerade belegt ist, bauen vor der Bedienstation eine Warteschlange auf.
Es gibt 5 verschiedene externe Geräte. EG1, EG2, FG3, FG4 und FG5 mit unterschiedlichem Leistungsvermögen.

* Quelle
Die Quelle hat die Aufgabe, die Aufträge zu erzeugen.
Zwischenankunftszeit: Exponentialverteilung mit einem Mittelwert, der Tabelle 8 zu entnehmen ist.

* Senke
Fertig bearbeitete Aufträge verschwinden in der Senke. Quelle und Senke dienen dazu, das Modell abgeschlossen zu machen.

3.4.2 Das Auftragsprofil

Die Aufträge werden von der Quelle erzeugt. Die Zwischenankunftszeiten gehorchen der Exponentialverteilung mit einem Mittelwert, der Tabelle 8 zu entnehmen ist.

10% der Aufträge sollen hohe Priorität haben; das bedeutet, daß sie bei der Verarbeitung vorrangig behandelt werden.
Vor dem Speicher und vor den 5 externen Geräten EG1 bis FG5 dürfen sie sich in der Warteschlange vorn anstellen. In der Mehrfachbedienstation dürfen die Aufträge hoher Priorität sogar verdrängen.

Die Aufträge, die von der Anlage bearbeitet werden sollen, haben identische Struktur. Jeder Auftrag wird zunächst in der Mehrfachbedienstation behandelt. Anschließend wird er zu einem der 5 externen Geräte EG1 bis FG5 geschickt. Von hier aus kehrt er zur Mehrfachbedienstation zurück. Bis zu seiner Fertigstellung durchläuft ein Auftrag im Mittel 20 derartige Zyklen.

Es ergibt sich ein Ablauf, wie er in Bild 43 dargestellt ist. Die mittlere Bearbeitungszeit eines Auftrages auf der zentralen Mehrfachbedienstation M1 beträgt jeweils im Mittel 75.0 ZE (Zeiteinheiten).

Die mittleren Bearbeitungszeiten auf den externen Geräten und die Wahrscheinlichkeiten, mit denen sie angefordert werden, zeigt Tabelle 3.

Alle statistischen Werte gehorchen der Gaußverteilung. Das beschriebene Vorgehen bedeutet, daß ein Auftrag nach jeder Bearbeitung durch die zentrale Mehrfachbedienstation zu einem der externen Geräte geschickt wird. Die Wahrscheinlichkeit, mit der ein externes Gerät ausgewählt wird und die Zeit, die der Auftrag dort bearbeitet wird, zeigt Tabelle 3. Nach der Bearbeitung auf dem externen Gerät kehrt der Auftrag zur Mehrfachbedienstation M1 zurück; ein neuer Zyklus beginnt.

3.4.3 Die Organisationsform

Die Organisationsform gibt an, in welcher Weise die Aufträge auf die Bedienstation verteilt werden und in welcher Reihenfolge sie dort bearbeitet werden. Bild 44 zeigt das Vorgehen.

externes Gerät	mittlere Bearbeitungszeit (ZE)	Wahrscheinlichkeit für die Anforderung
EG1	430	0,05
EG2	50	0,40
EG3	70	0,30
EG4	210	0,10
EG5	135	0,15

Tabelle 3:   Mittelwerte für die peripheren
               Bedienstationen

Zunächst werden die Aufträge zufallsverteilt von der Quelle erzeugt. Jeder Auftrag bewirbt sich anschließend um eine Einheit aus dem Speicher. Ist eine Einheit im Speicher verfügbar, so kann der Auftrag mit der Bearbeitung beginnen. Er wird in die Warteschlange derjenigen Aufträge eingereiht, die vor der Mehrfachbedienstation warten.
Ist im Speicher keine Einheit verfügbar, so muß der Auftrag vor dem Speicher warten, bis ein anderer Auftrag fertig bearbeitet worden ist und seine Einheit im Speicher zurückgegeben hat.

Nach der Bearbeitung durch die Mehrfachbedienstation M1 begibt sich der Auftrag zu einem der peripheren Geräte und reiht sich dort in die Warteschlange ein. Nach seiner Fertigstellung kehrt er erneut zur Warteschlange vor der Mehrfachbedienstation M1 zurück.
Dieser Zyklus, bestehend aus der Bearbeitung in der Mehrfachbedienstation und einer anschließenden Bearbeitung auf einem externen Gerät, wird im Mittel 20 mal durchlaufen. Dann ist der Auftrag abgeschlossen und kann das Modell verlassen.

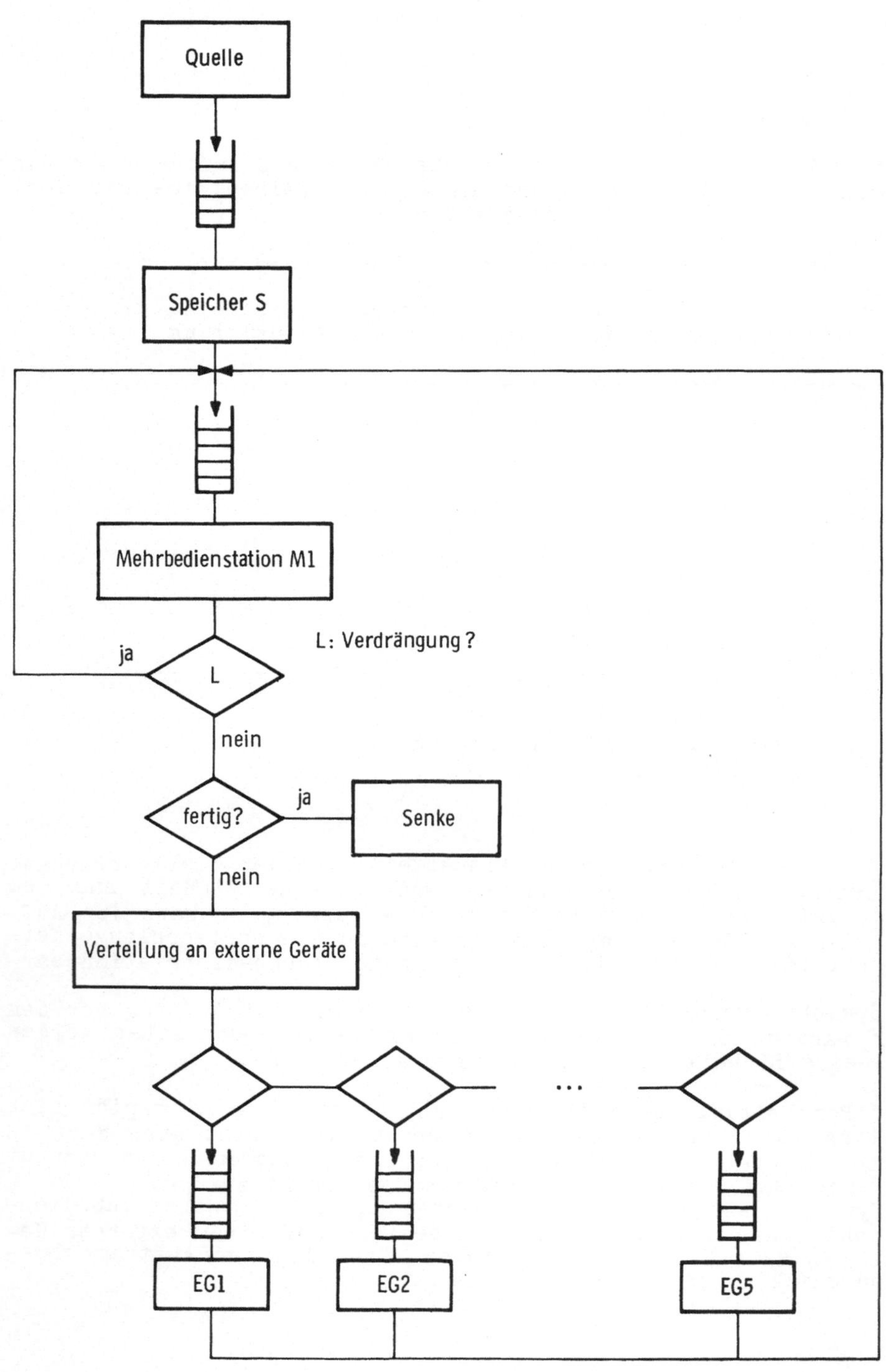

Bild 44: Die Organisationsform des Warteschlangenmodells

Um wichtigen Aufträgen eine rasche Bearbeitung zu garantieren, arbeitet das Gesamtsystem mit Prioritätensteuerung. Ein Auftrag, der in einer Warteschlange vor dem Speicher oder den externen Geräten ankommt, wird seiner Priorität entsprechend eingeordnet und demnach seiner Wichtigkeit nach bearbeitet. Verdrängung ist an dieser Stelle nicht vorgesehen.

Auch die Warteschlange vor der zentralen Mehrfachbedienstation wird nach Prioritäten geordnet. Trifft hier jedoch ein Auftrag ein, dessen Priorität höher ist als die Priorität eines Auftrages, der sich augenblicklich im Besitz einer Bedienstation befindet, so erfolgt Verdrängung. Der verdrängte Auftrag wird wieder in die zentrale Warteschlange eingereiht.

Ein Auftrag wird die Mehrfachbedienstation daher aus den folgenden drei Gründen verlassen:

* Die Bearbeitungszeit ist beendet und der Auftrag begibt sich zu einem externen Gerät.

* Der Auftrag wurde verdrängt, da ein Auftrag mit höherer Priorität in der Warteschlange erschien. Der Auftrag kehrt mit seiner Restbearbeitungszeit in die Warteschlange zurück.

* Der Auftrag ist fertiggestellt und kann das Modell verlassen.

Mit der Festlegung der Betriebsmittelausstattung, des Auftragsprofils und der Organisationsform ist die Modellbeschreibung abgeschlossen.

3.4.4 Das abstrakte Modell

Das bisher beschriebene Warteschlangenmodell ist ein abstraktes Modell. Es ist durch Abstraktion und Idealisierung aus dem realen System hervorgegangen.
Zur Auswertung eines abstrakten Warteschlangenmodells wie es z.B. Bild 44 zeigt, gibt es zwei konkurrierende Verfahren.
Einmal ist es möglich, für das Warteschlangenmodell die wichtigsten Leistungsgrößen wie z.B. mittlere Verweilzeit oder mittlerer Durchsatz mit Hilfe der Warteschlangentheorie analytisch zu berechnen.
Weiterhin kann man die entsprechenden Größen mit Hilfe der Simulation bestimmen.

Das vorliegende Warteschlangenmodell nach Bild 44 ist bereits so komplex, daß eine analytische Behandlung nicht möglich ist. Die Warteschlangentheorie kennt für Modelle dieser Art keine Lösungsverfahren. Es bleibt nur die Simulation.

Es ist eine Eigenschaft abstrakter Modelle, daß sie sehr unterschiedlichen realen Systemen unterlegt werden können. Alle realen Systeme, die auf ein abstraktes Modell abgebildet werden können, haben die gleiche Struktur.

Auch das Warteschlangenmodell nach Bild 44 kann als abstraktes Modell für unterschiedliche reale Systeme dienen. Das bedeutet, daß die Modellelemente wie z.B. der Speicher oder die externen Geräte eine jeweils unterschiedliche Interpretation erfahren.

Als Beispiel sollen drei mögliche reale Systeme kurz angedeutet werden.

1. Technische Chemie

Aufträge: Bearbeitungsauftrag
Speichereinheit: Reaktionsbehälter
Bedienelement: Zugabe von Reagenzien unter Rühren
Externe Geräte: Heizöfen unterschiedlicher Temperatur

2. Montagesystem

Aufträge: Motorblöcke
Speichereinheit: Montageplatte
Bedienelement: Funktionsprüfung
Externe Geräte: Teilmontage

3. Rechenanlage

Aufträge: Prozesse
Speichereinheit: Arbeitsspeicher
Bedienelement: Prozessor
Externe Geräte: Periphere Geräte

Mit dem bisher beschriebenen Modell sollen die folgenden drei Untersuchungen durchgeführt werden:

*   Veränderung der Betriebsmittelausstattung

*   Einfluß der Prioritäten auf das Leistungsverhalten
    der Anlage

*   Veränderung der Organisationsform durch Einführung
    dynamischer Prioritäten

3.4.5 Veränderung der Betriebsmittelausstattung

Zunächst wird in Tabelle 4 und 5 das Warteschlangenverhalten für eine Anlage angegeben, deren Mehrbedienstation 2 Bedienelemente enthält. Es zeigt sich, daß die Geräte für diese Anlage nur ungefähr zur Hälfte ausgelastet sind, während sich von der Mehrfachbedienstation eine verhältnismäßig hohe mittlere Warteschlangenlänge feststellen läßt.

			Mehrfachbedien-station mit 2 Elementen	Mehrfachbedien-station mit 3 Elementen
Gerät	EG1	WSL	0,418	1,239
		WZ	318,4	722,8
		AL	56,6%	74,0%
Gerät	EG2	WSL	0,334	0,893
		WZ	30,9	64,1
		AL	53,8%	69,4%
Gerät	EG3	WSL	0,375	1,082
		WZ	46,9	104,81
		AL	56,1%	72,3%
Gerät	EG4	WSL	0,416	1,204
		WZ	153,8	346,2
		AL	56,8%	72,9%
Gerät	EG5	WSL	0,346	0,959
		WZ	85,0	184,1
		AL	54,9%	70,3%

WSL   mittlere Warteschlangenlänge
WZ   mittlere Wartezeit
AL   zeitliche Auslastung in %

Tabelle 4:   Warteschlangenlänge vor den externen Geräten

	Mehrfachbedien- station mit 2 Elementen	Mehrfachbedien- station mit 3 Elementen
WSL	5,279	1,215
WZ	181,1	33,3

Tabelle 5:   Warteschlangenverhalten der Mehrfachbedienstation

Man sieht, daß die Anlage in der vorliegenden Form nicht optimal
ausgelastet ist. Die Mehrfachbedienstation stellt offensichtlich
einen Engpaß dar.
Zur besseren Auslastung der Anlage bieten sich zwei Alternativen.
Einmal könnte man die externen Geräte durch Geräte ersetzen, die
langsamer und billiger sind. Auf diese Weise erreicht man unter Ver-
ringerung der Kosten eine gute Auslastung der Anlage; es ist jedoch
keine Durchsatzsteigerung möglich.

Die zweite Möglichkeit sieht ein drittes Bedienelement in der Mehrfachbedienstation vor. Auf diese Weise kann die zentrale Warteschlange vor der Mehrfachbedienstation zügiger abgearbeitet werden. Diese Alternative verursacht zwar höhere Kosten, ermöglicht jedoch eine Durchsatzsteigerung. Für das vorliegende Modell wurde die
zweite Möglichkeit gewählt.

Das Warteschlangenverhalten für die Mehrfachbedienstation mit 3 Elementen zeigen ebenfalls die Tabellen 4 und 5.

Aufgrund der Erweiterung läßt sich eine Verbesserung der Geräteauslastung und eine Verkürzung der zentralen Warteschlange feststellen.

3.4.6 Einfluß der Prioritäten auf das Leistungsverhalten der Anlage

In Abschnitt 3.1 "Veränderung der Betriebsmittelausstattung" wurde
untersucht, welchen Einfluß die Erweiterung der Mehrfachbedienstation um ein Bedienelement hat. Es ergab sich eine bessere Gesamtaus-
lastung der Geräte und ein erhöhter Durchsatz.

Im folgenden soll untersucht werden, wie sich die erhöhte Leistungsfähigkeit der Anlage in Bezug auf die Aufträge mit hoher bzw.
niedriger Priorität auswirkt.

In Tabelle 6 wird der Durchsatz für die beiden Anlagen-Konfiguratio-
nen verglichen. Da 10% der Aufträge hohe Priorität haben und eine
Sonderstellung genießen, sind die Ergebnisse für die beiden Auf-
tragsgruppen mit hoher bzw. niederer Priorität gesondert aufgeführt.

Wie erwartet, sinkt die mittlere Gesamtbearbeitungszeit für einen
Auftrag mit niederer Priorität, wenn man auf eine Anlage mit 3 Be-
dienelementen übergeht. Der Durchsatz steigt dementsprechend.
Im ersten Augenblick überraschend ist das Anwachsen der mittleren

Verweilzeit für Aufträge mit hoher Priorität. Obwohl diese Aufträge
ihre Vorrangstellung behalten und durch das dritte Bedienelement zusätzlich Kapazität zur Verfügung steht, wächst die Zeit, die sie bis
zur endgültigen Fertigstellung in der Anlage verbringen.

		Mehrfachbedien-station mit 2 Elementen	Mehrfachbedien-station mit 3 Elementen
Aufträge (niedrige Priorität)	VZ DS	4785. 2,583	3620. 3,344
Aufträge (hohe Priorität)	VZ DS	1920. 0,280	2046. 0,363

VZ   mittlere Verweilzeit
DS   Durchsatz (Anzahl der abgefertigten Aufträge/
     1000 Zeiteinheiten)

Tabelle 6:   Durchsatz und mittlere Verweilzeit

Dieses Verhalten läßt sich wie folgt erklären:
Da aufgrund des dritten Bedienelements die externen Geräte besser
ausgelastet sind, ergibt sich vor diesen Geräten eine höhere mittlere Warteschlangenlänge. Das bedeutet, daß die Wahrscheinlichkeit
abnimmt, daß ein Auftrag auf ein leeres externes Gerät trifft.
Da die Aufträge mit hoher Priorität sich zwar in der Warteschlange
vorne anstellen können, jedoch nicht verdrängen dürfen, sind sie von
der reduzierten Wahrscheinlichkeit, ein freies Gerät vorzufinden,
ganz besonders betroffen. Die Zunahme der Gesamtbearbeitungszeit für
Aufträge mit hoher Priorität wird von der verlängerten Wartezeit vor
den externen Geräten verursacht.

3.4.7 Veränderung der Organisationsform durch Einführung dynamischer Prioritäten

Das vorliegende Warteschlangenmodell nach Bild 44 kann herangezogen
werden, um das Leistungsverhalten der Anlage bei Veränderung der Betriebsmittelausstattung zu untersuchen. Das Auftragsprofil und die
Organisationsform blieben hierbei unverändert.
Das dritte Beispiel soll zeigen, auf welche Weise die Organisationsform geändert werden kann.

Es ist denkbar, eine Verbesserung des Durchsatzes zu erreichen, indem man die zentrale Warteschlange vor der Mehrfachbedienstation nicht nach PFIFO abarbeitet, sondern bei der Auswahl den Belegungszustand der externen Geräte berücksichtigt.

Die untersuchte Policy OPT wählt aus den wartenden Aufträgen denjenigen heraus, der nach Abschluß seiner Bearbeitungsphase in der Mehrfachbedienstation ein externes Gerät benötigt, dessen Warteschlange eine minimale Länge hat. Auf diese Weise kann versucht werden, eine günstige Geräteauslastung und damit eine Durchsatzsteigerung zu erzielen.

Zur Realisierung der Policy OPT wurde dynamische Prioritätenvergabe eingeführt. Jedesmal, wenn ein Bedienelement frei geworden ist und ein neuer Auftrag aus der zentralen Warteschlange ausgewählt werden soll, werden die Prioritäten neu vergeben. Die Priorität, die ein Auftrag auf diese Weise erhält, ist abhängig von seiner nächsten Geräteanforderung und dem Warteschlangenverhalten vor den externen Geräten.

Tabelle 7 zeigt die mittlere Verweilzeit und den Durchsatz für die beiden Policies bei einer Mehrfachbedienstation mit zwei Elementen.

Es zeigt sich, daß kein signifikanter Unterschied festzustellen ist. Die einfache Policy PFIFO liefert die gleichen Ergebnisse wie die aufwendige Policy OPT.

Dieses zunächst unerwartete Ergebnis läßt sich wie folgt erklären: Ist die Warteschlange vor der Mehrfachbedienstation groß, so sind die Bedienelemente der Engpaß im System. Eine günstigere Auslastung der externen Geräte würde in diesem Fall keine Verbesserung bringen. Ist jedoch die Warteschlange vor der Mehrfachbedienstation kurz, so hat es keinen Sinn, die Policy OPT einzusetzen, da die Zahl der Aufträge, unter denen ausgewählt werden kann, zu klein ist.

	DS	VZ
Policy 1 (PFIFO)	3,706	3466
Policy 2 (dynamische Prioritätenvergabe)	3,698	3502

VZ   mittlere Verweilzeit
DS   Durchsatz (Aufträge / 1000 ZE)

Tabelle 7: Vergleich der Policy FIFO und Policy OPT

Hinweis:

* Für die Modelle der Mehrfachbedienstation mit 2 bzw. 3
Bedienelementen zeigt Tabelle 8 die Werte.

* Alle Ergebnisse besitzen ein Konfidenzintervall, das
im Durchschnitt kleiner ist als 5% des Mittelwertes.

	Mehrfachbedien- station mit 2 Elementen	Mehrfachbedien- station mit 3 Elementen
mittlere Ankunftzeit (ZF)	349	270
Durchsatz (Aufträge/1000 ZE)	2,863	3,707
Mittlere Anzahl der Aufträge im Modell	12,9	12,9

Tabelle 8: Ankunftszeit und Durchsatz für das Modell

4 Lineare Modelle

In Bd.1 Kap. 1.2.6 "Modellklassen" wird eine Klassifizierung der Modelle vorgestellt, die sich auf die Eigenschaften der Automaten und die Struktur bezieht, die diese Automaten miteinander verbindet. Bild 13 zeigt die Position, die den linearen Modellen zugewiesen wird. Sie gehören zu den kontinuierlichen, ortsunabhängigen Modellen. Sie unterscheiden sich von den anderen Modellklassen durch besondere Anforderungen, die an das zeitliche Verhalten der Automaten gestellt werden.

In Bd. 1 Kap. 1.3.2 "Der Begriff des Automaten" wurde die Zustandsfunktion f und die Ausgabefunktion g eingeführt. Für allgemeine Automaten gilt, daß die Zustandsfunktion einen Automaten, der sich zur Zeit t im Zustand z(t) befindet, aufgrund des Inputsignals x(t) in den Zustand z(t+ Δ t) überführt. Es gilt:

f: X * Z ---> Z

z(t+ Δ t) = f(x(t), z(t))

In ähnlicher Weise überträgt die Ausgabefunktion g den Zustand des Automaten nach außen und macht ihn beobachtbar. Es gilt:

g: X * Z ---> Y

y(t) = g(x(t), z(t))

Lineare Automaten zeichnen sich dadurch aus, daß sowohl die Zustandsfunktion f als auch die Ausgabefunktion g linear sind. Es gilt:

f: z(t+ Δ t) = a*z(t) + b*x(t)

g: y(t) = c*z(t) + d*x(t)

wobei a,b,c und d reelle Zahlen sind. Siehe hierzu auch /22/.

Hinweise:

* Lineare Modelle spielen in der Systemtheorie eine besondere Rolle, da sie Eigenschaften aufweisen, die ihre mathematische Behandlung erleichtern. Es gibt für lineare Modell eine ausgearbeitete Theorie. Die gute analytische Behandelbarkeit der linearen Modelle darf jedoch nicht darüber hinwegtäuschen, daß reale Systeme in der Regel nicht linear sind. Um ein reales System auf ein abstraktes Modell aus der Klasse der linearen Modelle abbilden zu können, ist oft eine sehr weitgehende Abstraktion und Idealisierung erforderlich.

* Simulationsmodelle vermögen lineare und nichtlineare Modelle in gleicher Weise zu behandeln. Damit ist es möglich, nichtlineare Modelle mit Hilfe der Simulation auszuwerten, die dem realen System näher stehen und deren Ergebnisse das Verhalten des realen Systems besser abbilden.

4.1 Beschreibungsmöglichkeiten für lineare Modelle

In der bisherigen kurzen Einführung der linearen Modelle wurde davon
ausgegangen, daß der Output $y(t)$ vom Input $x(t)$ und vom Zustand $z(t)$
abhängt. Eine derartige Darstellung heißt Beschreibung im Zustandsraum. Sie ist erforderlich, wenn Fragen der Steuerbarkeit und Beob-
achtbarkeit entschieden werden müssen. Ebenso ist die Beschreibung
im Zustandsraum für die Erweiterung der Regelungstheorie zur Optimal
Control Theory erforderlich.
Für die Beschreibung linearer Systeme im Zustandsraum muß auf die
Literatur verwiesen werden. Die Behandlung der hier auftretenden
Probleme würde für die hier angestrebte kurze und auf Anschaulichkeit abzielende Einführung zu weit führen. Siehe daher /27/, /43/
und /44/.

Um die Linearität definieren zu können, wird zunächst der Operator S
eingeführt, der die eindeutige Zuordnung zwischen der Inputfunktion
$u(t)$ und der Outputfunction $y(t)$ besorgt. An den Operator werden zunächst die folgenden Anforderungen gestellt (siehe auch /27/):

S $\{a*u(t)\}$ = a*S $\{u(t)\}$

S $\{u1(t) + u2(t)\}$ = S $\{u1(t)\}$ + S $\{u2(t)\}$

Die Linearität besagt, daß sich der Output um den Faktor a verändert, wenn der Input mit a multipliziert wird. Weiterhin fordert die
Linearität, daß der Output als Summe zweier Outputs bestimmbar ist,
wenn am Eingang die Summe zweier Inputs u1 und u2 angelegt wird.
Zusätzlich kann noch die Forderung nach der Kausalität gestellt werden. Die Kausalität verlangt, daß der Output $y(t)$ nur vom vorausge-
gangenen Verhalten des Inputs abhängt. Zukünftige nachfolgende Werte
von $u(t)$ sollen den Wert von y zur Zeit T nicht beeinflussen. Das
heißt:

$$u(t) = \begin{cases} u1(t) & t <= T \\ u2(t) & t > T \end{cases}$$

Bei Kausalität gilt:
$y(T)$ = S $\{u1(t)\}$

Für kausale Modelle gilt insbesondere:

$u(t)$ = 0   für   t <= T   so folgt:
$y(t)$ = 0   für   t = T

Das heißt, daß für kausale Modelle keine Wirkung $y(t)$ zu beobachten
ist, wenn vorher kein Input $u(t)$ als Ursache gewirkt hat.

Als dritte Einschränkung kann man für lineare Modelle die Zeitinvarianz fordern. Das heißt:

$y(t)$ = S $\{u(t)\}$

Hieraus folgt:
$y(t-\tau)$ = S $u(t-\tau)$

Wenn demnach der Input um τ Zeiteinheiten verschoben wird, so ergibt
sich bei Zeitinvarianz ein Output, der ebenfalls genau um τ Zeiteinheiten verschoben ist.

Für lineare Modelle ist die einschränkende Forderung nach Kausalität und Zeitinvarianz besonders wichtig, da reale Systeme, die modelliert werden sollen, der Kausalität und Zeitinvarianz unterliegen.

4.1.1 Energiefreie, lineare Modelle

Eine Vereinfachung für die Beschreibung linearer Modell ergibt sich, wenn man sich auf einen wohldefinierten, festen Zustand des Automaten z beschränkt und untersucht, wie der Automat für diesen festen Zustand auf ein Inputsignal reagiert.

Da der Zustand des Automaten unberücksichtigt bleibt, gibt es auch keine Ausgabefunktion g, die den Zustand mit dem Output verknüpft. Es wird nur der Output betrachtet, unabhängig davon, in welcher Weise er sich aus dem Zustand ergibt.

Für lineare Modelle ist es zweckmäßig, den festen, ausgezeichneten Zustand so zu wählen, daß das Modell energiefrei ist. Das bedeutet, daß sich das lineare Modell in Ruhe befindet und kein Output-Signal erzeugt, bevor es durch das Input-Signal angeregt wird.

Unter der angegebenen Beschränkung auf energiefreie Modelle erhält man die Beschreibungsmöglichkeit mit Hilfe der Übertragungsfunktion. Die Übertragungsfunktion G verbindet den Input unmittelbar mit dem Output ohne die Zustände des Automaten zu berücksichtigen.

An einem Beispiel soll der Unterschied zwischen der Beschreibung im Zustandsraum und der Beschreibung mit Hilfe der Übertragungsfunktion deutlich gemacht werden.

Ausgegangen wird vom Feder-Stoßdämpfer-Modell, das in Bd.1 Kap. 2.1.1 "Das mechanische Feder-Stoßdämpfer-Modell" beschrieben wurde.

Hinweis:

* In der Regelungstheorie hat sich zur Beschreibung des Input und Output eine von der bisher verwendeten Bezeichnung unterschiedliche Darstellung eingebürgert.

Es gilt:

u(t) : Input-Signal
         Anregung

y(t) : Output Signal
         Beobachtete Antwort

Mit der neuen Bezeichung lautet die Differentialgleichung für das Feder-Stoßdämpfer-Modell wie folgt:

$$M*y'' + D*y' + K*y = u(t)$$

M   Masse
D   Dämpfungsfaktor
K   Federkonstante
u(t)   Input
y(t)   Output

Der beobachtete Output y(t) ist im vorliegenden Fall die Position
des Masseschwerpunktes. Als Input wird die Kraft u(t) angesehen, die
man auf das Modell einwirken läßt.
Falls sich das Feder-Stoßdämpfer-Modell in Ruhe und damit in der
energiefreien Ausgangslage befindet, vermag die Übertragungsfunktion
anzugeben, wie der Zeitverlauf der Outputvariablen y(t) aussieht,
wenn das Modell durch eine Kraft u(t) angeregt wird.

Nun ist es vorstellbar, daß der Verlauf der Outputvariablen y(t) für
den Fall von Interesse ist, daß sich das Modell dann, wenn die Kraft
u(t) zu wirken beginnt, nicht in der Ruhelage befindet, sondern aufgrund früherer Anregungen noch schwingt. Für den zukünftigen Verlauf
der Outputvariablen y(t) ist daher der Zustand wichtig, in dem sich
das Modell gerade befindet, wenn die Kraft u(t) angreift. Man benötigt die Darstellung im Zustandsraum, die Angaben über y(t), y'(t)
und y''(t) macht.

4.1.2 Die Übertragungsfunktion

Ein wichtiges Hilfsmittel bei der Beschreibung linearer Modelle
stellt die Übertragungsfunktion dar.
Um die Übertragungsfunktion definieren zu können, muß zunächst die
Laplace-Transformation eingeführt werden.
Ganz allgemein versteht man unter einer Transformation die Abbildung
einer Funktion f auf eine andere Funktion F. Für eine Transformation
T gilt:

f(t) ---> F(s)
F(s) = T {f(t)}

Beispiele:

* T1:   f(t) ---> F(t) = f(0)/f(t)

* T2:   f(t) ---> F(t) = f(t) + 5

* T3:   f(t) ---> F(s) = f(2*s)

Für die Laplace-Transformation gilt:

F(s) =   ∫f(t)*exp(-s*t)dt

wobei s = a + i*b   eine komplexe Variable ist.
Man schreibt auch:

F(s) = L {f(t)}

Beispiel:

f(t) = exp(-a*t)

F(s) = ∫exp(-a*t)*exp(-s*t)dt

     = ∫exp(-(a+s)*t)dt

     = -1/(a+s) * exp(-(a+s)*t)$\Big|_0^\infty$

     = 1/(a+s)

$F(s) = L \{f(t)\} = 1/(s + a)$

Für die Laplace-Transformation gelten u.a. die beiden folgenden Sätze:

a) Additionssatz

$L \{f(t)\} = L \{a*f1(t) + b*f2(t)\}$

$\qquad = a*L \{f1(t)\} + b*L \{f2(t)\}$

Das heißt, daß es gleichbedeutend ist, ob man die Komponenten zuerst einzeln transformiert und dann zusammensetzt oder ob man die Komponenten zuerst zusammensetzt und dann transformiert.

b) Differentiationssatz

$L \{df(t)/dt\} = s * F(s)$

Das heißt,daß eine Differentiation der Funktion f(t) eine Multiplikation der Funktion F(s) im Laplace-Bereich bedeutet.

Hinweise:

* Diese einfache Beziehung gilt nur für die energiefreie Ausgangslage, bei der die Anfangswerte alle identisch Null sind. Ist diese Voraussetzung nicht gegeben, so ist der Ausdruck für die Laplace-Transformation der höheren Ableitungen komplexer (siehe /37/).

Die Übertragungsfunktion G(s) ist eine komplexwertige Funktion, die eine Inputfunktion U(s) im Laplace-Bereich mit der Outputfunktion Y(s) verbindet. Fs gilt:

$U(s) = L \{u(t)\}$
$Y(s) = L \{y(t)\}$

$Y(s) = G(s) * U(s)$

Für den Spezialfall der linearen, kausalen und zeitinvarianten Modelle ohne Totzeit ergibt sich für die Übertragungsfunktion eine besonders einfache Form (Siehe /30/). Die Übertragungsfunktion G(s) ist dann als gebrochen rationale Funktion darzustellen. Man kann zeigen, daß ein lineares, kausales und zeitinvariantes Modell ohne Totzeit mittels einer linearen Differentialgleichung mit konstanten Koeffizienten beschrieben werden kann. Fs gilt:

$a_n * y^{(n)} + \dots + a_1 *y' + a_0 *y = b_0 *u + b_1 *u' + \dots + b_m u^{(m)}$

wobei

$m <= n$

Falls das Modell energiefrei ist, müssen alle Anfangswerte zur Zeit t=0 (linksseitiger Grenzwert) identisch Null sein.

$u(t=0) = u' (t=0) = \dots = u^{(m-1)}(t=0) = 0$

$$y(t=0) = y'\,(t=0) = \ldots = y^{(n-1)}(t=0) = 0$$

Um das Antwortverhalten eines linearen Modells aufgrund einer Anregung zu untersuchen, muß die lineare Differentialgleichung gelöst werden. Man erhält dann den zeitlichen Verlauf der Outputvariablen $y(t)$ in Abhängigkeit vom Input $u(t)$.

Hinweis:

* Sehr häufig erscheint auf der rechten Seite der linearen Differentialgleichung nur der Term $b*u(t)$. Die Ableitungen von $u(t)$ fehlen. Der Einfachheit halber wird im Folgenden gelegentlich davon ausgegangen, daß zur Modellbeschreibung als Input nur $b*u(t)$ erforderlich ist.
Zur Lösung linearer Differentialgleichungen mit konstanten Koeffizienten gibt es verschiedene Möglichkeiten. In der Regelungstechnik wird bevorzugt die Laplace-Transformation eingesetzt. Wendet man auf die Differentialgleichung die Laplace-Transformation an, dann erhält man mit Hilfe des Additions- und des Differentiationssatzes die folgende Beziehung:

$$Y(s)*(a_n*s^{(s)}+ \ldots + a_1*s+a_0)=(b_0+b_1*s+ \ldots + b_m*s^{(m)})*U(s)$$

wobei $Y(s)$ und $U(s)$ die Laplace-Transformierten der Input- bzw. Outputfunktionen sind.
Vergleicht man diese Beziehung mit der Definition, so erhält man für den beschriebenen Spezialfall:

$$G(s) = \frac{Y(s)}{U(s)} = \frac{b_m*s^m + \ldots b_1*s+b_0}{a_n*s^n + \ldots a_1*s+a_0}$$

Um für ein lineares Modell das Antwortverhalten aufgrund eines Fingangssignals bestimmen zu können, ergibt sich folgender Weg:

1) Bestimmung der Übertragungsfunktion $G(s)$

2) Laplace-Transformation von $u(t)$
   $U(s) = L\,\{u(t)\}$

3) Berechnung von $Y(s)$

4) Rücktransformation von $Y(s)$

$$y(t) = L^{-1}\{Y(s)\}$$

Zur Laplace-Transformation bzw. zur Rücktransformation gibt es Tabellen, die alle wichtigen Funktionen enthalten. (Siehe beispielsweise /22/)

Die Übertragungsfunktion $G(s)$ ist häufig eine gebrochen rationale Funktion in s. Zur Rücktransformation zerlegt man eine derartige Funktion in Partialbrüche und kann sich dann nach dem Additionssatz auf die Rücktransformation der Partialbrüche beschränken (siehe /37/).

Eine etwas ausführlichere Darstellung der Lösung linearer Differentialgleichungen mittels der Laplace-Transformation findet man in /6/.

An einem sehr einfachen Beispiel soll das prinzipielle Vorgehen erläutert werden:

Das lineare Modell soll durch die folgende einfache lineare Differentialgleichung beschrieben werden:

$y' + a*y = b*u(t)$

Als Inputfunktion $u(t)$ wird die Sprungfunktion gewählt.

$$u(t) = \begin{cases} O & t < 0 \\ U & t >= 0 \end{cases}$$

Das bedeutet, daß zur Zeit $t=0$ die Funktion $u(t)$ ihren Wert von O auf U ändert.

Hinweis:

* Im vorliegenden Beispiel handelt es sich um ein lineares Modell, das als Verzögerungsglied 1. Ordnung bezeichnet wird. Das Verhalten eines derartigen Modells wird in Bd.1 Kap. 4.2.1 "Übertragungsglieder mit Verzögerung" ausführlicher beschrieben.

Dem angegebenen Lösungsweg entsprechend sind die folgenden Schritte durchzuführen:

1) Bestimmung der Übertragungsfunktion $G(s)$

   $G(s) = b/(s+a)$

2) Laplace-Transformation von $u(t)$

   $L \{u(t)\} = U/s$

   Die Laplace-Transformierte für die Sprungfunktion entnimmt man entsprechenden Tabellen, z.B. /22/

3) Berechnung von $Y(s)$

   $Y(s) = U * 1/s * b/(s+a)$

4) Rücktransformation von $Y(s)$

   $y(t) = U * b/a*(1-exp(-a*t))$

   Die Rücktransformation entnimmt man wieder den Tabellen.

Die Funktion $y(t)$ beschreibt das zeitliche Verhalten des Ausgangssignals für den Fall, daß das Verzögerungsglied 1. Ordnung am Eingang durch einen einmaligen Sprung zur Zeit t angeregt wird.

Es fällt auf, daß in der Gleichung $y(t)$, die als Lösung der Differentialgleichung anzusehen ist, keine Konstante C auftaucht. Das erklärt sich aus der Tatsache, daß die angegebene Lösung nur für den energiefreien Ausgangszustand gilt. Die Anfangsbedingungen sind in die Lösung bereits eingegangen.

4.1.3 Kopplungen

In der Regelungstechnik ist es üblich, ein lineares Modell als Übertragungsglied zu bezeichnen.
Bisher wurde nur das Verhalten eines einzelnen Übertragungsgliedes betrachtet. Nun ist es möglich, komplexe Übertragungsglieder aufzubauen, indem man elementare Übertragungsglieder koppelt.
Falls für die Verbindung bzw. die Verzweigung bestimmte Voraussetzungen erfüllt sind, ist das aus den linearen elementaren Übertragungsgliedern entstandene Übertragungsglied wieder linear.

In Bezug auf die Kopplung gibt es für lineare Modelle zwei Möglichkeiten. Es handelt sich um die Verbindung und um die Verzweigung.

a) Verbindung

Es gilt:

$$y(t) = a*y1(t) + b*y2(t)$$

Die Ausgänge von zwei Übertragungsgliedern können verbunden werden. Das neue Signal ergibt sich aus der gewichteten Addition bzw Subtraktion der beiden Komponenten. (siehe Bild 45).

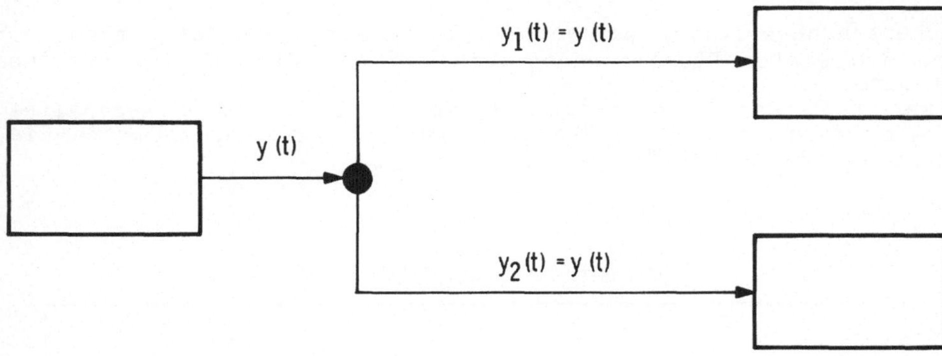

Bild 45: Die Verbindung

b) Verzweigung

Es gilt:

$$y1(t) = y(t)$$

$$y2(t) = y(t)$$

Das heißt, daß der Ausgang y(t) in zwei identische Anteile aufgespalten wird (siehe Bild 46).

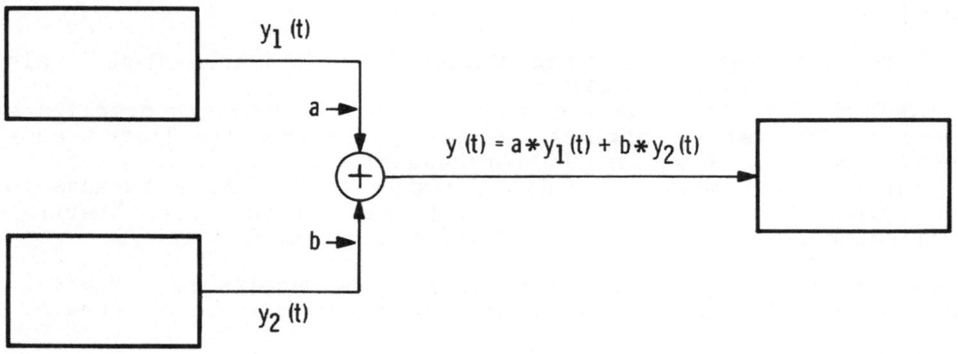

Bild 46: Die Verzweigung

Mit den bezeichneten beiden Kopplungsmöglichkeiten lassen sich komplexe Übertragungsglieder aufbauen. An dieser Stelle sollen nur die drei Standardkopplungen vorgestellt werden.

a) Serienschaltung

Zwei Übertragungsglieder werden hintereinandergeschaltet, indem der Ausgang des ersten Übertragungsgliedes an den Eingang des zweiten gelegt wird.
Faßt man n lineare Übertragungsglieder, die in Serie geschaltet sind, als neues, komplexes Übertragungsglied auf, so gilt für die Übertragungsfunktion $G(s)$:

$$G(s) = G_1(s) * G_2(s) \ldots G_n(s)$$

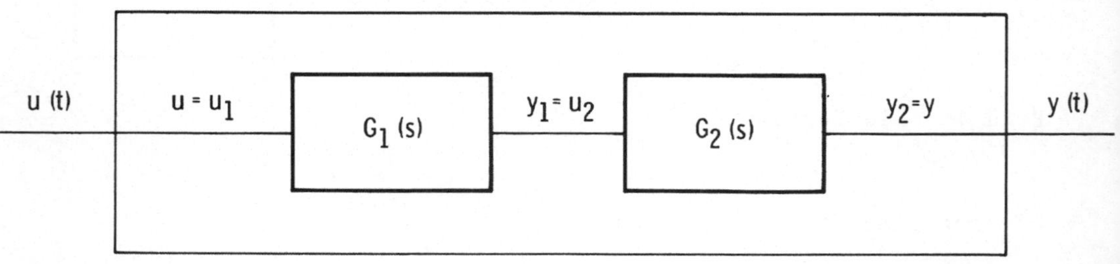

Bild 47: Die Serienschaltung

b) Parallelschaltung

Zwei Übertragungsglieder werden parallel geschaltet, indem der Fingang verzweigt und die beiden Ausgänge wieder verbunden werden.
Für ein zusammengesetztes Übertragungsglied, das aus n parallelen Gliedern besteht, gilt für die Übertragungsfunktion $G(s)$:

$$G(s) = G_1(s) + G_2(s) + \ldots G_n(s)$$

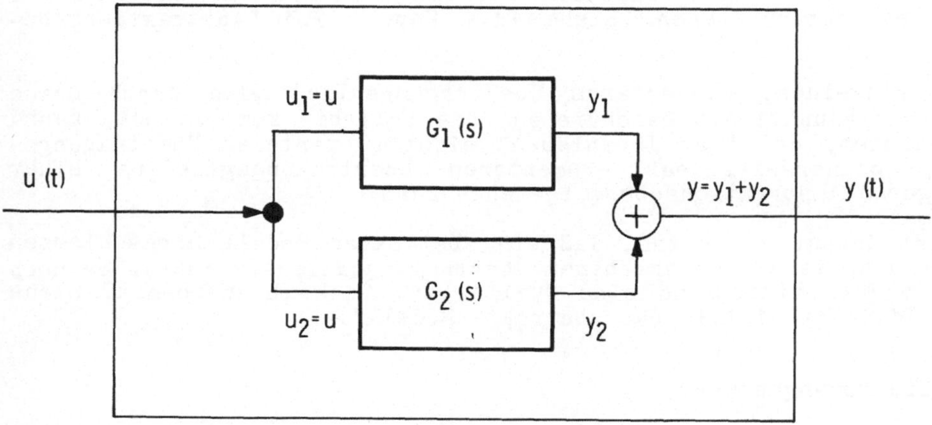

Bild 48: Die Parallelschaltung

c) Rückkopplung

Von besonderer Bedeutung ist die Rückkopplung, die das Ausgangssignal auf den Eingang zurückführt.

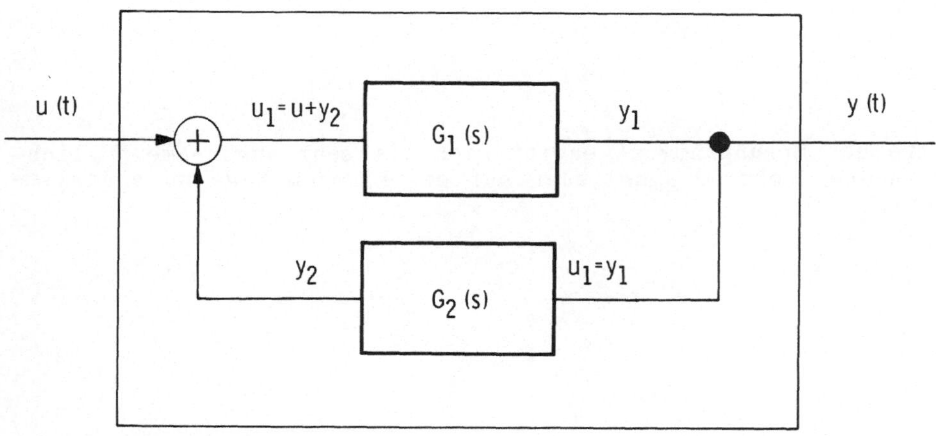

Bild 49: Die Rückkopplung

Für die Übertragungsfunktion des gesamten Übertragungsgliedes gilt:

$$G(s) = \frac{G_1(s)}{1 + G_1(s)*G_2(s)}$$

Hinweise:

* Der Aufbau komplexer Übertragungsglieder durch die Kopplung von
elementaren Übertragungsgliedern ist ein Beispiel für unterschiedliche Abstraktionsebenen. Siehe Bd.1 Kap. 1.2.3 "Abstraktionsebenen".

* Ein einzelnes, elementares Übertragungsglied wird durch seine
Übertragungsfunktion G beschrieben, die beliebig komplex sein kann.
Das bedeutet, daß "das Innenleben" eines elementaren Übertragungsgliedes seinerseits aus elementaren Übertragungsgliedern einer
niedrigeren Abstraktionsebene bestehen kann.

* Es ist darauf zu achten, daß ein abstraktes Modell abgeschlossen
ist. Zu den bisher beschriebenen Übertragungsgliedern muß daher noch
in jedem Fall mindestens eine Quelle bzw. Senke hinzukommen. Siehe
hierzu Bd.1 Kap. 1.1.1 "Das abstrakte Modell".

4.1.4 Die Sprungantwort

Ein lineares Übertragungsglied beliebiger "innerer" Komplexität läßt
sich eindeutig mit Hilfe einer linearen Differentialgleichung oder
mit Hilfe der Übertragungsfunktion G(s) beschreiben. Beide Beschreibungsmöglichkeiten sind äquivalent.

Man kann zeigen, daß das Verhalten eines linearen Übertragungsgliedes ebenfalls eindeutig beschrieben wird, wenn man die Sprungantwort
kennt.
Unter Sprungantwort versteht man den zeitlichen Verlauf der Ausgangsvariablen y(t) für den Fall, daß das lineare Modell durch eine
Input-Funktion u(t) angeregt wird, die die folgende Form hat:

$$u(t) = \begin{cases} 0 & t < 0 \\ U & t >= 0 \end{cases}$$

Mit Hilfe der Sprungantwort ergibt sich die sehr angenehme Möglichkeit, lineare Übertragungsglieder auf graphischem Wege zu charakte-
risieren.

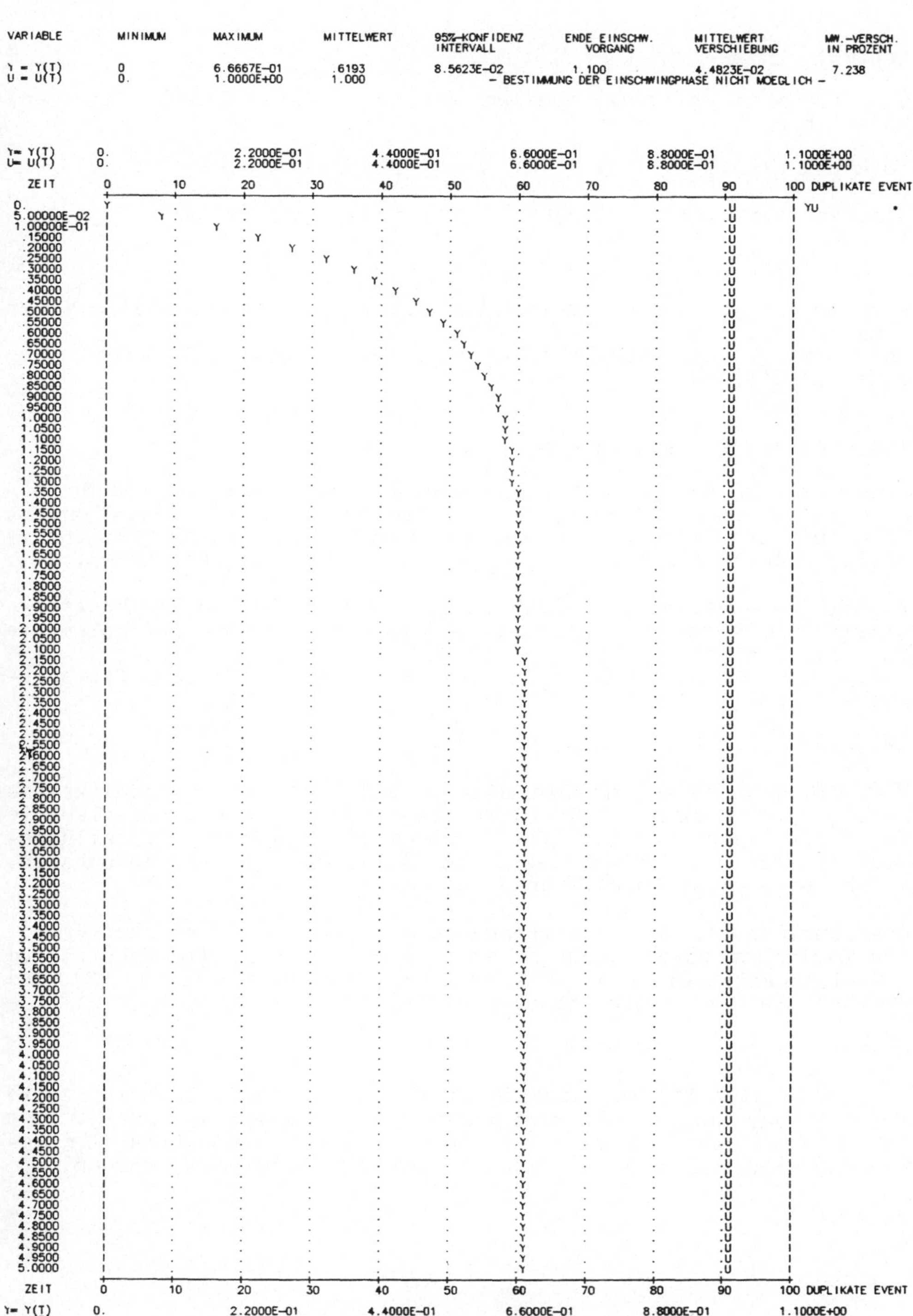

Bild 50: Die Sprungantwort für Verzögerungsglied
1. Ordnung

Beispiel:

* Ein lineares Übertragungsglied sei durch die folgende Differentialgleichung beschrieben:

$y' + a*y = b*u(t)$

Gleichbedeutend ist die Angabe der Übertragungsfunktion:

$G(s) = b/(s+a)$

Als dritte Möglichkeit ergibt sich die graphische Darstellung der
Sprungantwort.
Bild 50 zeigt den charakteristischen Verlauf von $y(t)$ nach einem
Sprung von $u(t)$ zur Zeit t =0.

4.1.5 Elementare Übertragungsglieder für lineare Modelle

Es ist die Aufgabe der funktionalen Dekomposition, zu jeder Modellklasse einfache Basiselemente, die sogenannten Primitiven zu
finden, mit deren Hilfe sich durch vereinbarte Kopplungsmöglichkeiten alle Modelle aus der entsprechenden Klasse aufbauen lassen.

Für Warteschlangenmodelle wurde in Bd.1 Kap. 3.1 "Beschreibungsmöglichkeit für Warteschlangenmodelle" gezeigt, welche Basiselemente
erforderlich sind. ·
In ähnlicher Weise lassen sich auch für lineare Modelle Basiselemente angeben.

Hinweis:

* Für die Simulation spielen die Basiselemente einer Modellklasse
eine bedeutende Rolle. Sobald ein Simulator für alle Basiselemente
einer Modellklasse und für alle Kopplungsmöglichkeiten Darstellungs-
mittel besitzt, so vermag dieser Simulator alle Modelle aufzubauen,
die innerhalb einer Modellklasse vorkommen können.

Jedes komplexe, lineare Übertragungssystem läßt sich aus fünf Grundtypen einfacher Übertragungsglieder zusammensetzen, die nachfolgend
in Gleichungsschreibweise (1), als Übertragungsfunktion (2) und
graphisch als Sprungantworten vorgestellt werden.

Hinweis:

* Das an letzter Stelle aufgeführte PT1-Glied läßt sich seinerseits
mit Hilfe der übrigen Übertragungsglieder zusammensetzen. Es ist
also in Wirklichkeit kein eigentliches Basiselement. Wegen der besonderen Bedeutung wurde es jedoch in die Liste mit aufgenommen.

a) P-Glied (proportionales Übertragungsverhalten)

(1) $y = K(p) * u$

(2) $G(s) = K(p)$

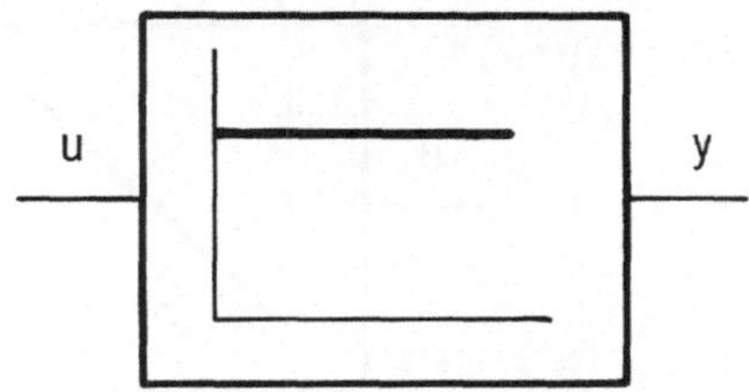

Der Output y ist dem Input u direkt proportional. K(p) ist der Proportionalitäeatsfaktor.

b) I-Glied (integrales Übertragungsverhalten)

(1) $y = K(i) * \int u * dt$

    gleichbedeutend ist:

    $y' = K(i) * u$

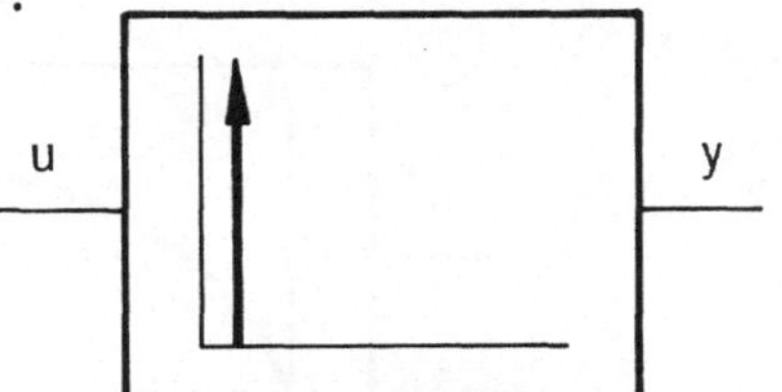

(2) $G(s) = K(i)/s$

Hier ist der Output y dem zeitlichen Integral über die Inputfunktion u(t) mit dem Faktor K(i) proportional. Die Eingangsfunktion determiniert unmittelbar nur die Änderungsgeschwindigkeit y'.

c) D-Glied (differentiales Übertragungsverhalten)

(1) $y = K(d) * u'$

(2) $G(s) = K(d) * s$

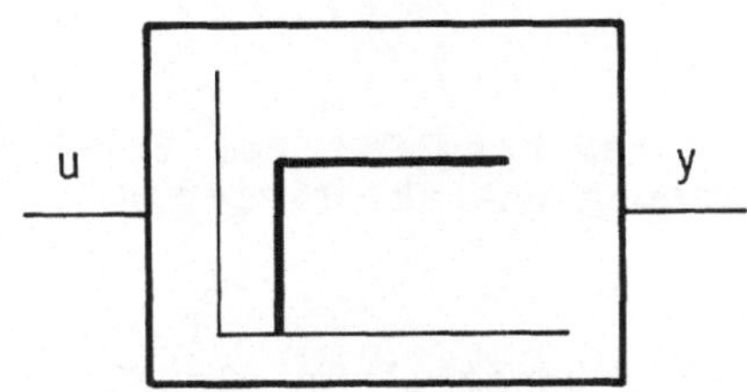

Beim D-Glied hängt der Ausgang y von der Änderungsgeschwindigkeit u' der Eingangsfunktion ab, wobei mit dem Faktor K(d) multipliziert wird.

d) T -Glied (Totzeitverhalten)

(1) $y(t) = K(p)*u(t+TAU)$

(2) $G(s) = K(p)*exp(-TAU*s)$

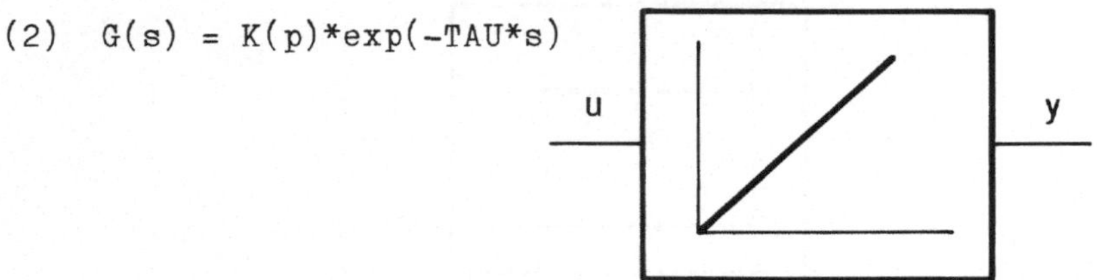

Erweist sich der Ausgang y für alle Zeitpunkte t als der mit dem
Faktor K(p) vervielfachte Input des um die Totzeit TAU zurückliegenden Zeitpunktes (t-TAU), so liegt Totzeitverhalten vor.

e) PT1 -Glied (verzögertes Übertragungsverhalten)

(1) $y' + a*y = b*u$

     gleibedeutend ist:

     $T1*y' + y = V*u$
     mit $T1= 1/a$; $V = b/a$

(2) $G(s) = 1/(1+T1*s)$

Die hier vorgestellten Basiselemente orientieren sich an den Anforderungen der Netzwerktheorie und nehmen Rücksicht auf die Darstell-
barkeit durch elektronische Schaltelemente.

Der Aufbau komplexer linearer Modelle mit Hilfe der soeben vorgestellten 5 Basiselemente ist nur schwer zu rekonstruieren, wenn man
das komplexe lineare Modell mit Hilfe einer linearen Differentialgleichung beschreibt.

Beispiel:

* Ein lineares Übertragungsglied sei durch eine lineare Differentialgleichung 2. Ordnung charakterisiert:

$y'' + a*y' + b*y = u(t)$

Die hierzu äquivalente Darstellung als Blockdiagramm hat eine Form,
die Bild 51 zeigt.

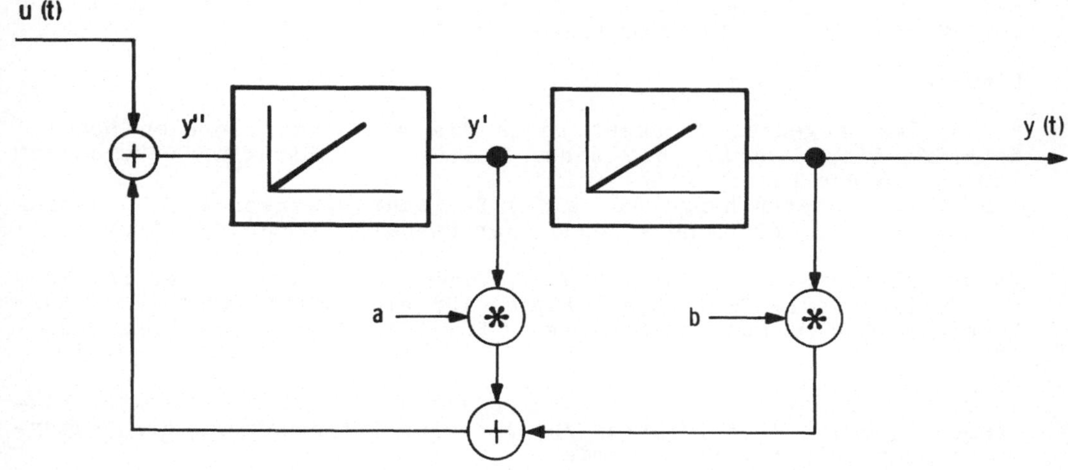

Bild 51: Die Differentialgleichung 2. Ordnung als
        Blockdiagramm

Beide Darstellungen sind äquivalent. In der Differentialgleichung
tritt die funktionale Abhängigkeit der Variablen y und u deutlicher
hervor. So werden häufig Natürwissenschaftlicher dieser Form den
Vorzug geben.

Das Blockdiagramm zeigt klarer den Aufbau des linearen Modells aus
den Basiselementen. Diese Betrachtungsweise kommt den Regelungstech-
nikern entgegen, die an den Aufbau von elektrischen Schaltkreisen
gewöhnt sind.

4.1.6 Modelle mit variabler Struktur

Es wurde in Bd.1 Kap. 1.2 "Beschreibungsverfahren für abstrakte Modelle" dargestellt, daß ein Modell aus einzelnen Automaten besteht,
die durch Wirkungen miteinander verbunden sind. Die Wirkungen legen
die Modellstruktur fest. Sie lassen sich graphisch durch Wirkpfeile
wiedergeben. Ein Beispiel gibt Bild 5. Es zeigt, wie die einzelnen
Automaten des Modells Cedar Bog Lake aufeinander einwirken.

Ein Modell geht von einem Zustand in den anderen über, indem die
Automaten und/oder die Struktur eine Änderung erfahren. Für Modelluntersuchungen innerhalb eines relativ kurzen Zeitraumes kann man
die Struktur als konstant annehmen. Für die Zustandsänderungen sind
nur die Automaten verantwortlich.

Untersucht man dagegen Modelle über einen längeren Zeitraum, so muß man häufig auch Strukturänderungen beachten.

Hinweis:

* Ein überzeugendes Argument gegen die einfachen globalen Modelle betrifft die Tatsache, daß diese Modelle die Struktur unverändert lassen. (Siehe hierzu /41/)
Eine Modelluntersuchung, die einen Zeitraum von mehr als 50 Jahren umfaßt, muß die mögliche Änderung der Struktur berücksichtigen.

Strukturänderungen in einem Modell können zeitdiskret oder zeitkontinuierlich verlaufen. (Ein Beispiel für eine zeitdiskrete Strukturänderung findet man in Bd.3 Kap. 1.5 "Das Wirte-Parasiten Modell IV").

In zeitkontinuierlichen, linearen Modellen erfolgt die Strukturänderung, indem die Koeffizienten des linearen Differentialgleichungssystems zeitvariant gemacht werden.

Die Kopplung der Automaten in einem linearen Modell erfolgt, indem der Ausgang eines Automaten mit dem Eingang des nachfolgenden Automaten verbunden wird. Für den einfachen Fall eines Verzögerungsgliedes 1. Ordnung gilt:

y' + a*y = b*u

Der Koeffizient b gibt hierbei an, wie stark der Eingang u auf das Verzögerungsglied wirkt.

Wird der Koeffizient b zeitabhängig, so kann damit eine stetige Änderung der Modellstruktur modelliert werden. Es gilt dann:

y' + a*y = b(t)*u

Beispiele:

* Es gelte:

b(t) = exp(-A*t)

Das bedeutet, daß der Koeffizient b mit zunehmender Zeit gegen 0 geht. Der Einfluß des Einganges u wird immer geringer.

* In Bd.1 Kap. 1.1.6 "Das Modell Cedar Bog Lake" gilt für die Differentialgleichung, die den Energiezuwachs der Bodenablagerung beschreibt:

dx(0)/dt = 2.55*x(p) + 6.12*x(h) + 1.95*x(c)

Die drei Koeffizienten 2.55, 6.12 und 1.95 berücksichtigen, wie stark die Zustandsvariablen x(p), x(h) und x(c) zur Bodenablagerung beitragen.
Da die drei Koeffizienten konstant sind, handelt es sich um eine konstante Modellstruktur.

P L O T NR 1

VARIABLE	MINIMUM	MAXIMUM	MITTELWERT	95%-KONFIDENZ INTERVALL	ENDE EINSCHW. VORGANG	MITTELWERT VERSCHIEBUNG	MW.-VERSCH. IN PROZENT
C = CARNIV	1.0000E-04	7.9046E-01					
O = ORGANIC	0.	1.4246E+02					
S = SOLAR EN	3.5122E+01	1.5668E+02					

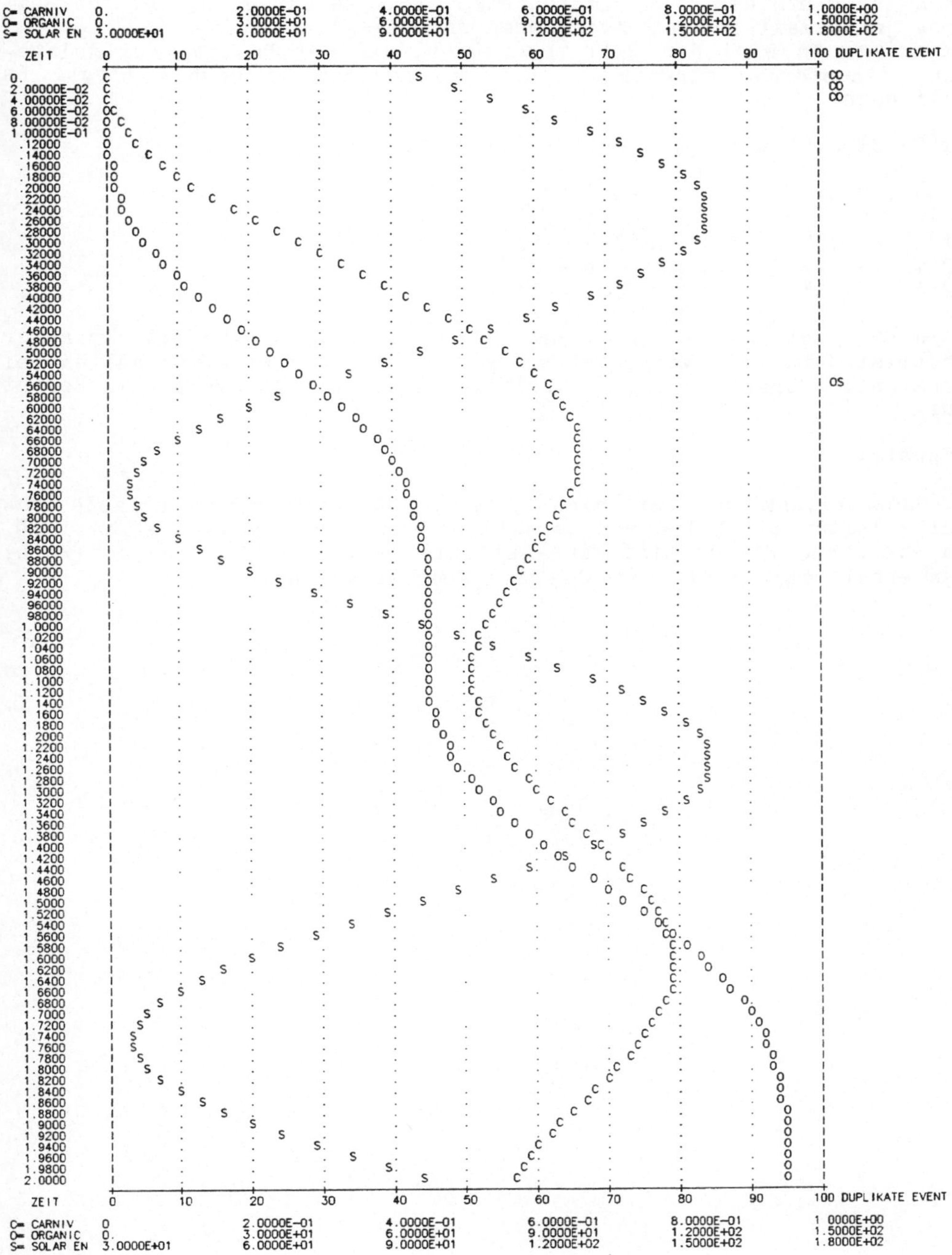

C= CARNIV	0.	2.0000E-01	4.0000E-01	6.0000E-01	8.0000E-01	1.0000E+00
O= ORGANIC	0.	3.0000E+01	6.0000E+01	9.0000E+01	1.2000E+02	1.5000E+02
S= SOLAR EN	3.0000E+01	6.0000E+01	9.0000E+01	1.2000E+02	1.5000E+02	1.8000E+02

ZEIT 0   10   20   30   40   50   60   70   80   90   100 DUPLIKATE EVENT

ZEIT 0   10   20   30   40   50   60   70   80   90   100 DUPLIKATE EVENT

C= CARNIV	0	2.0000E-01	4.0000E-01	6.0000E-01	8.0000E-01	1.0000E+00
O= ORGANIC	0.	3.0000E+01	6.0000E+01	9.0000E+01	1.2000E+02	1.5000E+02
S= SOLAR EN	3.0000E+01	6.0000E+01	9.0000E+01	1.2000E+02	1.5000E+02	1.8000E+02

Bild 52: Das Verhalten des Modells Cedar Bog Lake bei variabler Modellstruktur

Eine variable Modellstruktur erhält man, indem man davon ausgeht, daß x(p), x(h) und x(c) nicht gleichmäßig über das Jahr die Bodenablagerung erhöhen. Man könnte beispielsweise annehmen, daß der Beitrag jahreszeitlichen Schwankungen unterliegt.
Im folgenden wird der Fall untersucht, daß der Beitrag zur Ablagerung sinusförmig schwankt, wobei das Maximum im Herbst liegt. Es gilt dann:

$$dx(0)/dt = k1(t)*x(p) + k2(t)*x(h) + k3(t)*x(c)$$

wobei:

```
k1(t)  =  2.55 * (1 + sin(2wt - PI/2.)
k2(t)  =  6.12 * (1 + sin(2wt - PI/2.)
k2(t)  =  1.95 * (1 + sin(2wt - PI/2.)
```

Bild 52 zeigt das Verhalten des Modells Cedar Bog Lake mit variabler Modellstruktur. Im Vergleich zu Bild 6, das das Modellverhalten bei konstanter Struktur zeigt, fällt die verstärkte Ablagerung im Herbst auf.

Hinweis:

* Ganz allgemein läßt sich sagen, daß sich eine variable Modellstruktur mit Hilfe von variablen Koeffizienten darstellen läßt. In einfachen Fällen sind die Koeffizienten nur Funktionen der Zeit; man erhält dann eine zeitabhängige Modellstruktur.

4.2 Das Zeitverhalten

Es soll das zeitliche Verhalten der folgenden drei einfachen
Übertragungsglieder etwas ausführlicher untersucht werden:

* PT1 -Glied (verzögertes Übertragungsverhalten)
* I -Glied (integrales Übertragungsverhalten)
* T -Glied (Totzeitverhalten)

4.2.1 Verzögertes Übertragungsverhalten

Übertragungsglieder mit Verzögerung sind dadurch gekennzeichnet, daß
aufgrund innerer, "bremsender" Wirkungen der Input nicht sofort auf
den Output durchschlägt. Legt man ein Inputsignal an, so wird der
Output von seinem ursprünglichen Zustand ausgehend erst schnell und
dann langsamer dem Endwert zustreben (siehe Bild 50).

Beispiele:

* Eine Erhöhung der Investition in einer Firma wird zu einer verzögerten Erhöhung des Umsatzes führen.
Erfolgt die Erhöhung der Investition sprungartig, so wird der sich
langsam steigernde Umsatz ein Zeitverhalten aufweisen, das dem Bild
50 ähnlich ist.

* In einem elektrischen Schaltkreis wird ein Widerstand und ein Kondensator in Serie an eine Spannungsquelle angeschlossen.
Wird die Spannungsquelle eingeschaltet, so wird der Kondensator
langsam aufgeladen. Das bedeutet, daß die Spannung, die sich am Kondensator aufbaut, zeitverzögert ihren endgültigen Wert erreicht.

* Ein Medikament wird in einer medizinischen Anwendung ins Blut in-
jeziert. Das Ansteigen der im Körper verteilten Medikamentkonzentra-
tion kann im Modell durch ein Verzögerungsglied nachgebildet werden.
Das bedeutet, daß nach einer einmaligen Injektion die zeitliche Entwicklung der Konzentration ebenfalls durch einen Verlauf wiedergegeben werden kann, den Bild 50 zeigt.

Besteht ein Übertragungsglied nur aus einer Verzögerungsstufe, so
spricht man von Verzögerung 1. Ordnung. Nun kann man mehrere Verzö-
gerungsstufen hintereinander schalten und damit ein komplexeres
Übertragungsglied konstruieren.
Besteht ein Übertragungsglied aus n Verzögerungsgliedern 1. Ordnung,
so spricht man von Verzögerung n-ter Ordnung. (Siehe Bd.1 Kap. 4.2.2
"Verzögerung höherer Ordnung)

Modellkomponenten, die eine Verzögerung bewirken, sind in der Regelungstechnik von großer Bedeutung. Aus diesem Gebiet stammt auch der
Begriff "Übertragungsglied".

Man darf nicht übersehen, daß ein Verzögerungsglied nicht nur in der
Regelungstechnik sondern auch in zahlreichen anderen Anwendungsgebieten einsetzbar ist. Ein Verzögerungsglied ist eine Modellkomponente, die es ganz allgemein möglich macht, eine Verzögerung im realen System auch im Modell nachzubilden.

Einem Verzögerungsglied 1. Ordnung, wie es an dieser Stelle einge-
führt worden ist, entspricht in der Sprach- und Vorstellungswelt von
System Dynamics ein Delay 1. Ordnung. (Siehe hierzu Bd.1 Kap. 4.4
"System Dynamics")

Bild 53 zeigt die Präsentation einer verzögerten Modellkomponente
als Übertragungsglied.

Das gleiche Bild zeigt die Präsentation derselben verzögerten Modellkomponente als Delay 1. Ordnung in System Dynamics. ·

Zur Beschreibung eines Verzögerungsgliedes 1. Ordnung wird die
Differentialgleichung herangezogen. Es gilt:

$y' + a*y(t) = b*u(t)$

$a*y(t)$ ist ein Term, das die Eigendynamik des Modells beschreibt,
die die Verzögerung bewirkt.
Die Delay-Konstante D entspricht hierbei dem Faktor a in der Differentialgleichung zur Beschreibung des Verzögerungsgliedes.

Hinweis:

* Der Begriff Delay aus der Vorstellungswelt von System Dynamics hat
sich bevorzugt auf dem Gebiet der sozioökonomischen Modelle durchge-
setzt.
Von Verzögerungen 1. Ordnung als lineare Übertragungsglieder wird
hauptsächlich in der Technik, insbesondere in der Regelungstechnik
gesprochen.
Dieses Beispiel zeigt, daß sich in unterschiedlichen Anwendungsgebieten für identische Sachverhalte eine unterschiedliche Terminolo-
gie entwickelt hat, die einer interdisziplinären Zusammenarbeit im
Wege steht und die abgebaut werden muß.

Die Größe und insbesondere das Vorzeichen des Faktors a bestimmen
die Art der Wirkung.

Für ein Verzögerungsglied gilt:

$a > 0$

Der Term $b*u(t)$ bezeichnet den äußeren Einfluß, der auf das Übertragungsglied einwirkt.

Das zeitliche Verhalten einer Modellkomponente, die als Verzögerungsglied 1. Ordnung wirkt, wird durch die bereits bekannte, lineare Differentialgleichung 1. Ordnung beschrieben:

$y' + a*y(t) = b*u(t)$

Wenn daher das Outputverhalten $y(t)$ untersucht werden soll, das sich
bei einem Input $u(t)$ ergibt, muß die Differentialgleichung für die
entsprechende Funktion $u(t)$ gelöst werden.

Rate equations:

Zugang $\Delta x(z) / \Delta t = u(t)$

Abgang $\Delta x(a) / \Delta t = x/D$

x   Level

D   Delay-Konstante

Graphische Darstellung:

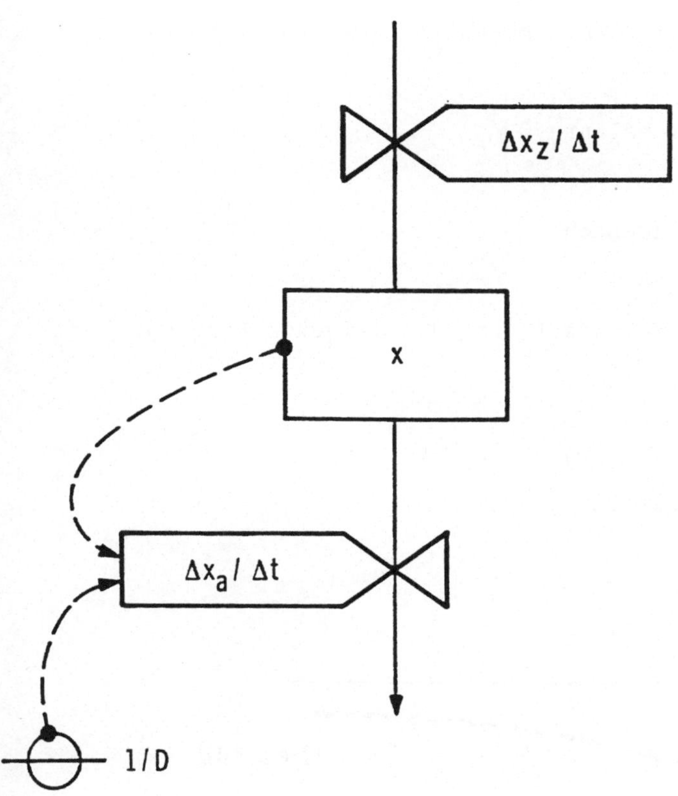

Bild 53: Verzögerung 1. Ordnung als Verzögerungsglied und
         als Delay in System Dynamics

Als Lösungsweg bietet sich die analytische Lösung und die Simulation
an. (Siehe Bd.1 Kap. 2.4 "Die analytische Auswertung und die Simulation")

Zunächst soll das Verhalten des Verzögerungsgliedes 1. Ordnung bei
Sprunginput untersucht werden.

Das heißt:

$$u(t) = \begin{cases} 0 & t < 0 \\ U & t >= 0 \end{cases}$$

Die analytische Lösung für den Spezialfall des Sprunginputs lautet:

y(t) = C*exp(-a*t) + (b/a)*U

Geht man vom energiefreien Anfangszustand aus, so gilt:

x(t=0) = 0.

Hieraus folgt für die Konstante C

C = b/a * U

Als Lösung ergibt sich demnach:

y(t) = b/a *U*(1-exp(-a*t))

Mit zwei Abkürzungen nimmt die Lösung die folgende Form an:

1/a = T
b/a = V

y(t) = V*U*(1-exp(-t/T))

Bild 54 zeigt den Verlauf von y(t).

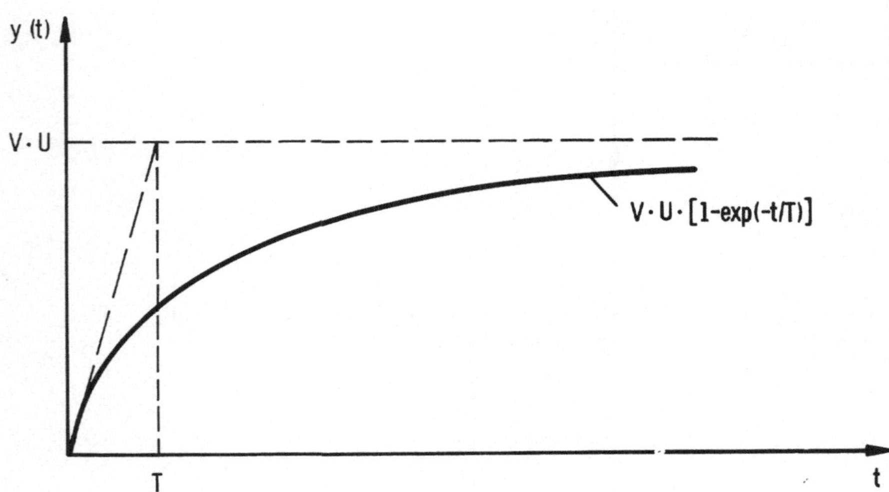

Bild 54: Das Verhalten eines Verzögerungsgliedes bei
         Sprunginput

Man sieht, daß die Funktion für t ---> ∞ dem Grenzwert V*U zustrebt.
V läßt sich demnach als Verstärkungsfaktor interpretieren. Er gibt
an, um wieviel größer bzw. kleiner der Output im Vergleich zum
Sprunginput u ausfällt.
T ist eine Größe, die angibt, wie steil sich der Verlauf der Kurve
dem Grenzwert nähert. Ein kleiner Wert für T signalisiert eine geringere Verzögerung.

Hinweis:

* Die bisher angegebene Lösung für die lineare Differentialgleichung
gilt nur für den Sprunginput. Die Funktion y(t) wird für diesen Fall
Sprungantwort genannt.

* Die Sprungantwort ist für lineare Übertragungsglieder besonders
wichtig, da sich hierdurch das Verhalten des Übertragungsgliedes
eindeutig bestimmen läßt. Liegt die Sprungantwort vor, so läßt sich
hieraus die Übertragungsfunktion ermitteln. Mit Hilfe der Übertragungsfunktion kann dann nachfolgend das Antwortverhalten des
Übertragungsgliedes für beliebige Inputfunktionen u(t) bestimmt werden.

* Für die Nachbildung realer Systeme im Modell ist die Sprungantwort
oft nur in der Approximation von Nutzen, da in realen Systemen ein
exakter Sprung am Eingang selten ist. Vielmehr beobachtet man eine
mehr oder weniger steile Flanke, die dann im Modell durch einen
Sprung angenähert wird. Siehe hierzu Bd.1 Kap. 1.2.8 "Approximationen" und Bd.3 Kap. 1.2 "Wirte-Parasiten-Modell II".

Um deutlich zu machen, daß als Input für ein Verzögerungsglied beliebige Funktionen u(t) auftreten können, zeigt Bild 55 das Verhalten von y(t), wenn am Eingang eine Sinushalbwelle zum Zeitpunkt t=0
angelegt wird.
Es gilt:

$$y' + a*y(t) = b*u(t) \qquad\qquad a = 3.0 \qquad b = 2.0$$

$$u(t) = \begin{cases} 0 & t < 0 \\ \sin(w*t) & 0 <= t < 3.14 \qquad w = 1.0 \\ 0 & t >= 3.14 \end{cases}$$

In ähnlicher Weise kann untersucht werden, wie sich ein Verzögerungsglied verhält, wenn am Eingang ein Rechteckimpuls angelegt
wird. Es gilt:

$$u(t) = \begin{cases} 0 & t < 0 \\ 1 & 0 <= t < 3 \\ 0 & t <= 3 \end{cases}$$

Bild 56 zeigt das Verhalten.

Untersucht man die Antwort auf einen Rechteckimpuls am Eingang,so
ist es nützlich,sich das allgemeine Verhalten eines abstrakten Modells vor Augen zu führen, das durch die nachfolgende lineare Differentialgleichung 1. Ordnung mit konstanten Koeffizienten beschrieben
wird:

$$y' + a*y(t) = b*u(t)$$

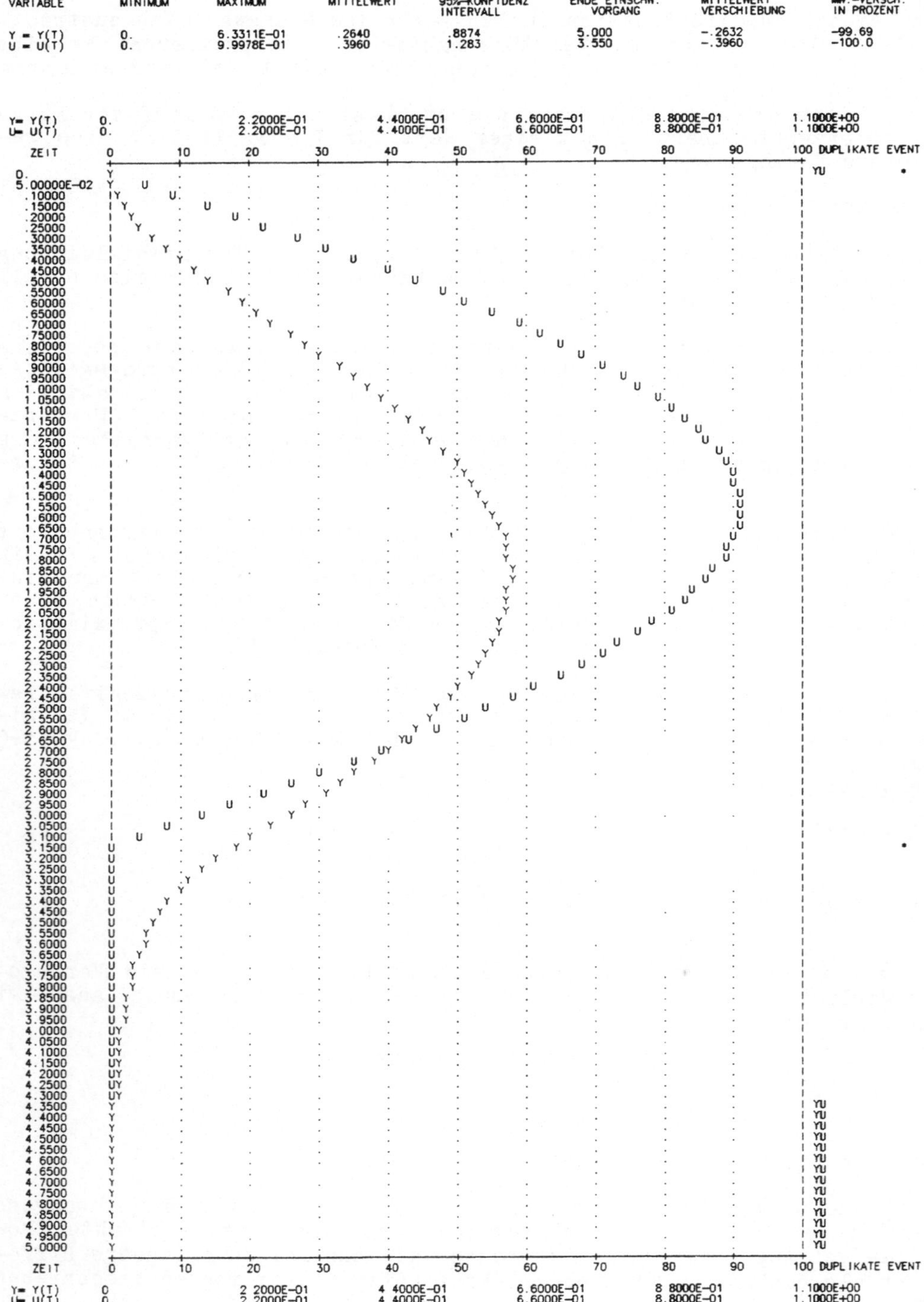

Bild 55: Das Verhalten des Verzögerungsgliedes bei einer
Sinushalbwelle als Input

VARIABLE	MINIMUM	MAXIMUM	MITTELWERT	95%-KONFIDENZ INTERVALL	ENDE EINSCHW VORGANG	MITTELWERT VERSCHIEBUNG	MW -VERSCH. IN PROZENT
Y = Y(T)	0.	6.6658E-01	.3959	1.413	5.000	-.3942	-99.55
U = U(T)	0.	1.0000E+00	.6040	1.997	5.000	-.6040	-100.0

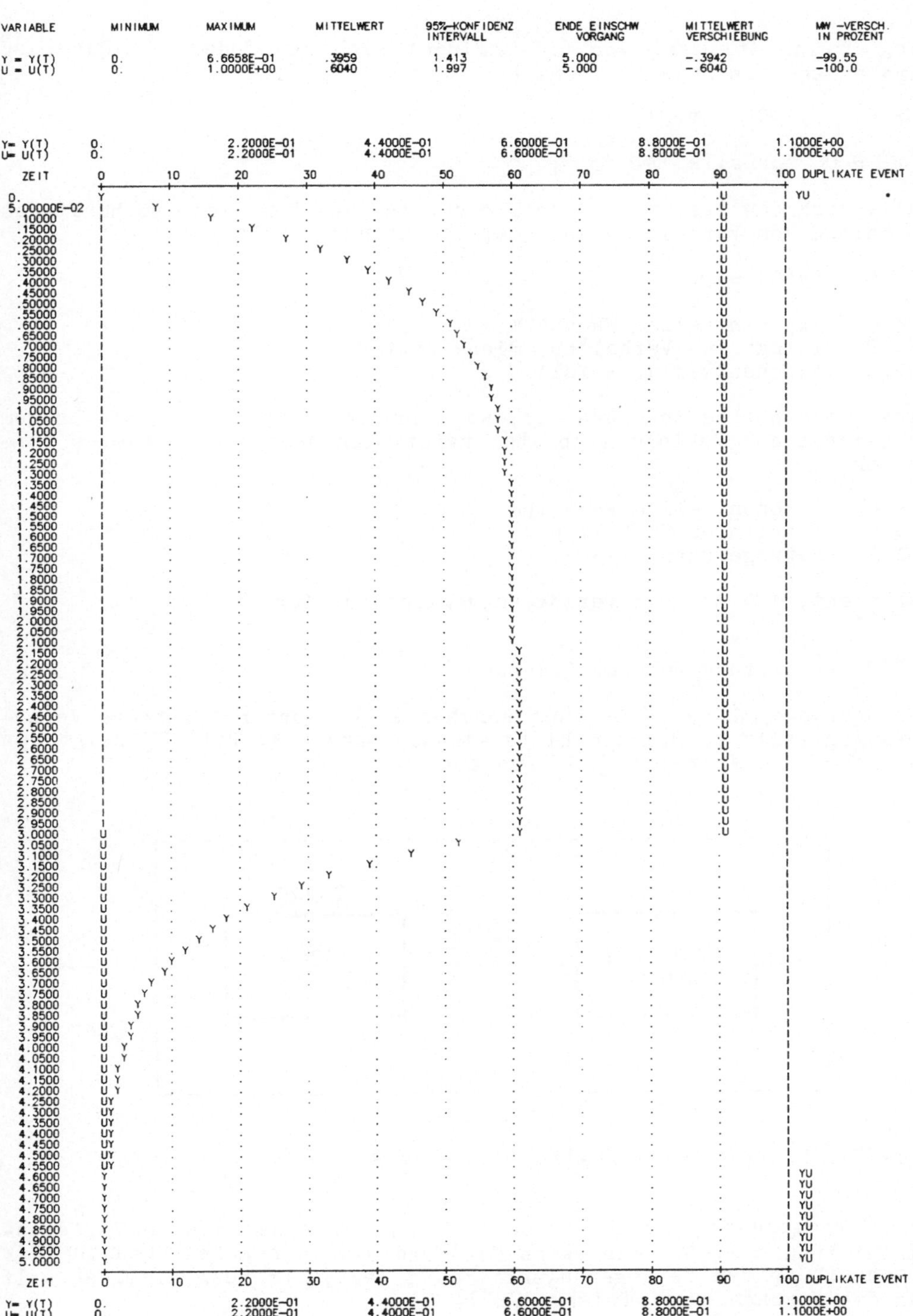

Bild 56: Das Verhalten des Verzögerungsgliedes bei
einem Impuls als Input

Liegt keine Anregung vor und befindet sich das Modell in Ruhe, so wird es auch in Ruhe bleiben. Es gilt:

b = 0.   y'=0.   y(0) = 0.

y(t) = 0 für alle t

Falls sich das abstrakte Modell nicht in Ruhe befindet, so hängt das Verhalten vom Vorzeichen des Koeffizienten a ab. Es gilt:

b = 0.   y(0) = 0.

a < 0   Exponentielles Wachstum
a = 0   Integrales Verhalten (Siehe Bd.1 Kap. 4.2.3)
a > 0   Exponentieller Abfall

Liegt jedoch eine Anregung vor, so hängt das Verhalten ebenfalls vom Vorzeichen des Faktors a ab. Es ergibt sich jedoch ein anderes Verhalten:

a < 0   Exponentielles Wachstum
a = 0   Integrales Verhalten
a > 0   Verzögerungsglied

Man sieht, daß man ein Verzögerungsglied nur für a>0 erhält.

4.2.2 Verzögerung höherer Ordnung

Verzögerungen höherer Ordnung ergeben sich, wenn man mehrere Verzögerungsglieder 1. Ordnung hintereinanderschaltet. Bild 57 zeigt den Fall für eine Verzögerung 2. Ordnung.

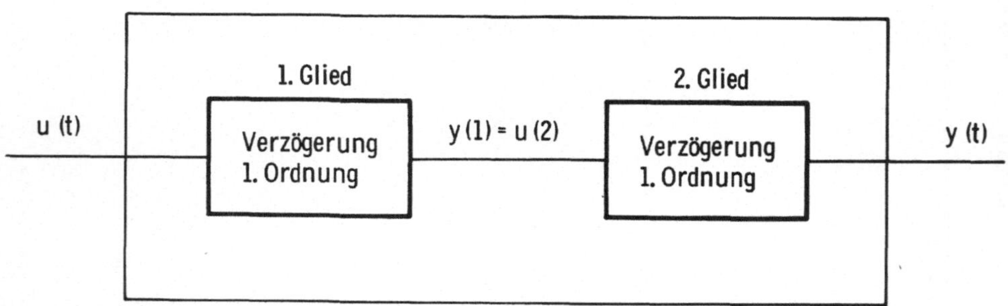

Bild 57: Ein Verzögerungsglied 2. Ordnung

Ein Verzögerungsglied 2. Ordnung führt auf eine lineare Differentialgleichung 2. Ordnung. Wenn T(i) und V(i) die Kenngrößen für die Beschreibung des Verzögerungsgliedes i der 1. Ordnung sind, so gilt für die Sprungantwort (siehe /22/):

$$(T(1)*T(2))*y'' + (T(1)+T(2))*y' + y(t) = V(1)*V(2)*u$$

VARIABLE	MINIMUM	MAXIMUM	MITTELWERT	95%-KONFIDENZ INTERVALL	ENDE EINSCHW. VORGANG	MITTELWERT VERSCHIEBUNG	MW.-VERSCH. IN PROZENT
Y = Y(T)	0.	9.9443E-01	.7839	.8889	5.950	.2073	26.44
U = U(T)	0.	1.0000E+00	1.000				

– BESTIMMUNG DER EINSCHWINGPHASE NICHT MOEGLICH –

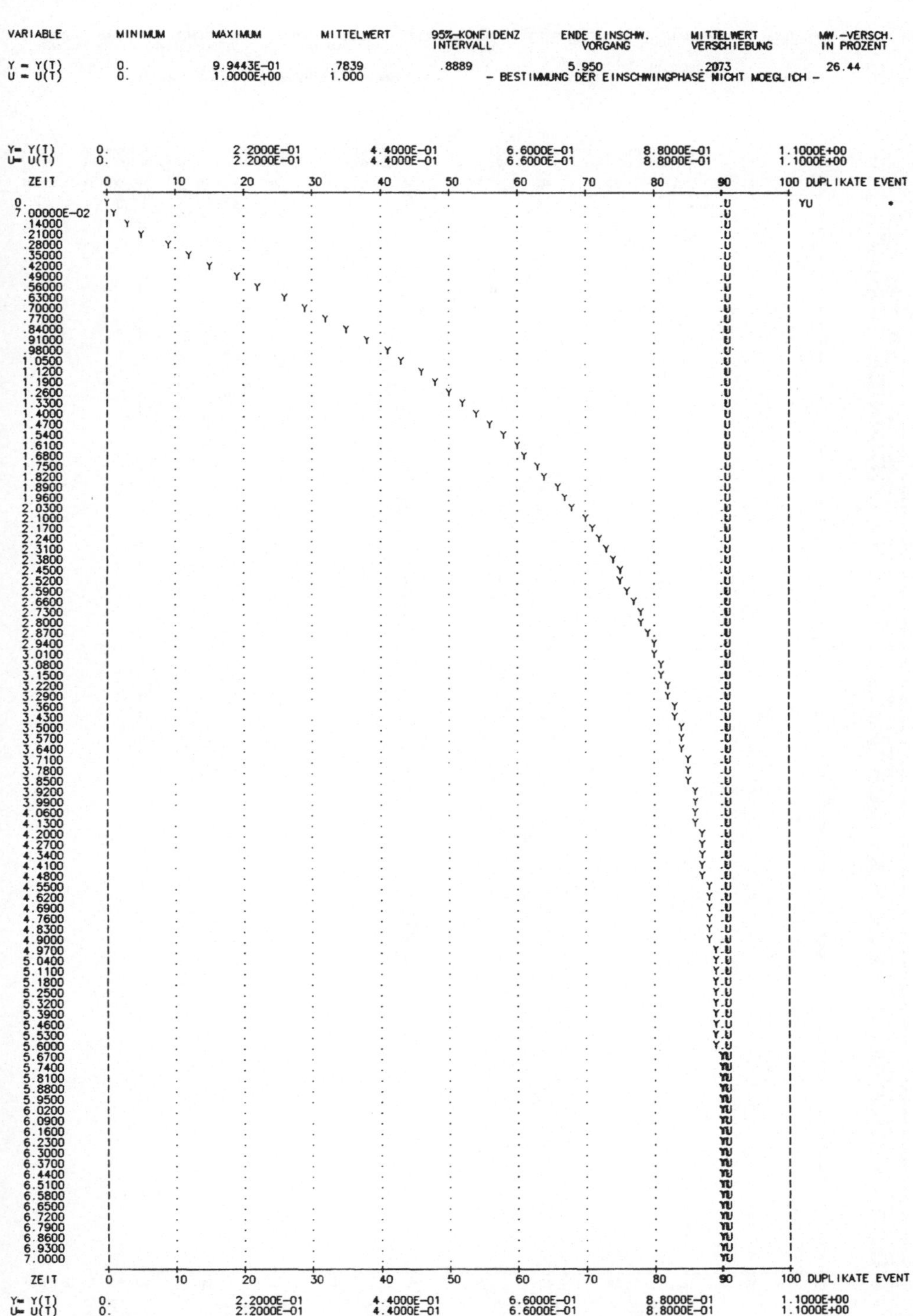

Bild 58: Verzögerungsglied 2. Ordnung bei Sprungantwort

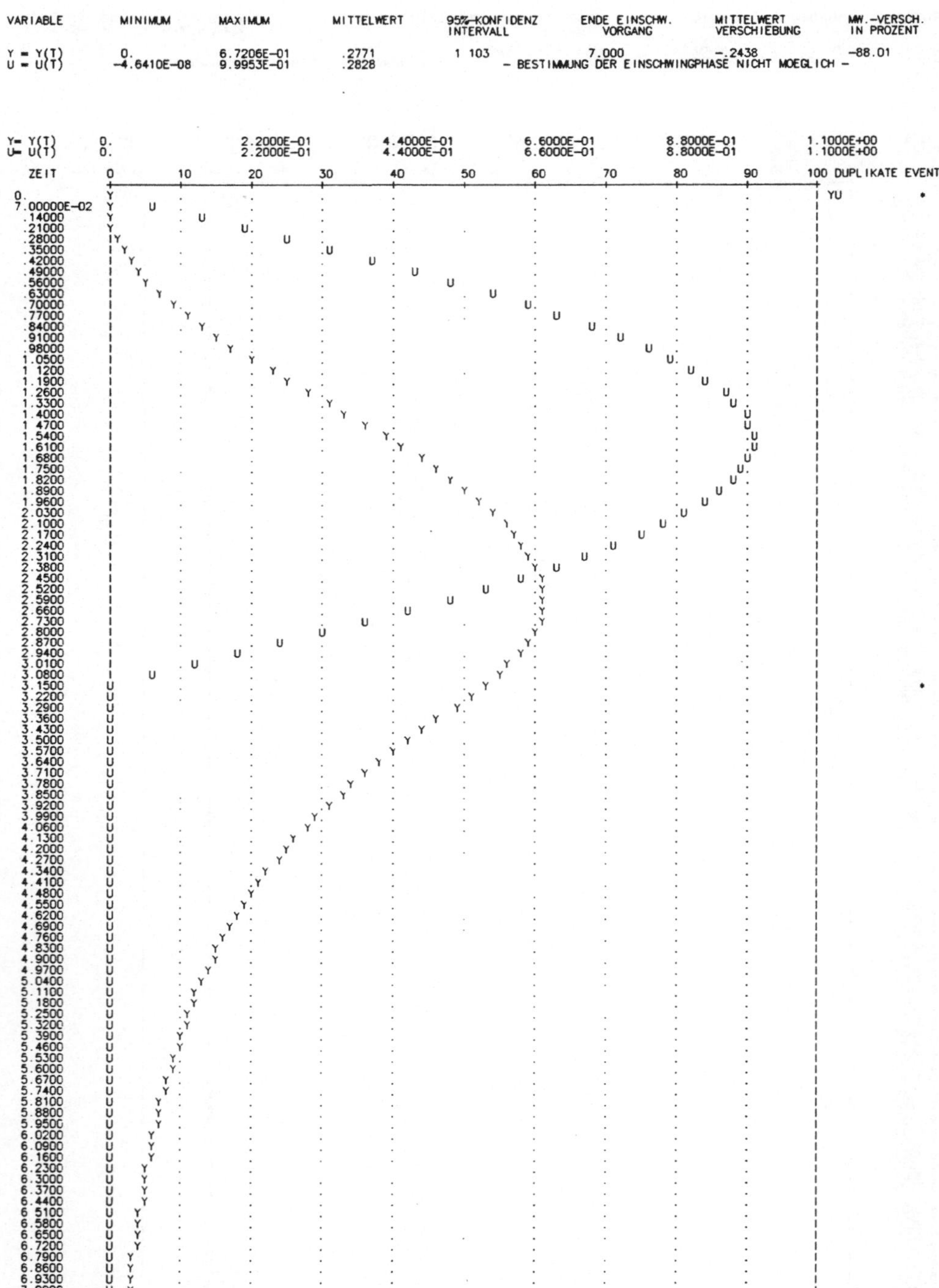

Bild 59: Verzögerungsglied 2. Ordnung bei
         einer Sinushalbwelle als Input

VARIABLE	MINIMUM	MAXIMUM	MITTELWERT	95%-KONFIDENZ INTERVALL	ENDE EINSCHW. VORGANG	MITTELWERT VERSCHIEBUNG	MW.-VERSCH IN PROZENT
$Y = Y(T)$	0.	8.8235E-01	.4154	1.640	7.000	-.3645	-87.74
$U = U(T)$	0.	1.0000E+00	.4257	2.063	7.000	-.4257	-100.0

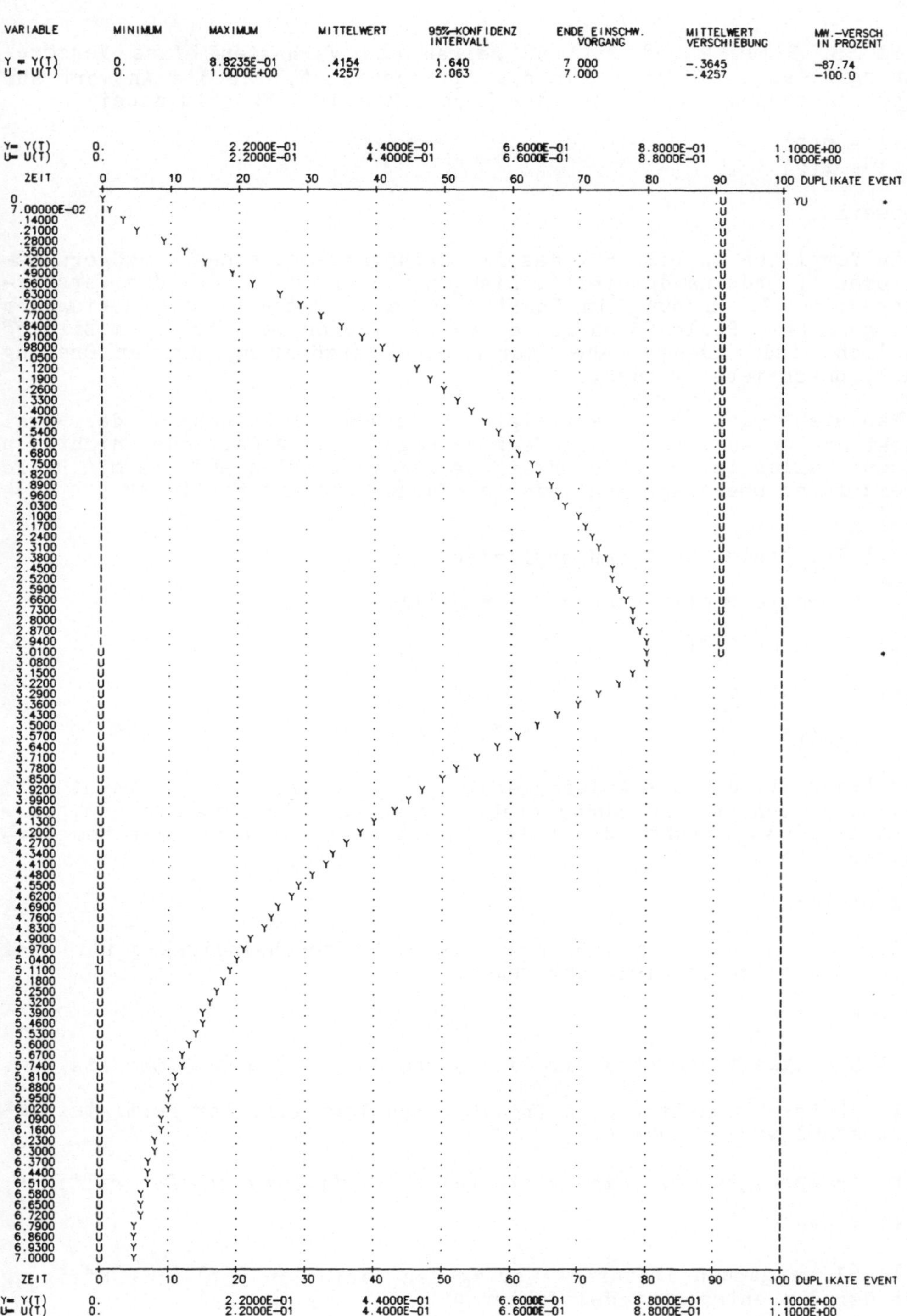

Bild 60: Verzögerungsglied 2. Ordnung bei Rechteckimpuls

Bild 58, Bild 59 und Bild 60 zeigen das Verhalten eines Verzögerungsgliedes 2. Ordnung für die Sprungantwort, für die Antwort auf
eine Sinushalbwelle und für den Rechteckimpuls. Es gilt dabei:

$$T(1) = T(2)$$
$$V(1) = V(2)$$

Hinweise:

* Im Vergleich zu Bild 50, das die Sprungantwort eines Verzögerungsgliedes 1. Ordnung darstellt, sieht man an Bild 58, daß das Verzögerungsglied 2. Ordnung im Punkt t=0. eine Tangente mit geringerer
Steigung hat. Reale Vorgänge, deren zeitliches Verhalten dem Bild 58
ähnlich sind, müssen daher durch eine Verzögerung höherer Ordnung
(n>1) beschrieben werden.

* Man sieht einer Differentialgleichung höherer Ordnung in der Regel
nicht an, ob es sich um ein Verzögerungsglied handelt oder nicht. In
diesen Fällen ist eine Beschreibung des abstrakten Modells mit Hilfe
elementarer Übertragungsglieder einfacher und anschaulicher.

4.2.3 Integrale Übertragungsglieder

Für integrale Übertragungsglieder gilt:

$$y(t) = b* \int u(t) \, dt$$

Gleichbedeutend ist:

$$y' = b*u(t)$$

Das bedeutet, daß die Änderungsrate y' ausschließlich vom Input u(t)
und nicht von der Zustandsvariablen y selbst abhängt. Die unmittelbare Zu- bzw. Abnahme der Outputvariablen y(t) entspricht dem Vorzeichen von u(t).

Beispiele:

* Ein Wasserhahn wird geöffnet. Die Zuflußgeschwindigkeit u(t) sei
durch die folgende Gleichung gegeben:

$$y' = b*u(t)$$

In Abhängigkeit von u(t) wird der Wasserstand y im Behälter steigen.

* Ein Betrieb schaltet eine Produktionsanlage ein. Der Fertigteilla-
gerbestand wird zunehmen.

Für die Sprungantwort eines integralen Übertragungsgliedes gilt:

$$y(t) = b*U*t$$

Bild 61 zeigt den linearen Anstieg der Variablen y(t). Die Steigung
der Geraden entspricht dem Faktor b*U.

P L O T NR 1

VARIABLE	MINIMUM	MAXIMUM	MITTELWERT	95%-KONFIDENZ INTERVALL	ENDE EINSCHW. VORGANG	MITTELWERT VERSCHIEBUNG	MW.-VERSCH IN PROZENT
Y = Y(T)	0.	2.0000E+00	1.000	2.488	5.000	.9900	99.00
U = U(T)	0.	1.0000E+00	1.000	— BESTIMMUNG DER EINSCHWINGPHASE NICHT MOEGLICH —			

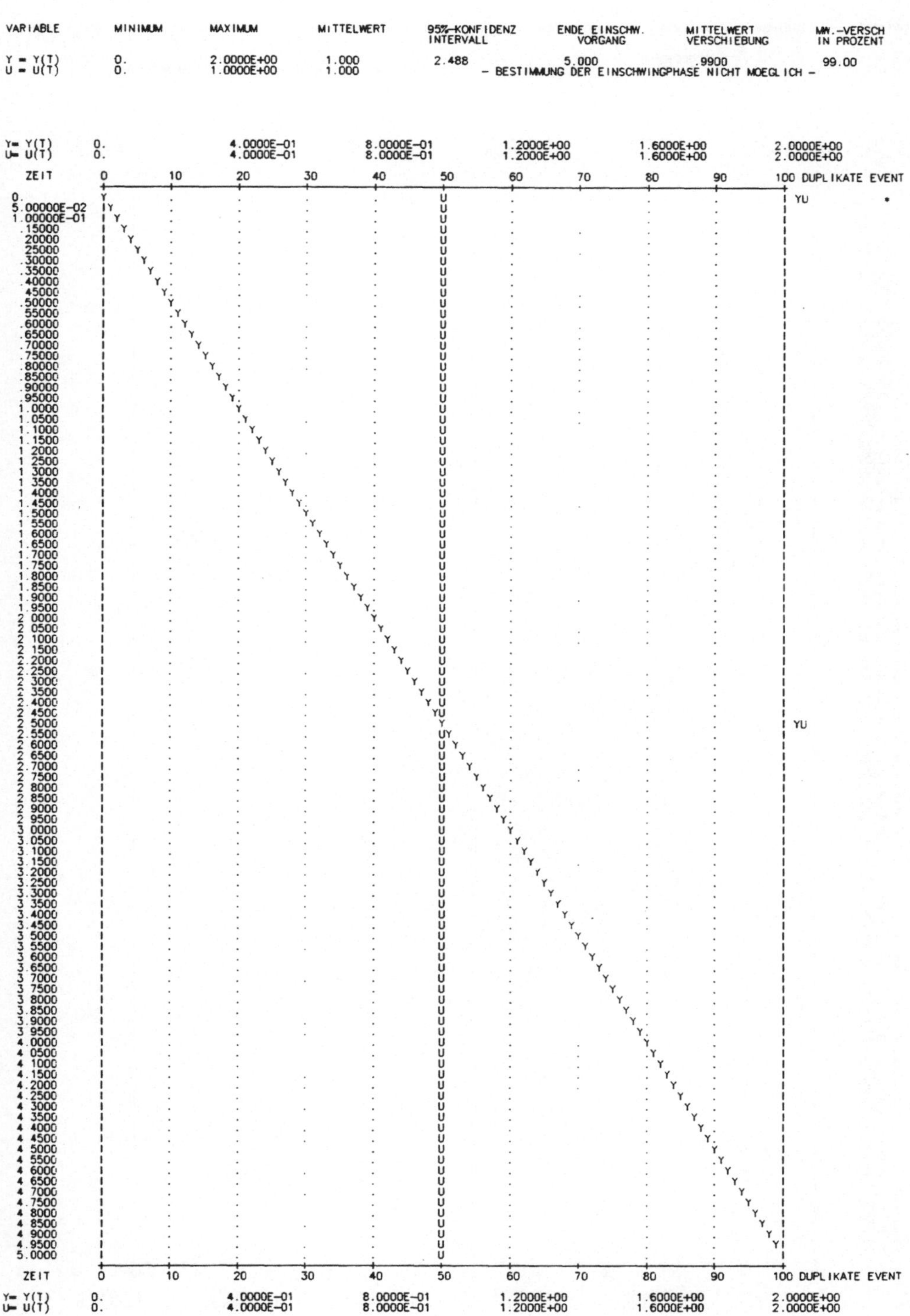

Bild 61: Integrales Übertragungsglied mit Sprungantwort

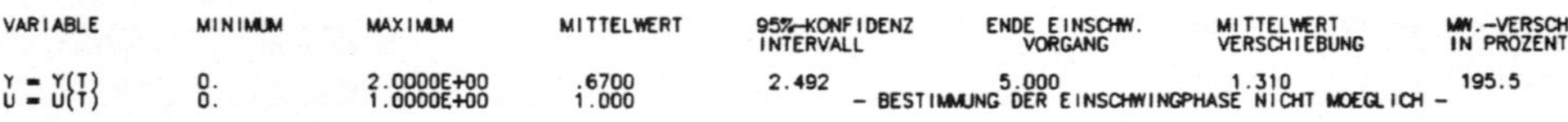

VARIABLE	MINIMUM	MAXIMUM	MITTELWERT	95%-KONFIDENZ INTERVALL	ENDE EINSCHW. VORGANG	MITTELWERT VERSCHIEBUNG	MW.-VERSCH IN PROZENT
Y = Y(T)	0.	2.0000E+00	.6700	2.492	5.000	1.310	195.5
U = U(T)	0.	1.0000E+00	1.000				

– BESTIMMUNG DER EINSCHWINGPHASE NICHT MOEGLICH –

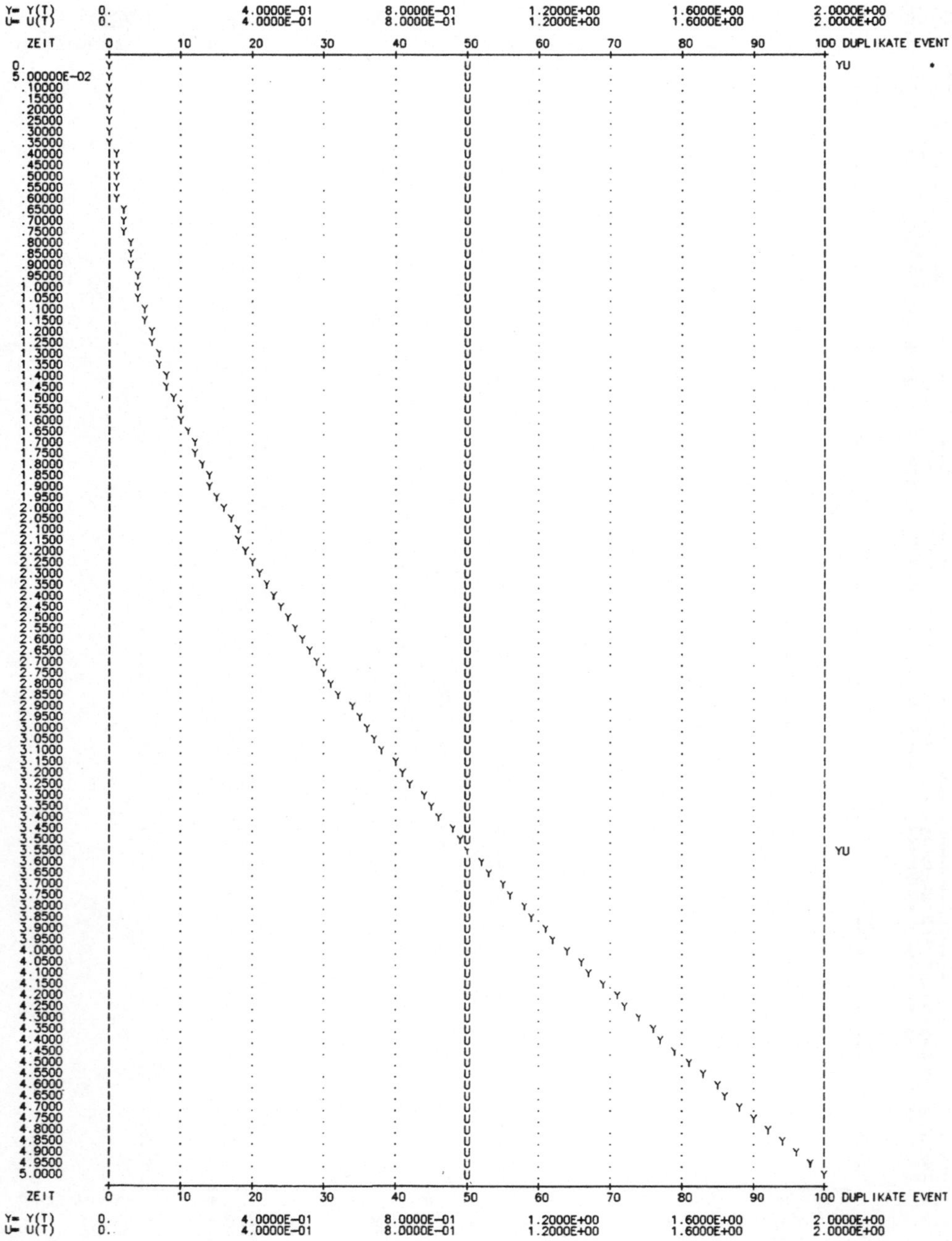

```
Y= Y(T)   0.                4.0000E-01        8.0000E-01        1.2000E+00        1.6000E+00        2.0000E+00
U= U(T)   0.                4.0000E-01        8.0000E-01        1.2000E+00        1.6000E+00        2.0000E+00

ZEIT      0    10    20    30    40    50    60    70    80    90   100 DUPLIKATE EVENT
```

(Plot body: Y(T) and U(T) plotted against ZEIT from 0. to 5.0000 in steps of 5.00000E-02.)

```
ZEIT      0    10    20    30    40    50    60    70    80    90   100 DUPLIKATE EVENT

Y= Y(T)   0.                4.0000E-01        8.0000E-01        1.2000E+00        1.6000E+00        2.0000E+00
U= U(T)   0.                4.0000E-01        8.0000E-01        1.2000E+00        1.6000E+00        2.0000E+00
```

Bild 62: Integrales Übertragungsglied 2. Ordnung

In ähnlicher Weise wie Verzögerungsglieder können auch integrale Übertragungsglieder hintereinandergeschaltet werden. Für die Hintereinanderschaltung zweier integraler Übertragungsglieder gilt für die Sprungantwort:

y(t) = b(1) * b(2) * U * t**2/2.

Bild 62 zeigt das entsprechende Verhalten.

4.2.4 Übertragungsglieder mit Totzeit

Strecken mit Totzeit sind dadurch gekennzeichnet, daß ein Input u in ein Übertragungsglied erst nach einer bestimmten Zeit TAU zu einer Änderung der Ausgangsvariablen y führt. Diese Änderung erscheint jedoch ohne Verzögerung in vollem Umfang am Ausgang.
Beispiele findet man in Bd.3 Kap. 8.6 "Delay-Variable".

Hinweis:

* Totzeitglieder sind von Verzögerungsgliedern zu unterscheiden. Verzögerungsglieder zeigen eine sofortige Reaktion auf der Outputseite. Der Wert der Outputvariablen steigt hierbei von einem Anfangswert, bis er sich schließlich dem Endwert nähert.
Bei Totzeitgliedern erfolgt erst eine Reaktion auf der Outputseite nach Ablauf der Totzeit. Dann jedoch schlägt der Input voll durch.

Für das Totzeitglied gilt:

y(t) = b*u(t-TAU)

Die Sprungantwort für ein Totzeitglied zeigt Bild 63. Für die Totzeit gilt hierbei:

TAU = 5.0

4.2.5 Übertragungsglieder mit Rückkopplung

Bisher wurde das Zeitverhalten elementarer Übertragungsglieder beschrieben. In Bd.1 Kap. 4.1.3 "Kopplungen" wurde dargestellt, wie sich mit Hilfe elementarer Übertragungsglieder abstrakte Modelle höherer Komplexität aufbauen lassen.
Von besonderem Interesse sind hierbei Übertragungsglieder, die Rückkopplungen enthalten. Bei Rückkopplung wird der Ausgang entweder direkt oder über Zwischenglieder auf den Eingang zurückgeführt. Das bedeutet, daß der Eingang und damit das Verhalten des Übertragungsgliedes rückwirkend vom Ausgang abhängt. Hierdurch ergibt sich ein Zeitverhalten, das unserem an linear-kausales Denken gewöhnten Vorstellung zunächst fremd ist.

Am Beispiel des Erzeuger-Markt Problems soll die Wirkungsweise bei Rückkopplung deutlich gemacht werden.
Zunächst wird beobachtet, daß auf einem freien Markt die Preise und das Angebot für Produkte korreliert sind. Das Marktverhalten läßt sich durch ein Verzögerungsglied 1. Stufe beschreiben (siehe Bild 64). Das bedeutet, daß ein Ansteigen des Angebots einen Rückgang des Preises bewirkt.

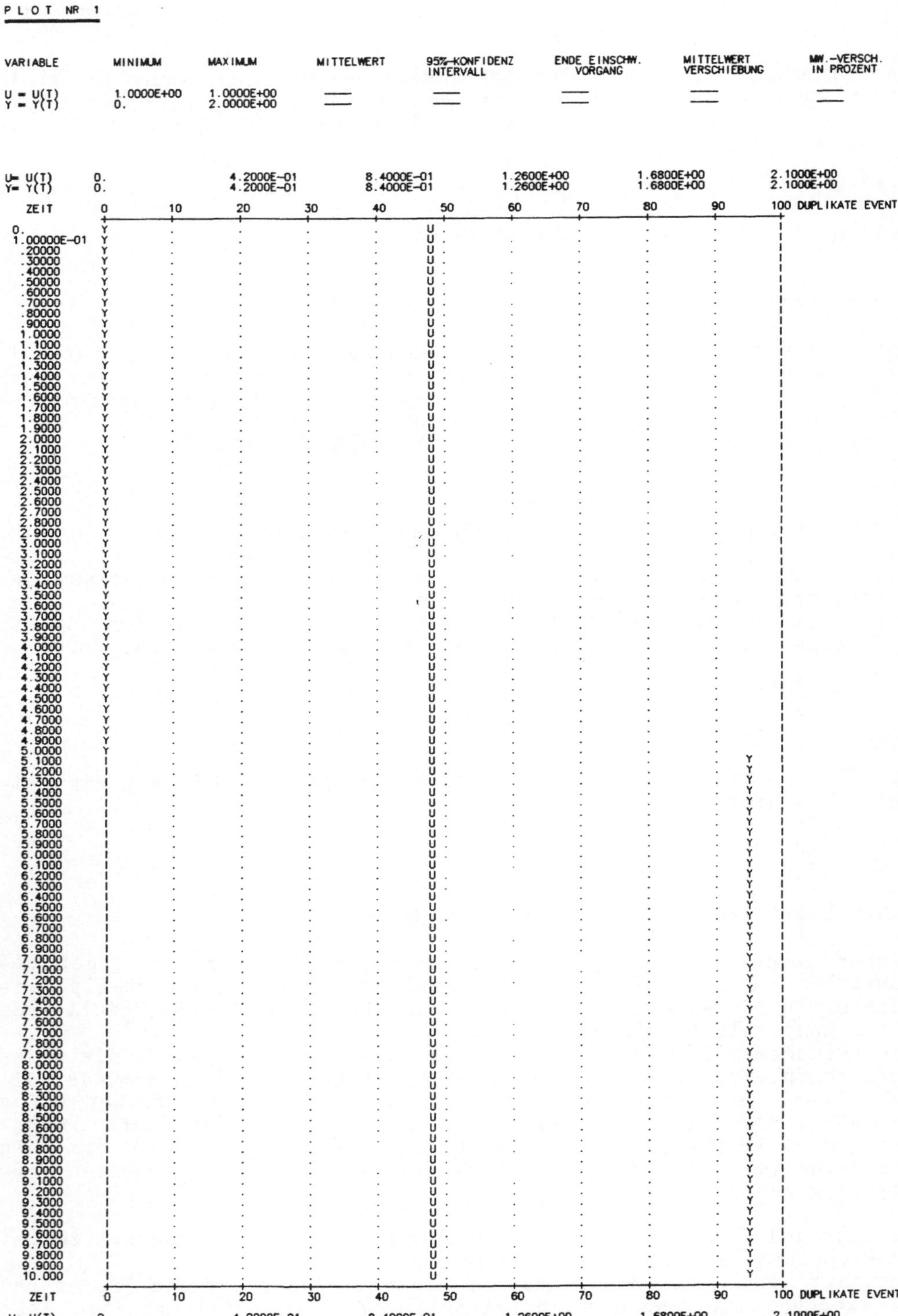

Bild 63: Übertragungsglied mit Totzeit mit Sprungantwort

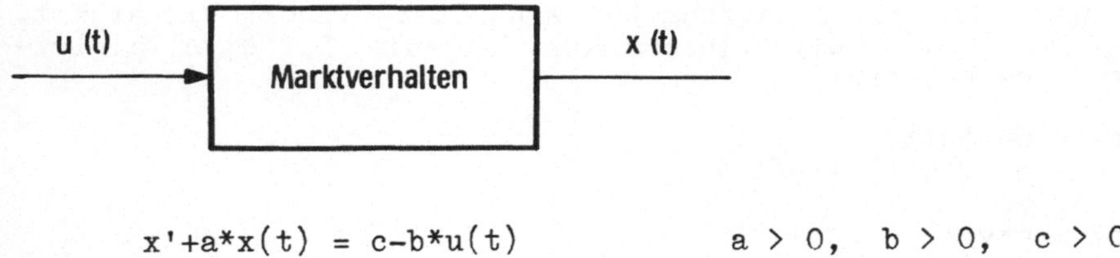

$$x' + a*x(t) = c - b*u(t) \qquad\qquad a > 0, \quad b > 0, \quad c > 0$$

Bild 64: Das Marktverhalten

Für das Verhalten der Produzenten gilt im Modell ein ähnliches Vorgehen. Eine Erhöhung des Preises bewirkt hier eine Erhöhung des Angebots. Bild 65 zeigt die Zusammenhänge.

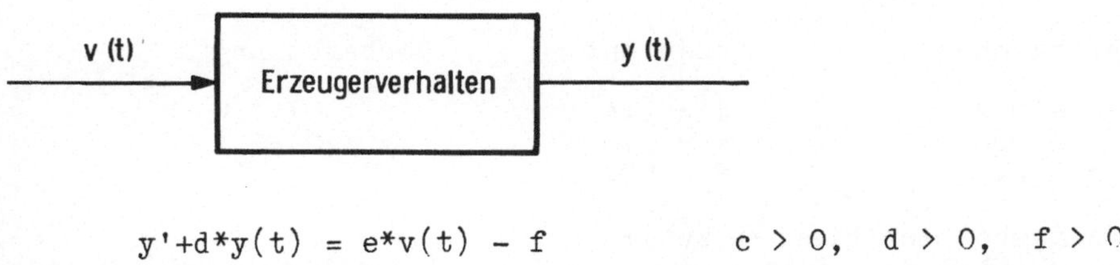

$$y' + d*y(t) = e*v(t) - f \qquad\qquad c > 0, \quad d > 0, \quad f > 0$$

Bild 65: Das Verhalten der Erzeuger

Das gekoppelte Verhalten der Verbraucher und Produzenten läßt sich
mit Hilfe eines Modells beschreiben, das Bild 66 zeigt. Man sieht,
daß der Ausgang des einen Übertragungsgliedes auf den Eingang des
anderen Übertragungsgliedes geführt wird. Die Outputvariable soll
der Preis x(t) sein.

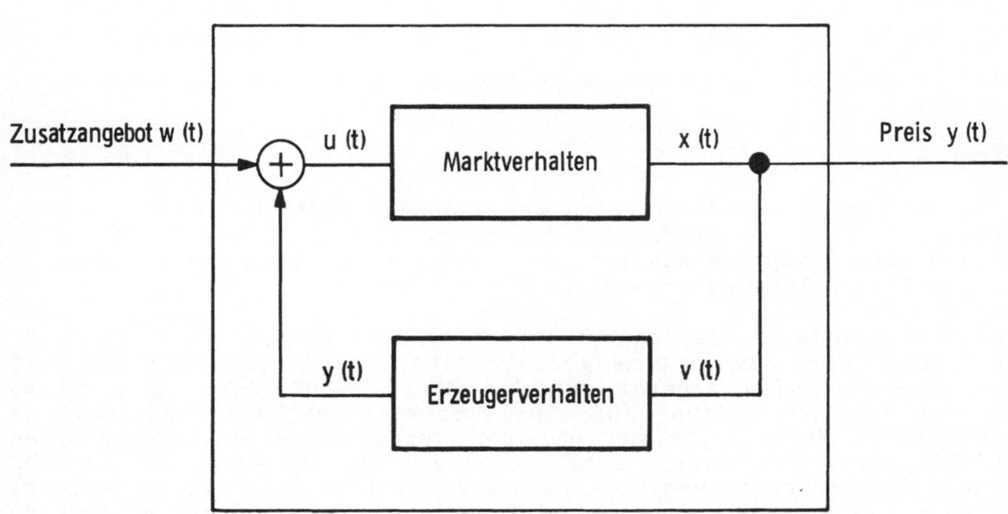

Bild 66: Das rückgekoppelte Modell: Erzeuger und Verbraucher

Als Input z(t) wird ein Zusatzangebot z.B. durch Import eingeführt.
Das gekoppelte Modell wird durch das folgende Differentialgleichungssystem beschrieben:

x' + a*x(t) = c-b*u(t)
            = c-b*(w(t) + y(t))

y' + d*y(t) = e*v(t) - f
            = e*x(t) - f

Das bedeutet, daß als Eingang u(t) des Übertragungsgliedes, das das
Verbraucherverhalten beschreibt, der Ausgang y(t) des Übertragungsgliedes für das Erzeugerverhalten angelegt wird. Hinzu kommt das Zusatzangebot z(t) aus der Außenwelt.
In ähnlicher Weise wird der Ausgang x(t) als Eingang v(t) betrachtet.

Bild 67 zeigt den zeitlichen Verlauf der beiden Outputvariablen x
(Preis) und y (Angebot). Für die Konstanten gilt hierbei:

        Verbraucher   Produzent   Vorbesetzung

          a = 0.2   d = 2.4   x(t=0)=1.0
          b = 0.4   e = 2.0   y(t=0)=2.1
          c = 2.5   f = 80.

Das Zusatzangebot ist hierbei z(t)=0.
Es fällt auf, daß das Modell ein stabiles Verhalten zeigt. Dieses
Verhalten ergibt sich sozusagen von selbst aufgrund der Rückkopp-
lung. Regelung liegt nicht vor. (Siehe hierzu Bd.1 Kap. 4.3.1
"Grundbegriffe der Regelungstechnik")

Nun ist es interessant, das Verhalten des komplexen Übertragungsgliedes mit Rückkopplung für den Fall zu untersuchen, daß von außen
ein Zusatzangebot eingeht. Hierzu wird zur Zeit t=5.0 als Input z(t)
ein Sprung angelegt. Es gilt:

                     0.   t < 5
        z(t) =
                     2.   t >= 5.

Bild 68 zeigt das zeitliche Verhalten von x (Preis) und Gesamtange-
bot u(t).

Hinweis:

* Es wird sehr empfohlen, sich zunächst anschaulich klar zu machen,
welchen Einfluß der Sprung auf das Modellverhalten hat. Es läßt sich
dadurch die Fähigkeit schulen, das Verhalten rückgekoppelter Modelle
in der Vorstellung zu erfassen und zu begreifen.

Das vorliegende Modell kann weiter verbessert werden, indem man z.B.
berücksichtigt, daß es eine gewisse Zeit dauert, bis eine Firma in
der Lage ist, das Angebot auf den Markt tatsächlich zu erhöhen,
nachdem die Entscheidung für eine Produktionserhöhung aufgrund des
gestiegenen Verkaufspreises und der verbesserten Gewinnaussichten
gefallen ist. Die Totzeit ergibt sich aus der Tatsache, daß für den
Ausbau der Produktionsanlagen Zeit erforderlich ist. Die Totzeit ist
demnach die Zeit, die von der Entscheidung zur Produktionserhöhung
aufgrund der Tagespreise bis zur tatsächlichen Erhöhung des Angebots

auf dem Markt vergeht.

Ein verbessertes Modell müßte die soeben beschriebene Totzeit erfassen. Es gilt:

x' + a*x(t) = b*(z(t)+y(t))

y' + c*y(t) = d*x(t-TAU)

Das bedeutet, daß das Angebot z(t) zur Zeit t vom Preis y(t-TAU) zur Zeit t- TAU abhängt.

Bild 69 zeigt das Modellverhalten für die Sprungantwort aus Bild 68 für die folgende Totzeit:

TAU = 2.

Bild 69 zeigt, welchen Einfluß die Totzeit auf den Kurvenverlauf hat.

Um den Einfluß der Totzeit zu untersuchen, kann man das Modell für verschiedene Totzeiten untersuchen. Bild 70 zeigt das Verhalten für die folgende Totzeit:

TAU = 4.0

Hinweis:

* Ein Simulationsmodell kann nur zeigen, wie sich ein singuläres Modell mit vorgegebener Totzeit verhält. Allgemeine Strukturaussagen in Bezug auf die Totzeit kann ein Simulationsmodell nicht machen. Derartige Strukturaussagen sind nur mit Hilfe des analytischen Verfahrens zu gewinnen. (Siehe hierzu Bd.1 Kap. 2.4 "Die analytische Auswertung und die Simulation")

Es gibt empirische Untersuchungen, die das Angebot- und Preisverhältnis auf einem freien Markt beschreiben. Hierzu gehört z.B. der Hanausche Schweinezyklus /47/.

Zunächst wurde von Hanau das zyklische Schwanken des Marktpreises mit einer Periode von 3-4 Jahren beobachtet. Dieses Verhalten wurde dann durch ein Modell der beschriebenen Art zu erklären versucht.
Es handelt sich demnach um ein Erklärungsmodell für die empirisch erhobenen Daten in Bezug auf die zyklischen Schwankungen des Schweinepreises (siehe hierzu Bd.1 Kap. 1.3 "System und Modell").
Hierzu wird eine Modellstruktur entworfen, die Bild 66 zeigt. Die Variablen a,b,c,d sowie die Totzeit können bestimmt werden, indem man die Modellergebnisse an die empirisch erhobenen Daten anpaßt.
(Siehe hierzu Bd.1 Kap. 1.4 "Parameterschätzung")

Hinweis:

* Es ist selbstverständlich, daß es Rückkopplung nicht nur bei linearen Modellen gibt. Ein Beispiel für ein nichtlineares, rückgekoppeltes Modell ist das Wirte-Parasiten Modell, das in Bd.3 Kap. 1.1 "Wirte-Parasiten Modell 1" ausführlich beschrieben wird. Die Nichtlinearität ergibt sich durch das Produkt der beiden Zustandsvariablen x*y.

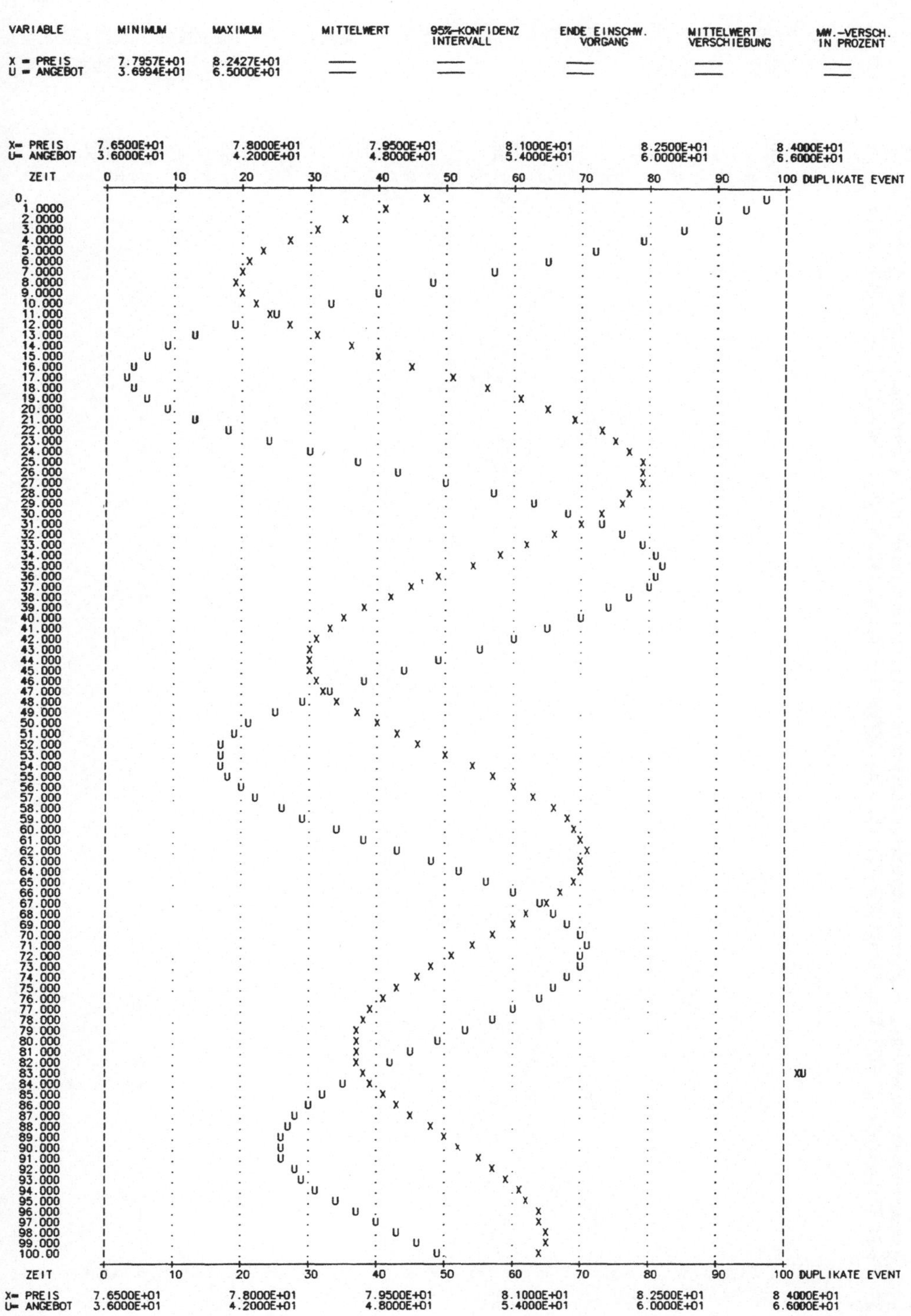

Bild 67: Die Zeitabhängigkeit des Preises und des Angebotes

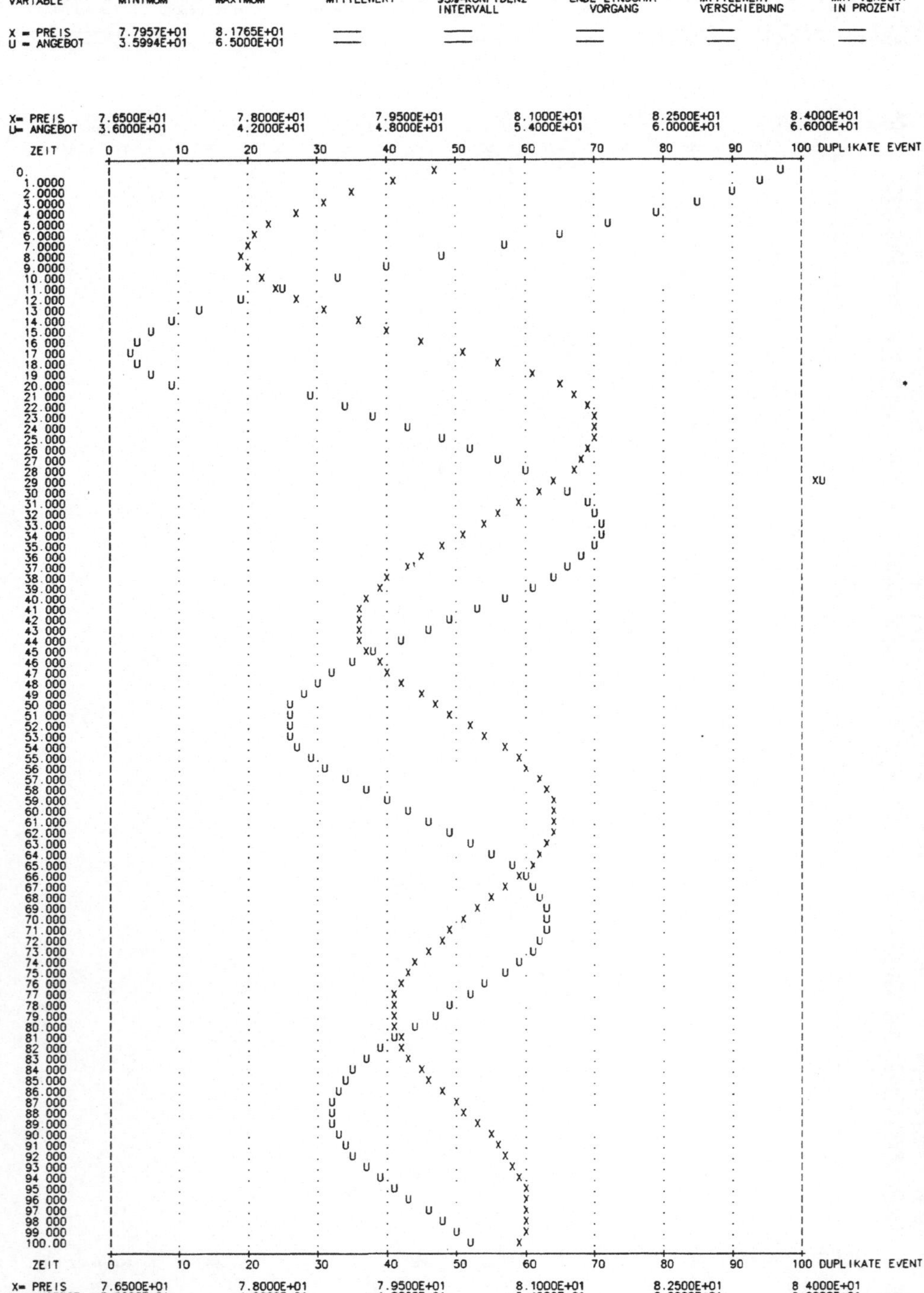

Bild 68: Der Verlauf für den Preis und das Angebot bei Sprungstörung

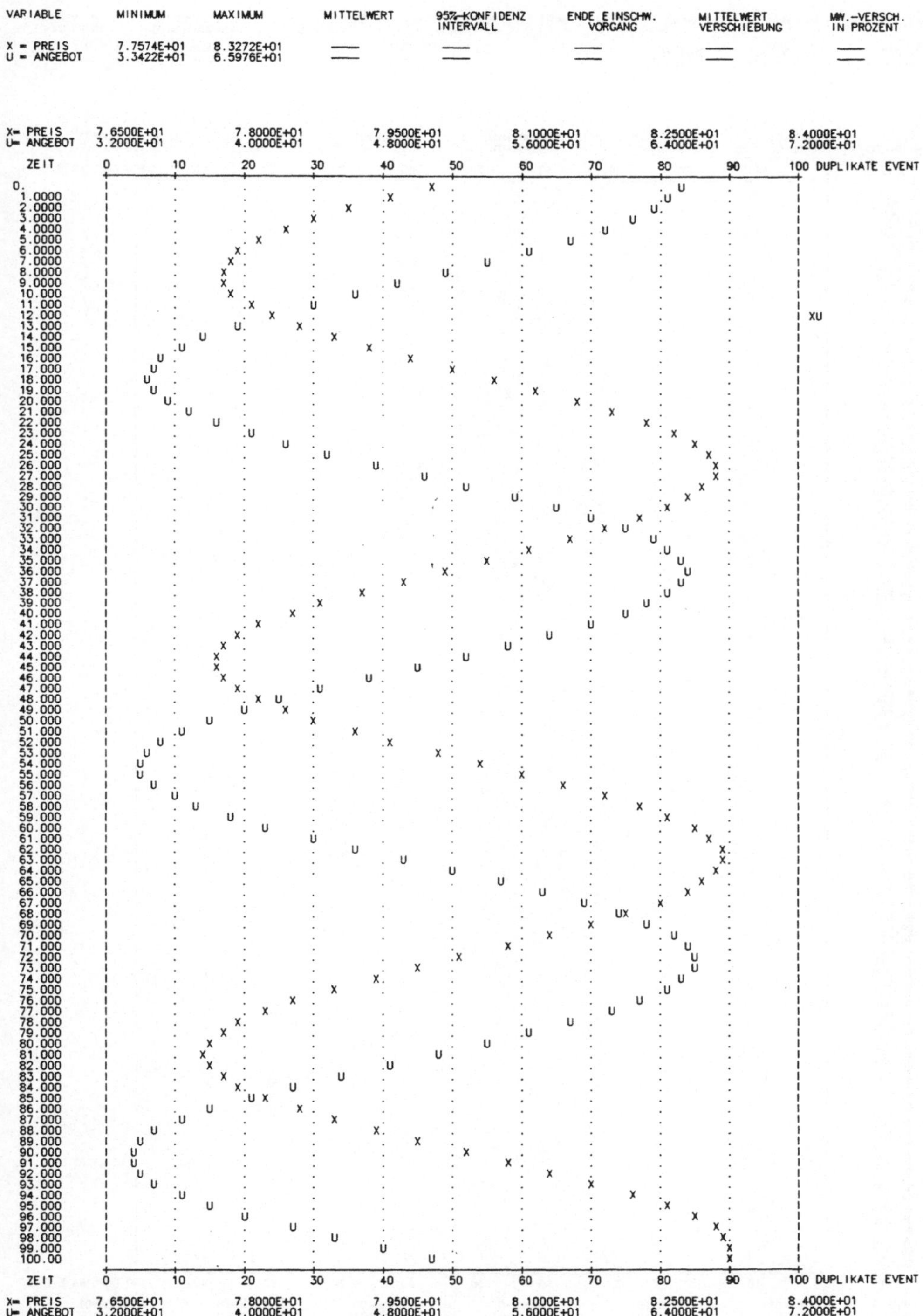

Bild 69: Modellverhalten bei Totzeit TAU = 2.0

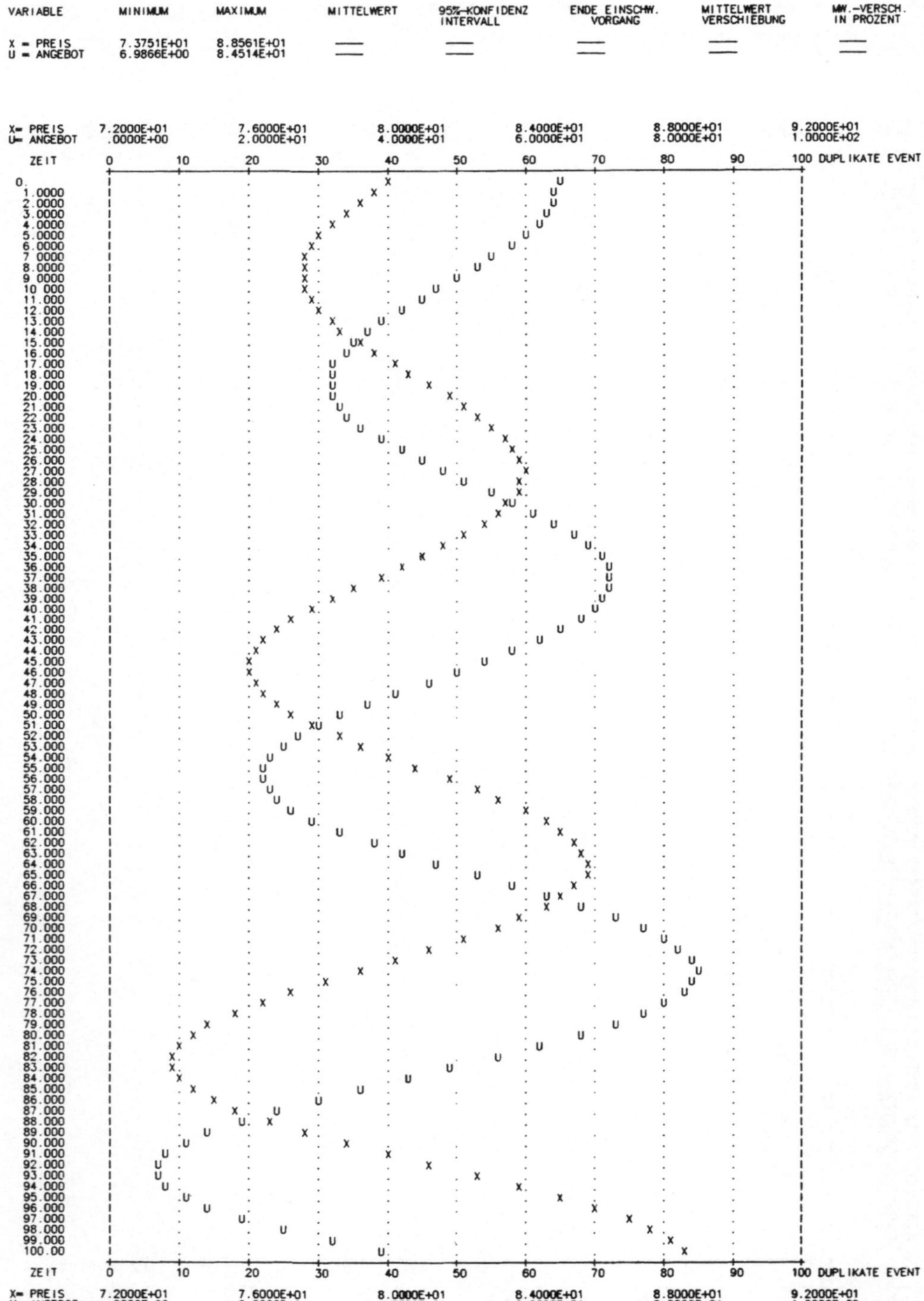

Bild 70: Modellverhalten bei Totzeit TAU = 4.0

4.3 Regelung linearer Systeme

Geregelte Modelle bilden eine Untergruppe der rückgekoppelten Modelle. (Siehe hierzu Bd.1 Kap. 1.2.6 "Modellklassen" Bild 14) Sie zeichnen sich dadurch aus, daß die rückgekoppelte Zustandsvariable zunächst mit einer Führungsgröße verglichen wird, bevor sie wieder auf das Übertragungsglied einwirkt.

4.3.1 Grundbegriffe der Regelungstechnik

Die Regelung dient dazu, die Zustandsvariable eines Übertragungsgliedes auf einen vorgeschriebenen Wert zu bringen oder ihn dort zu halten. Der vorgeschriebene Wert heißt Führungsgröße $w(t)$; er kann zeitabhängig sein.
Das Übertragungsglied, das geregelt werden soll, heißt Strecke.

Zunächst wird dem Regler der Istzustand $x(t)$ der Strecke mitgeteilt. Aus dem Vergleich von Sollwert $w(t)$ und Istzustand $x(t)$ bestimmt der Regler die Stellgröße $y(t)$, die versuchen soll, die Strecke auf den gewünschten Wert zu bringen.
Auf die Strecke kann eine Störung $z(t)$ einwirken, die in der Regel dafür sorgt, daß die Strecke vom Sollwert abweicht. Der Regler bemüht sich in diesem Fall, daß der Einfluß der Störung kompensiert wird.

Bild 71 zeigt den prinzipiellen Aufbau eines geregelten Modells.

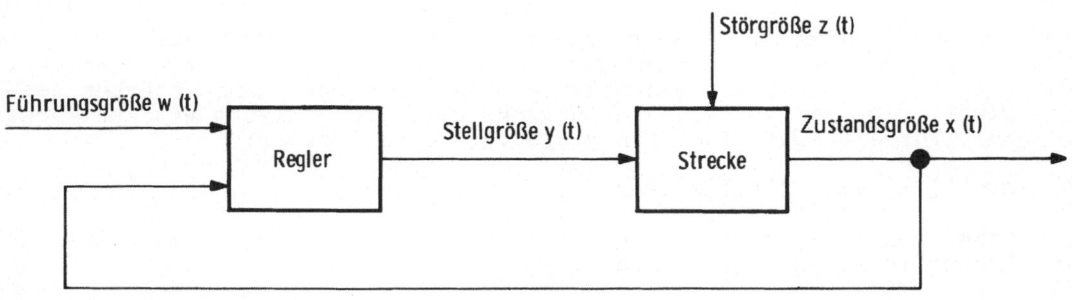

Bild 71: Aufbau eines geregelten Modells

Beispiel:

* Die Temperatur innerhalb des menschlichen Körpers wird mit Hilfe eines Regelkreises auf den Sollwert $w=36$ Grad gehalten. Eine Zuführung von Wärme kann als Störung $z(t)$ aufgefaßt werden, die zu einer Erhöhung der Körpertemperatur führt. Der Wert der Körpertemperatur wird als Zustandsgröße $x(t)$ an den Regler weitergeleitet, der daraufhin über die Stellgröße $y(t)$ eine verstärkte Durchblutung der Haut anregt. Das führt zu einer Abkühlung und damit zu einer Erniedrigung der Temperatur.

Falls es sich um ein lineares Modell ohne Totzeit handelt, werden Regler und Strecke jeweils durch eine lineare Differentialgleichung der Ordnung 1 bzw. k mit konstanten Koeffizienten beschrieben.
Im folgenden wird für Regler und Strecke der Einfachheit halber die Ordnung l=1 und k=0 angenommen.

Für die Strecke gilt unter den oben gemachten Annahmen:

$$x' + a*x = f(z(t),y(t))$$

Das bedeutet, daß als Eingang der Strecke die Funktion f auftritt, die sich aus der Stellgröße y(t) und der Störgröße z(t) ergibt.
Für lineare Systeme ist die Funktion f in der Regel eine einfache Addition von z(t) und y(t). Es gilt:

$$f(z(t),y(t)) = z(t) + y(t)$$

Für den Regler gilt unter den oben gemachten Annahmen:

$$y = g(w(t),x(t))$$

Das Aussehen der Funktion g bestimmt den Typ des Reglers. (Siehe hierzu Bd.1 Kap. 4.3.2 "Reglertypen")

4.3.2 Reglertypen

Für Regler gibt es zunächst die Grundtypen, die proportionales, differentiales oder integrales Verhalten annehmen. Aus diesen drei Grundtypen sind weitere Typen kombinierbar.

Der einfachste und anschaulichste Regler geht davon aus, daß die Stellgröße von der gewichteten Differenz vom Sollwert w(t) und Istzustand x(t) ausgeht. Das bedeutet, daß der Regler umso stärker reagiert, umso weiter sich die Istgröße x(t) vom Sollwert w(t) entfernt hat. Für die Reglerfunktion g(w(t),x(t)) gilt daher:

$$g(w(t),x(t)) = K(p)*(w(t)-x(t))$$

Nimmt man einen verzögerungsfreien Regler an, so erhält man dann den Proportionalregler (P-Regler).

P-Regler: $y(t) = K(p)*(w(t)-x(t))$

Das Verhalten des P-Reglers wird zusammen mit den weiteren Reglern im nachfolgenden Abschnitt Bd.1 Kap. 4.3.3 "Regelung integraler Strecken" für einfache Fälle beschrieben.

Der zweite Regler ist der Differentialregler (D-Regler), der vom Unterschied der Ableitungen von w(t) und x(t) ausgeht. Der D-Regler wird umso stärker reagieren, je größer die Änderungsgeschwindigkeit ist, mit der sich der Istzustand vom Sollwert wegbewegt. Die tatsächliche Abweichung w(t)-x(t) bleibt unberücksichtigt. Für den verzögerungsfreien Fall gilt:

D-Regler: $y(t) = K(d)*d(w(t)-x(t))/dt$

Der Integralregler (I-Regler) berücksichtigt die in der Vergangenheit aufgesammelte Abweichung des Istzustandes x(t) vom Sollwert w(t). Für den verzögerungsfreien Fall gilt:

I-Regler: y(t) = K(i)* ∫(w(t)-x(t))/dt

Aus den drei Grundtypen lassen sich durch additive Verknüpfung weitere Reglertypen schaffen. Üblich sind der PD-, der PI oder PID-Regler.

Da jeder der drei Grundregler bestimmte Eigenschaften zeigt, die für einen vorgegebenen Fall als Vor- oder Nachteil empfunden werden, können durch Kombination der drei Grundtypen gewisse Nachteile gemildert bzw. Vorteile verstärkt werden.

Die Konstanten K(p), K(d) und K(i) geben an, wie stark der jeweilige Grundtyp einem kombinierten Regler beigemischt ist.
Als Beispiel sei der PD-Regler angeführt. Fs gilt:

PD-Regler: y(t) = K(p)*(w(t)-x(t)) + K(d)*(d(w(t)-x(t))/dt

4.3.3 Regelung integraler Strecken

Um über das Reglerverhalten einen ersten, anschaulichen Findruck zu gewinnen, wird von einem sehr einfachen Modell ausgegangen. Die Strecke soll eine integrale Strecke sein; der Regler soll wieder verzögerungsfrei arbeiten. Weiter wird vorausgesetzt, daß die Führungsgröße w eine Konstante ist, die nicht von der Zeit abhängt.

Für die Strecke allein gilt (siehe Bd.1 Kap. 4.1.5 "Flementare Übertragungsglieder"):

x' = v(t)

Untersucht man einen Proportionalregler, so gilt:

y(t) = K(p)*(w-x(t))

Nimmt man für die Störung z(t) einen Sprunginput an, so gilt:

x' = v(t)   wobei v(t) = b*z + y(t)
x' = b*z + y(t)
   = b*z + K(p)*w - K(p)*x(t)

Die Lösung der Differentialgleichung lautet:

x(t) = C*exp(-K*t) + b*z/K + w

Setzt man voraus, daß sich das Modell vor der Störung im Gleichgewicht befunden hat, das heißt, daß die Zustandsgröße gleich der Führungsgröße ist, so gilt:

x(0) = w für t=0

Hieraus folgt für die Konstante C:

C = - b*z/K

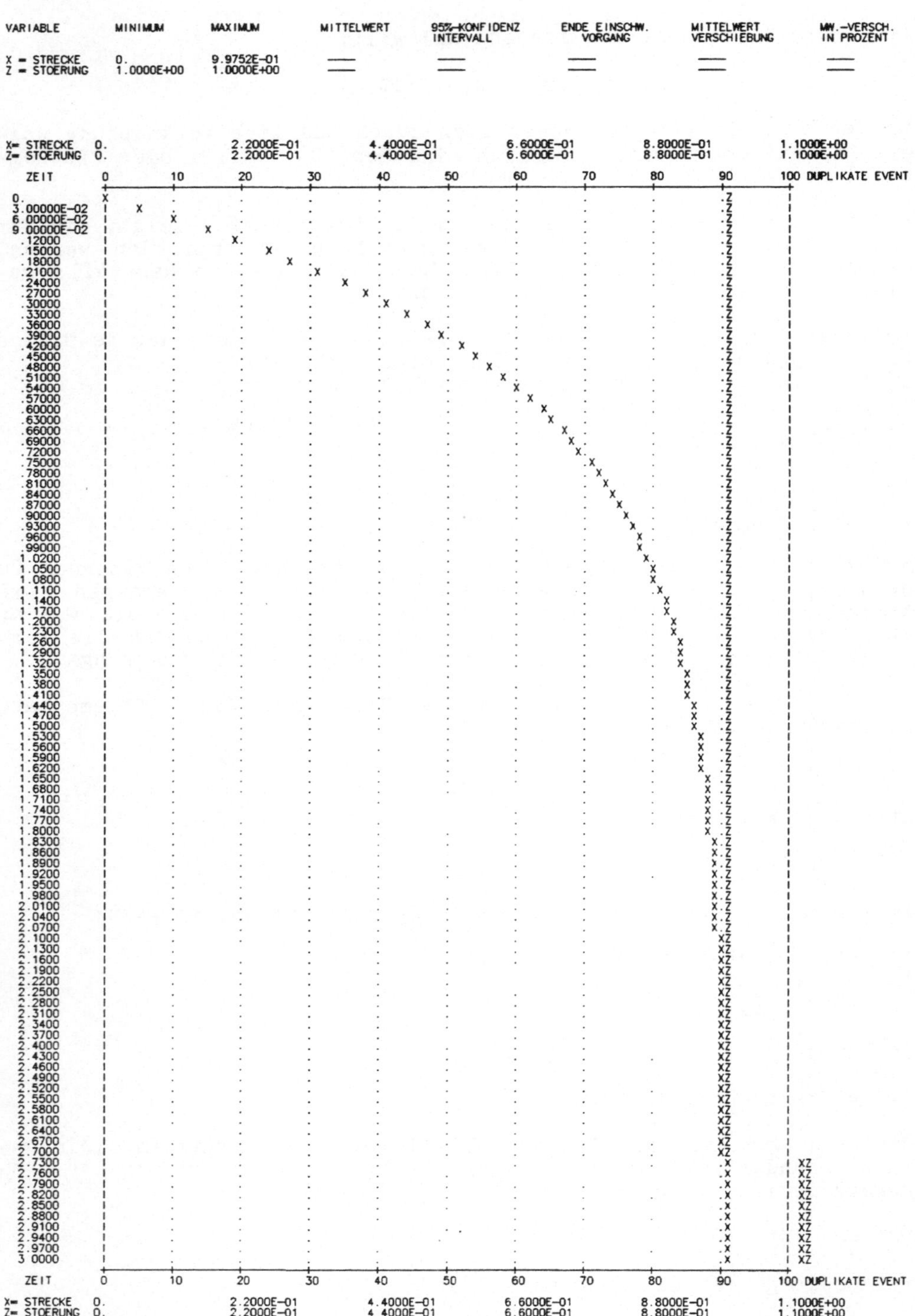

Bild 72: Die integrale Strecke mit P-Regler bei Sprunginput

Für das Verhalten der integralen Strecke mit P-Regler bei Sprungstörung ergibt sich daher:

$$x(t) = b*z/K * (1-\exp(-K*t)) + w$$

Aus dieser Gleichung läßt sich das wichtige Verhalten für P-Regler ableiten. Für t gegen ∞ gilt:

$$\lim x(t) = b*z/K + w$$

Das bedeutet, daß sich der Wert der Zustandsgröße zwar dem Sollwert w nähert, jedoch immer eine bleibende Regelabweichung auftritt.

Bild 72 zeigt das Verhalten der Zustandsgröße x(t) bei einem Sprung von z zur Zeit t=0. Weiterhin gilt w=0.

Untersucht man für eine integrale Strecke bei konstanter Führungsgröße w einen Differentialregler bei Sprunginput als Störung, so ergibt sich:

$$x' = b*z + y(t)$$

$$y(t) = K(d)*d(w(t)-x(t))/dt$$

Da die Ableitung der Konstanten w verschwindet, gilt:

$$x' = b*z - K(d)*x'$$

$$x' = b*z/(1-K)$$

Für den zeitlichen Ablauf des Zustandes x(t) ergibt sich:

$$x(t) = b*z*t/(1+K) + C$$

Für den störungsfreien Anfangszustand zur Zeit t=0 gilt:

$$x(0) = w$$

Für die Konstante C folgt:

$$C = w$$

Hieraus ergibt sich für das Verhalten einer integralen Strecke mit D-Regler bei Sprungstörung:

$$x(t) = b*z*t /(1+K) + w$$

Bild 73 zeigt das Verhalten der Zustandsgröße x(t) für den Differentialregler.
Man sieht, daß ein D-Regler allein nicht in der Lage ist, den Sollwert wieder zu erreichen. Mit fortschreitender Zeit wird die Reglerabweichung immer größer.

Die ungeregelte Strecke würde bei Sprunginput eine ständige lineare Steigung zeigen. (Siehe hierzu Bd.1 Kap. 4.1.5 "Elementare Übertragungsglieder") Die Steigung hat hierbei den Wert b*z*t. Die Strecke mit D-Regler zeigt einen reduzierten Anstieg mit der Steigung b*z*t/(1+K). Das heißt, der Anstieg wird um den Faktor (1+K) reduziert.

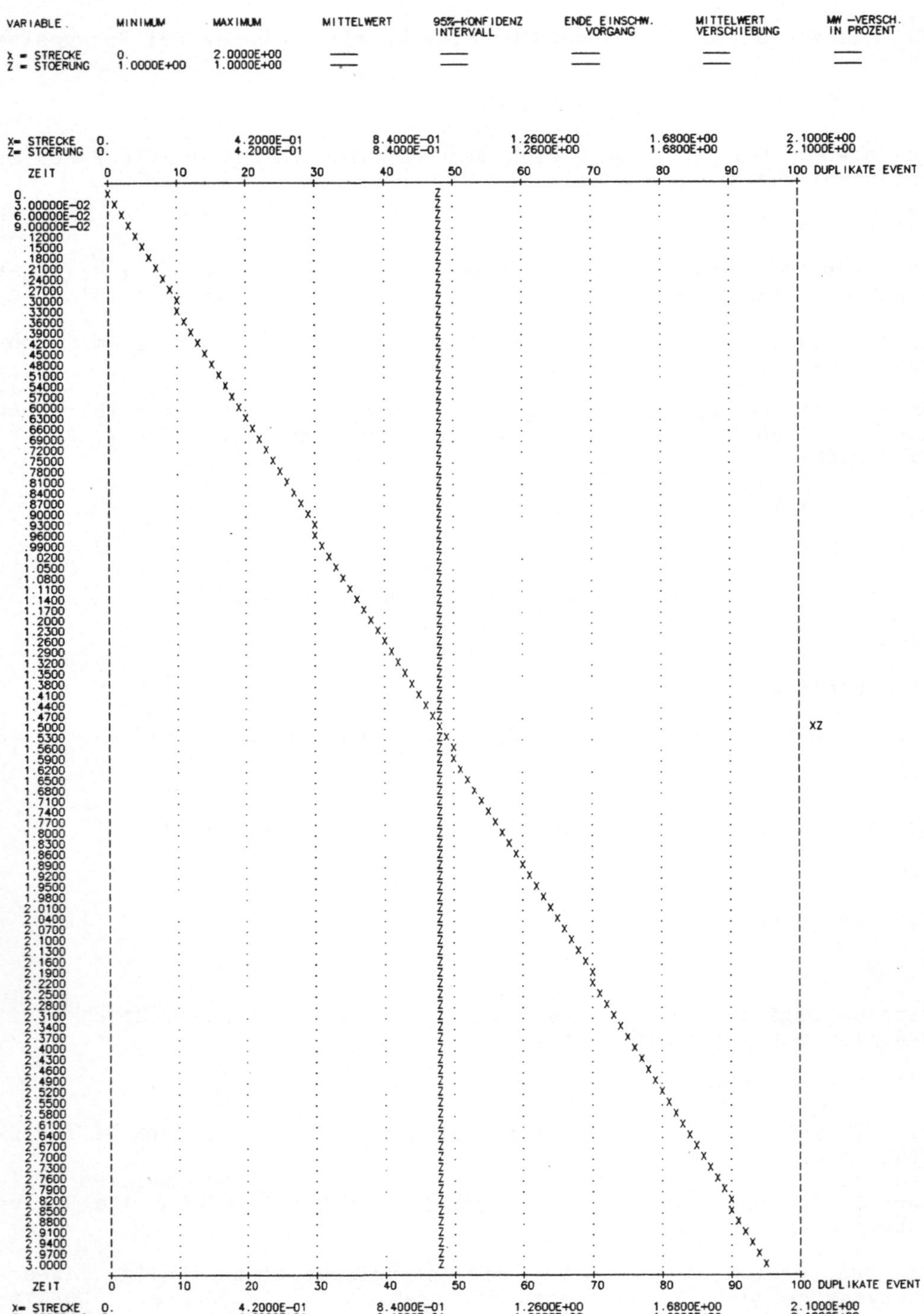

Bild 73: Die integrale Strecke mit D-Regler bei Sprunginput

Der dritte zu untersuchende Regler ist der I-Regler. Hier gilt unter
den bisherigen Voraussetzungen:

y(t) = K(i)* ∫w-x(t))dt

   = K*w*t - K* ∫x(t)dt

Für die integrale Strecke lautet die Differentialgleichung:

x' = b*z + K*w*t - K̄* ∫x(t)dt

x'' = K*w - K*x(t)

x'' + K*x(t) = K*w

Die Lösung dieser Differentialgleichung lautet für den störungsfrei-
en Anfangszustand x(0) = w zur Zeit t = 0 bei Impulsstörung:

x(t) = b*z/sqrt(K)*sin(sqrt(K)*t) + w

Aus der Funktion x(t) für das zeitliche Verhalten läßt sich folgende
Eigenschaft einer integralen Strecke mit I-Regler bei Impulsstörung
herauslesen: Die Zustandsgröße schwingt beständig um den Wert der
Führungsgröße. Die Amplitude und die Frequenz hängen gegensinnig von
der Wurzel der Konstanten K(i) ab. Eine kleine Konstante K führt zu
Schwingungen mit großer Amplitude und kleiner Frequenz.
Bild 74 zeigt das Verhalten einer integralen Strecke mit I-Regelung
für zwei Regler, wobei gilt:
K(1) = 4*K(2)

Das Verhalten der bisherigen Modelle wurde auf analytischem Wege gewonnen. Das ist wegen der extremen Einfachheit ohne Schwierigkeiten
möglich. Es zeigt sich, daß die analytische Auswertung allgemeine
Strukturaussagen machen kann, die für alle Belegungen der Variablen
b, z und K gelten.
In einer kurzen Zusammenstellung wird das Verhalten integraler
Strecken bei verzögerungsfreier Regelung mit Sprungstörung angegeben:

P-Regler   Andauernde Reglerabweichung
D-Regler   Keine Regelung, nur Dämpfung möglich
I-Regler   Schwingungen der Zustandsgröße um die
            Führungsgröße

Es wurde bereits darauf hingewiesen, daß durch Kombination der drei
Grundtypen neue Regler konstruiert werden können, die für eine vor-
gesehene Anwendung ein annehmbares Verhalten zeigen.

4.3.4 Die Regelung komplexer Strecken

Die Darstellung im vorhergehenden Abschnitt Bd.1 Kap. 4.3.3 "Regelung integraler Strecken" hat sich auf sehr einfache Fälle beschränkt, die analytisch leicht zu behandeln sind.
Im folgenden werden etwas komplexere Modelle vorgestellt, die nur
sehr schwer oder gar nicht analytisch behandelt werden können und
für die nur die Simulation Ergebnisse zu liefern vermag.
Es soll damit gezeigt werden, daß die Simulation auf sehr einfache,
schnelle und bequeme Weise auch für Fälle eingesetzt werden kann,
die der analytischen Auswertung verschlossen sind.

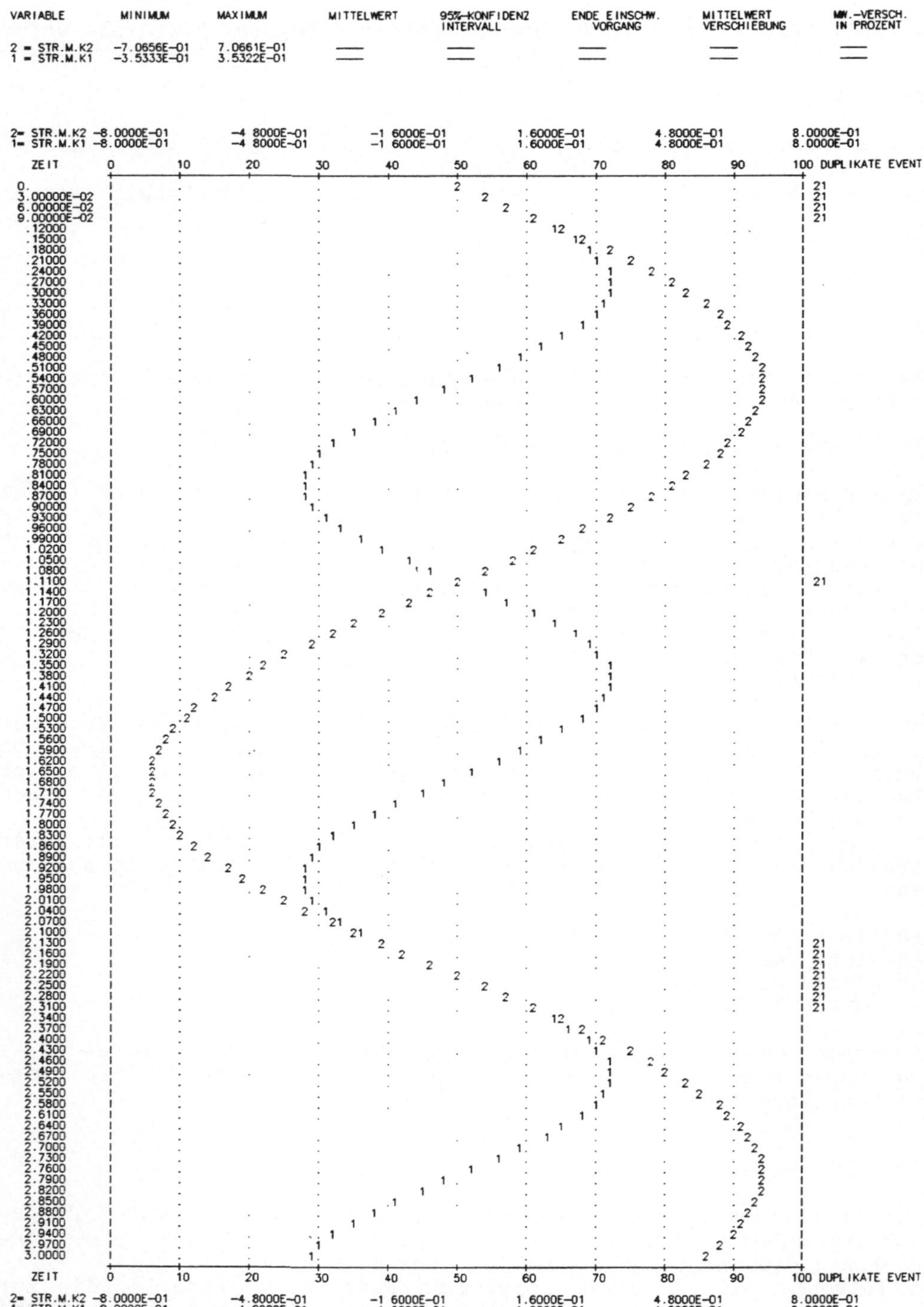

Bild 74: Die integrale Strecke mit I-Regler bei Sprunginput

Weiterhin soll dem Findruck entgegengewirkt werden, daß es nur die
einfachen Fälle gibt, die in der Regel in den Lehrbüchern für Regelungstechnik aufgeführt sind. Die Lehrbücher beschränken sich im
allgemeinen auf die Modelle, die analytisch auswertbar sind. Damit
wird der Blick auf die vielfältigen Möglichkeiten verstellt, die
sich der Regelungstechnik bieten. Die Beschränkung auf Modelle, die
analytisch lösbar sind, ist eine ungerechtfertigte Selbstbeschrän-
kung.

Zunächst soll eine etwas komplexere Strecke untersucht werden. Anstelle der integralen Strecken aus Bd.1 Kap. 4.3.3 "Regelung integraler Strecken" soll als Strecke der elektrische Schwingkreis betrachtet werden, der bereits in Bd.1 Kap. 2.1.2 "Das elektrodynamische System" beschrieben wurde.
Für die Ladung des Kondensators x(t) gilt:

$$L*x'' + R*x' + 1/C*x = z(t)$$

L   Induktionskoeffizient
R   Widerstand
C   Kapazität
z(t) Spannung am Fingang

Im vorliegenden Fall wird die, Spannung am Fingang als Störung betrachtet, die dazu führt, daß das Modell eine gedämpfte Schwingung
ausführt. Nun kann man versuchen, durch Regelung die Ladung des Kondensators auf einen Sollwert w(t) zu halten. Tritt durch einen Span-
nungsstoß von außen eine Störung auf, so soll die hierdurch bedingte
Abweichung vom Sollwert durch die Regelung kompensiert werden. Als
Regler soll ein verzögerungsfreier P-Regler eingesetzt werden, für
den gilt:

$$y(t) = K * (w(t)-x(t))$$

Da die Simulation nur für singuläre Fälle Ergebnisse zu liefern vermag, müssen die Werte für die Variablen vor der Modelluntersuchung
festgelegt werden. Fs gilt:

L = 1.
R = 3.
C = 0.2

Als Führungsgröße wurde zunächst eine zeitunabhängige Konstante w
gewählt. Es gilt:

w = 0.

Die Störung soll ein Rechteckimpuls sein, für den gilt:

$$z(t) = \begin{cases} 0 & t < 1 \\ 4.8 & 1 <= t < 4 \\ 0 & t >= 4 \end{cases}$$

Für den Proportionalitätsfaktor K des Reglers gilt:

K = 10.

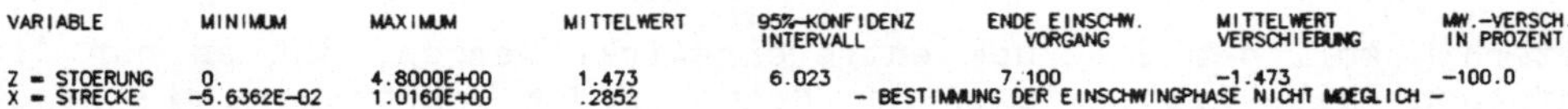

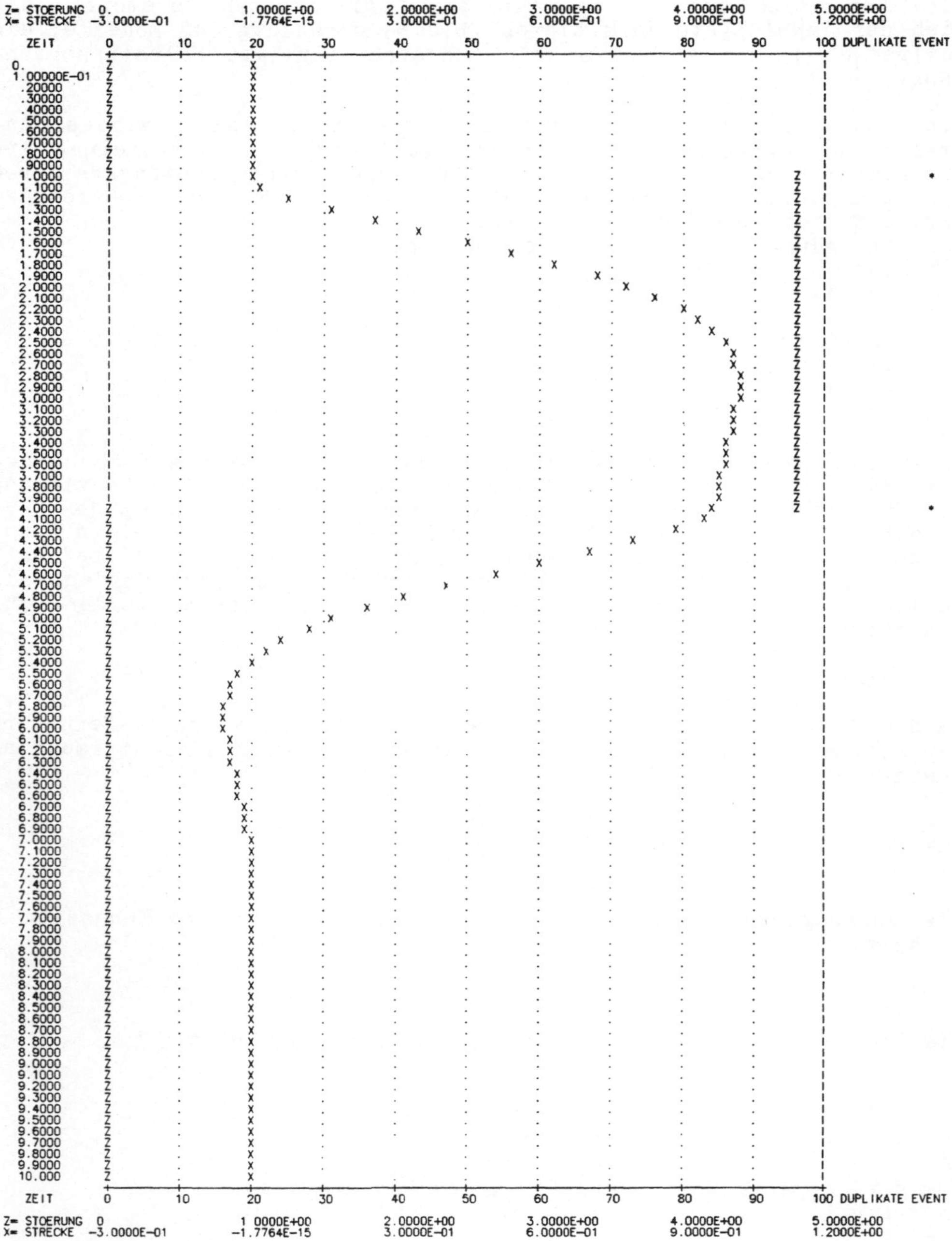

Bild 75: Verlauf der ungeregelten Zustandsvariablen x

PLOT NR 1

VARIABLE	MINIMUM	MAXIMUM	MITTELWERT	95%-KONFIDENZ INTERVALL	ENDE EINSCHW. VORGANG	MITTELWERT VERSCHIEBUNG	MW.-VERSCH. IN PROZENT
Z = Z(T)	0.	4.8000E+00	1.473	6.023	7.100	-1.473	-100.0
X = X(T)	-8.5813E-02	4.0524E-01	9.5050E-02	– BESTIMMUNG DER EINSCHWINGPHASE NICHT MOEGLICH –			

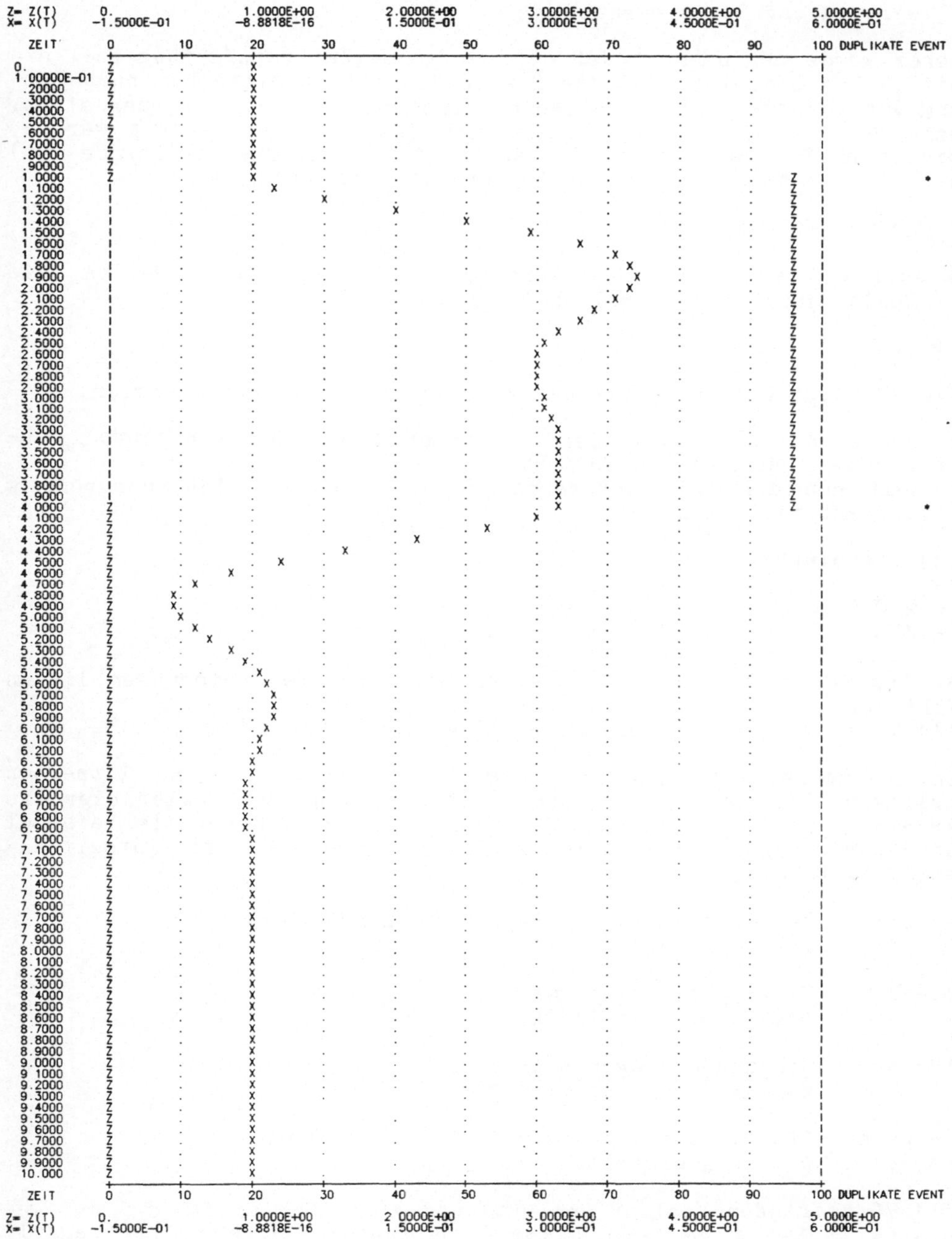

Bild 76: Verlauf der Variablen x mit P-Regler

Bild 75 zeigt zunächst den Verlauf der ungeregelten Zustandsgröße x
aufgrund der Störung z.
Bild 76 zeigt im Gegensatz dazu das Verhalten, wenn die Regelung
eingeschaltet wird. Man erkennt, wie die Zustandsvariable x(t) den
Sollwert zu erreichen versucht.

Bisher wurde angenommen, daß der Regler selbst verzögerungsfrei arbeitet. Das bedeutet, daß die Stellgröße y(t) unmittelbar nach Eingang der rückgekoppelten Zustandsvariablen x(t) zur Verfügung steht.
Reale Regler, die in der praktischen Anwendung eingesetzt werden,
weichen häufig von diesem idealen Verhalten ab. Die Stellgröße y(t)
baut sich erst auf. Für einen Regler mit Verzögerung gilt:

$$y' + b*y = K*(w-x(t))$$

Es soll bei sonst gleichen Voraussetzungen untersucht werden, wie
der Regler das Modellverhalten beeinflußt, wenn gilt:

$$b = 5.0$$

Bild 77 zeigt das Verhalten des Modells mit verzögertem Regler.

In den bisherigen Beispielen war immer von einer konstanten Führungsgröße w ausgegangen worden.
Es soll nun der Fall untersucht werden, daß die Führungsgröße w
zeitvariant ist. Es gilt:

$$w(t) = A*sin(B*t)$$

$$A = 2.0$$
$$B = 4.0$$

Der Regler soll wieder verzögerungsfrei arbeiten. Störungen liegen
nicht vor.
Bild 78 zeigt den Verlauf von w(t) und von x(t).

Von besonderem Interesse ist das Modellverhalten, wenn Totzeiten
vorliegen. Ein derartiger Fall tritt auf, wenn der Regler oder die
Strecke nicht sofort auf die Eingangsgrößen reagieren. Als Beispiel
für das vorhergehende Beispiel wird für die Strecke eine Totzeit angenommen. Es gilt:

Regler: Verzögerungsfreier P-Regler ohne Totzeit
            $$y(t) = K*(w(t)-x(t))$$

Strecke: Schwingkreis mit Totzeit
            $$L*x'' + R*x' + 1/C*x = y(t-TAU)$$

Störung: Störungen liegen nicht vor
            $$z(t) = 0. \quad für alle t$$

Führungs-   Die Führungsgröße w(t) sei zeitabhängig
größe: $$w(t) = A*sin(B*t)$$

Bild 79 zeigt den Verlauf von w(t) und x(t). Man sieht, daß das geregelte System nicht stabil ist. Die Zustandsgröße x(t) schaukelt
sich immer weiter auf.
Das vorliegende Beispiel zeigt den sehr häufigen Fall, daß stabile
Systeme wie z.B. aus Bild 76 durch die Hinzunahme von Totzeiten instabil werden.

VARIABLE	MINIMUM	MAXIMUM	MITTELWERT	95%-KONFIDENZ INTERVALL	ENDE EINSCHW. VORGANG	MITTELWERT VERSCHIEBUNG	MW.-VERSCH. IN PROZENT
$Z = Z(T)$	0.	4.8000E+00	1.473	6.023	7.100	-1.473	-100.0
$X = X(T)$	-1.1679E-01	8.0582E-01	.2037				

– BESTIMMUNG DER EINSCHWINGPHASE NICHT MOEGLICH –

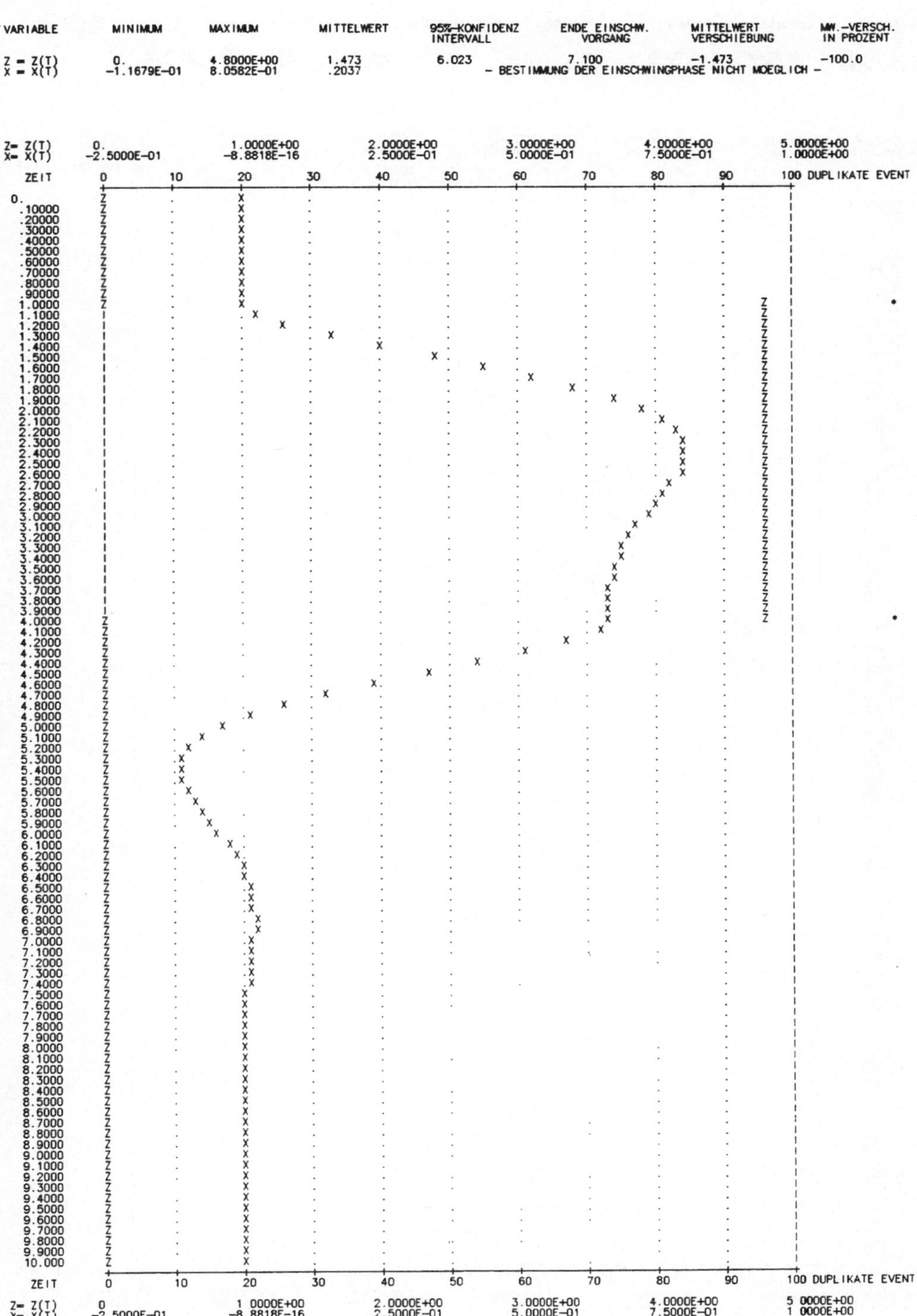

Bild 77: Verlauf der Zustandsvariablen x mit verzögertem Regler

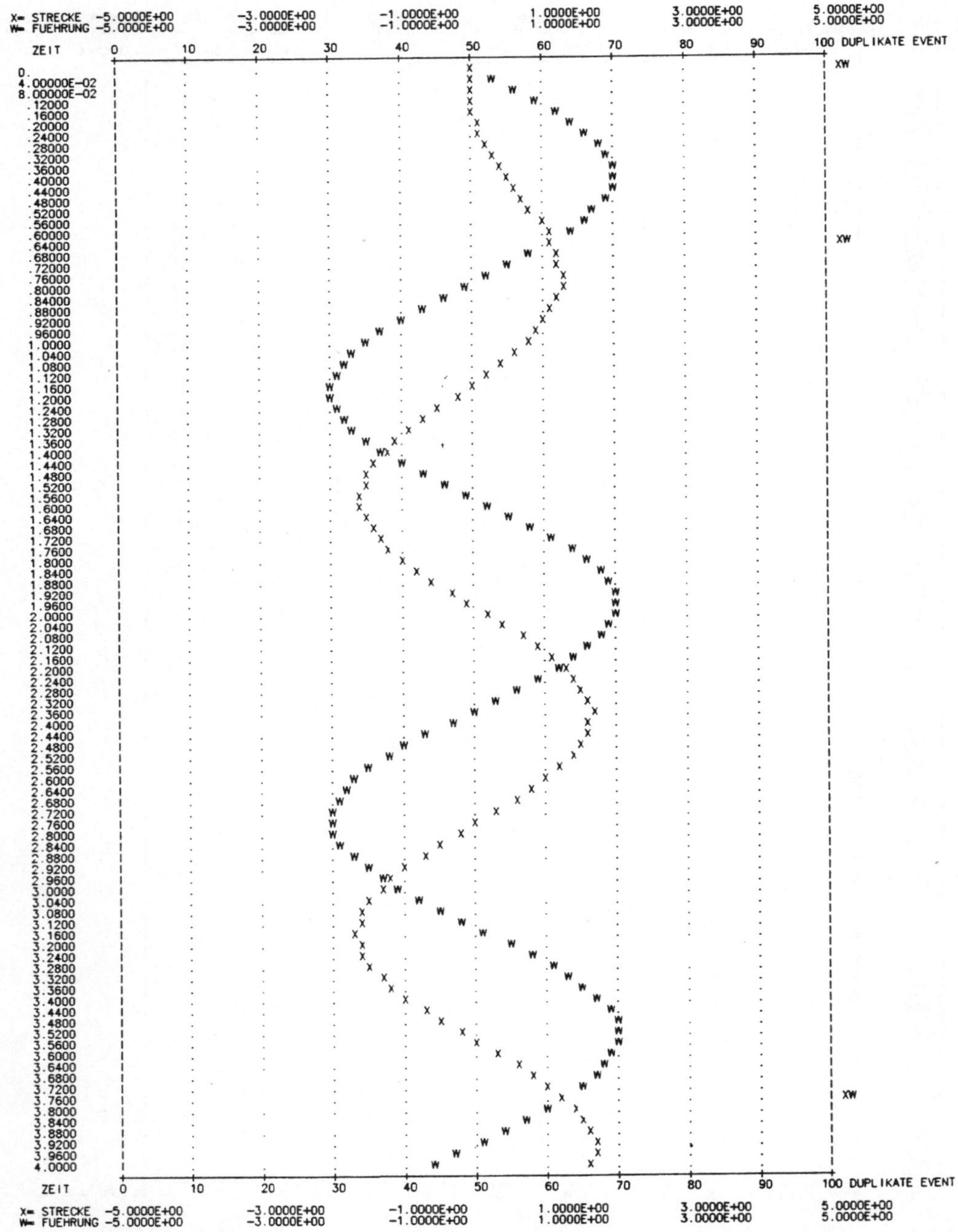

Bild 78: Verlauf der Zustandsvariablen x mit zeitvarianter
         Führungsgröße w(t)

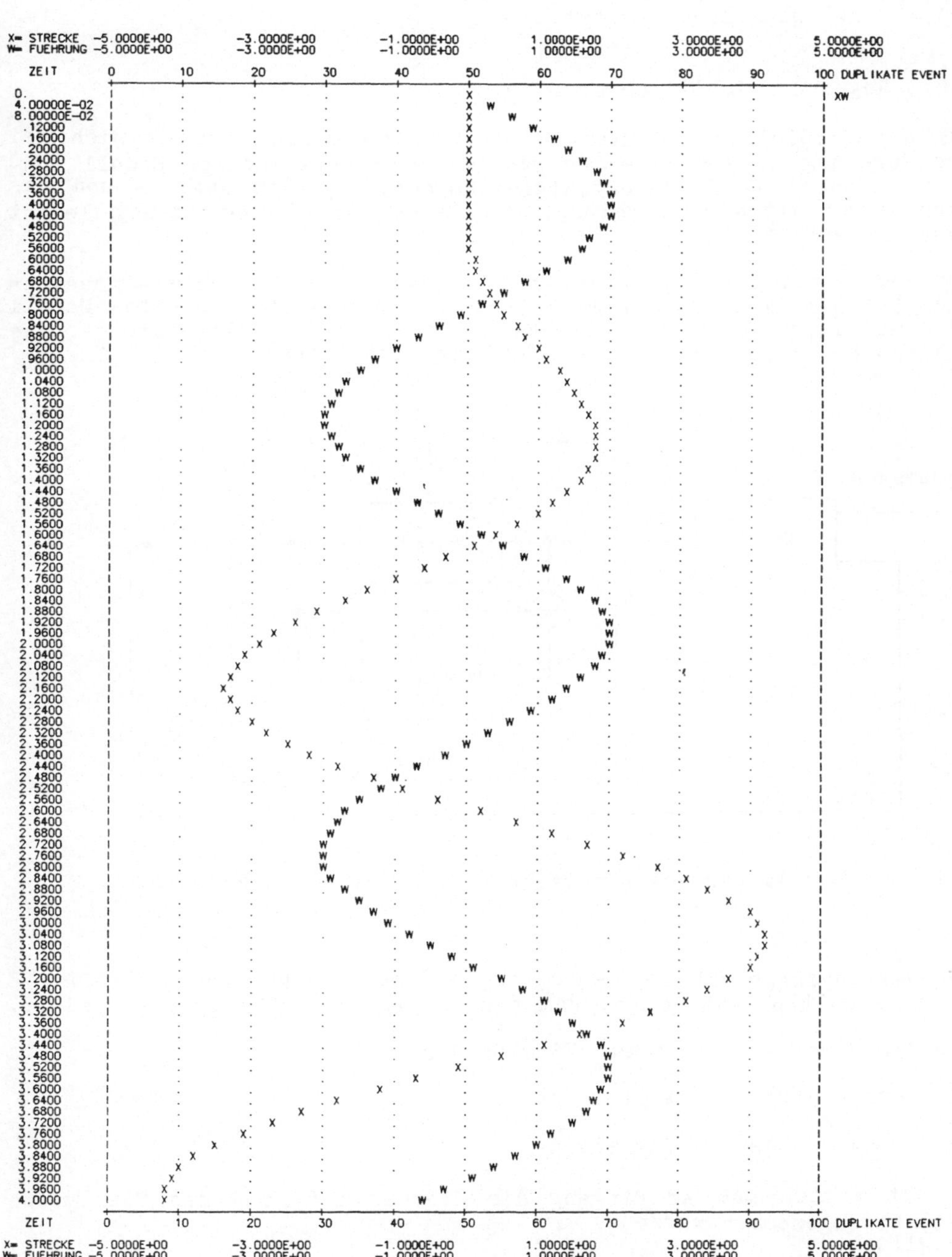

Bild 79: Verlauf der Zustandsvariablen x mit Totzeit

Dieser Sachverhalt ist anschaulich sofort verständlich für den Fall, daß x(t) Schwingungen zeigt und die Phasenverschiebung zwischen Stellglied y(t) und Strecke x(t) aufgrund der Totzeit genau die halbe Schwingungsdauer umfaßt.

4.3.5 Regelung nichtlinearer Strecken

Für die Simulation bedeutet es keinen Unterschied, ob es sich bei der Regelung um ein lineares oder um ein nichtlineares Modell handelt. Sobald die Differentialgleichungen, die das Regler- und das Streckenverhalten beschreiben, vorliegen, kann eine Lösung leicht bestimmt werden.

Für das vorliegende Beispiel wird als Strecke das Wirte-Parasiten Modell angenommen, das in Bd.3 Kap. 1.1 "Das Wirte-Parasiten Modell I" beschrieben wird. Die Strecke weist also ihrerseits bereits eine interne Rückkopplung auf. Bild 80 zeigt den Aufbau.

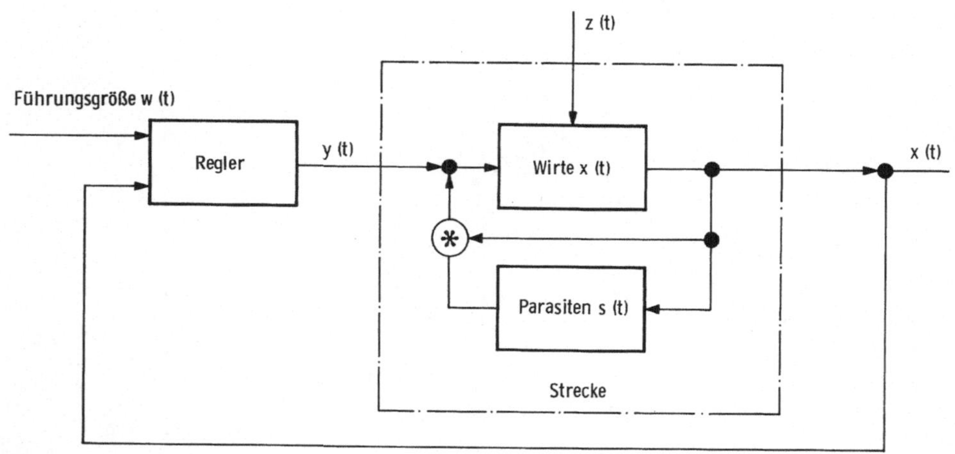

Bild 80: Der Aufbau des geregelten Wirte-Parasiten Modells

Das Verknüpfungssymbol * deutet an, daß es sich bei der Rückkopplung um eine multiplikative und damit nichtlineare Abhängigkeit handelt.

Für die Strecke ohne äußere Einflüsse gilt:

$$x' = a*x - c*x*s \qquad \text{Wirte}$$

$$s' = c*x*s - b*s \qquad \text{Parasiten}$$

Zu den Wirten muß am Eingang die Störung z(t) und die Stellgröße y(t) hinzugenommen werden.
Es gilt:

$$x' = a*x - c*x*s + z(t) + y(t)$$

Auch für den Regler soll angenommen werden, daß er nicht linear ist.
Es wäre denkbar, von einem Regler auszugehen, der mit der Wurzel zur
Reglerabweichung reagiert. Das bedeutet, daß der Regler schwächer
als der P-Regler auf große Abweichungen reagiert.
Für den Regler gilt:

y(t) = K* sqrt(abs(w-x(t)) * sign(w-x(t))

Die Führungsgröße soll die Anzahl der Wirte auf einem Sollstand halten. Sie sei zeitinvariant:

w = 8000.

Bild 81 zeigt zunächst von der Zeit T=0. bis T=300. den ungeregelten
Verlauf des rückgekoppelten Wirte-Parasiten Modells, wie er bereits
aus Bd.3 Kap. 1.1.4 "Ergebnisse für das einfache Wirte-Parasiten Modell" bekannt ist.
Zum Zeitpunkt T=300. wird die Regelung eingeschaltet. Man entnimmt
Bild 82, wie die Regelung das Verhalten der Wirte und Parasiten beeinflußt.

Hinweis:

* Man beachte, daß der Regler nur die Anzahl der Wirte überwacht.
Die Anzahl der Parasiten folgt der Wirtezahl aufgrund der Rückkopplung, die in der Beschreibung der Strecke festgelegt ist.

Bild 83 zeigt, daß sich das Modell nach dem Finschalten der Regelung
zur Zeit T=500. im eingeschwungenen Zustand befindet. Die Anfangsphase ist überwunden.
Zum Zeitpunkt T=600. soll eine Sprungstörung auf das Modell einwirken. Von T=600. an erfolgt ein ständiger Zufluß von Wirten. Fs gilt:

$$z(t) = \begin{cases} 0 & t < 600 \\ 960 & t >= 600 \end{cases}$$

Bild 83 zeigt, wie der Regler die Sprungstörung kompensiert.

Das bisher beschriebene geregelte Wirte-Parasiten Modell ist relativ
einfach. Fs besteht aus drei gekoppelten Differentialgleichungen.

y = K * sqrt(abs(w-x(t)) * sign(w-x(t))
x' = a*x - c*x*s + y + z
s' = c*x*s -b*s

Für die analytische Auswertung liegt die Lösung weit jenseits des
Möglichen. Der Simulation bereitet das Differentialgleichungssystem
keinerlei Schwierigkeiten. Die Aufgabe besteht im wesentlichen darin, einem Simulator die Differentialgleichung in vereinbarter Syntax anzugeben.

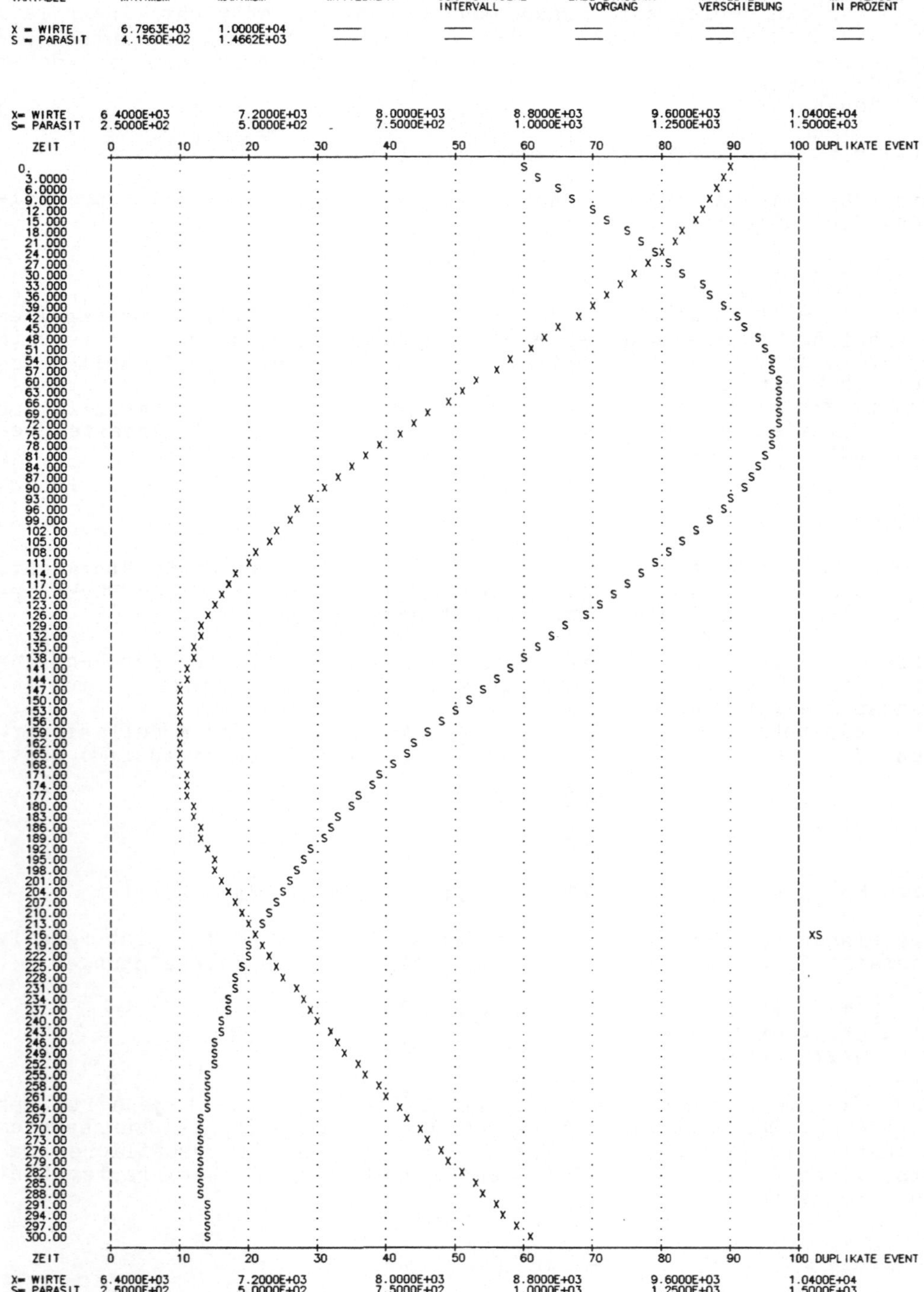

Bild 81: Verlauf des ungeregelten Wirte-
        Parasitenmodells

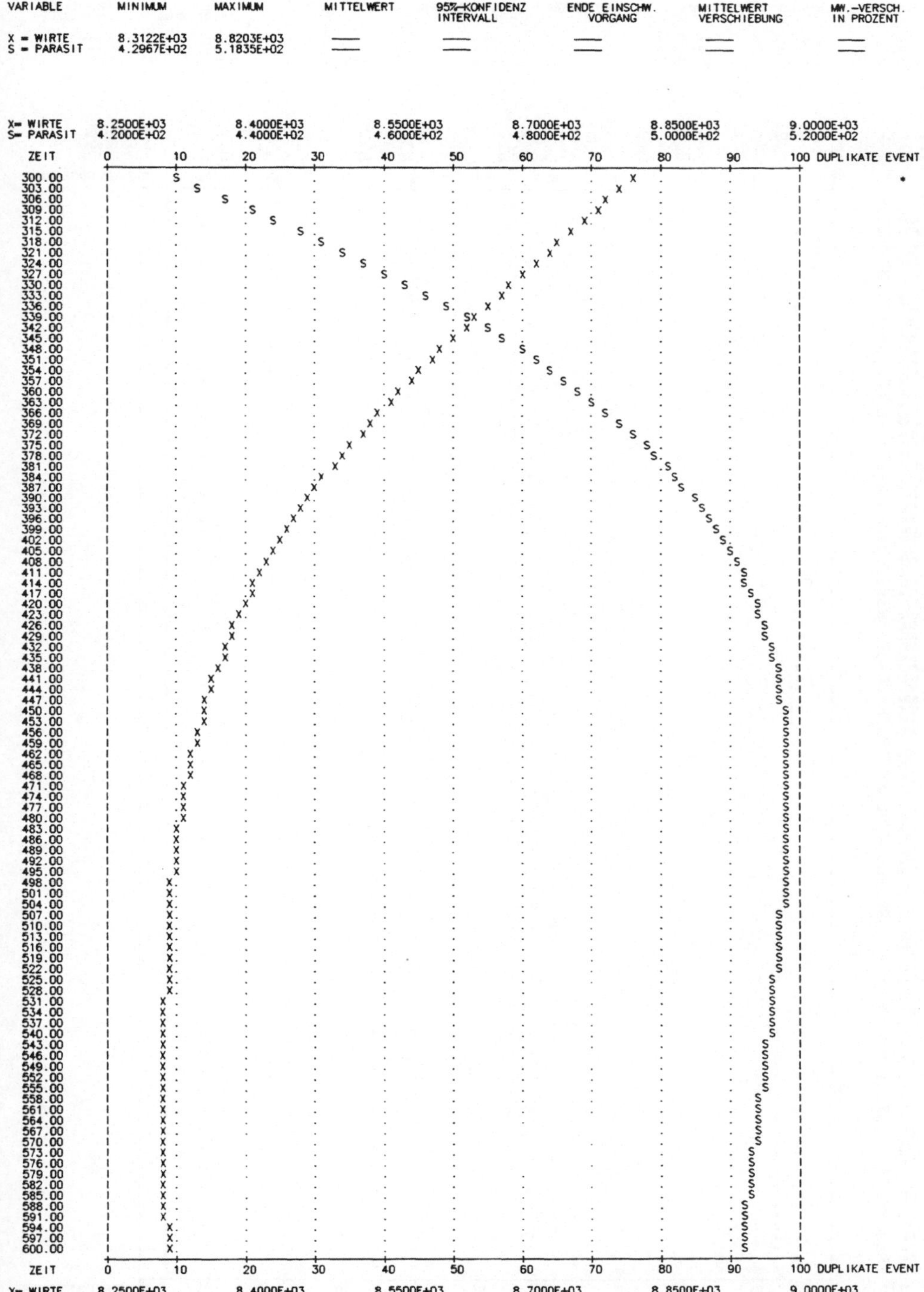

Bild 82: Verlauf des geregelten Wirte-Parasitenmodells
ohne Störung

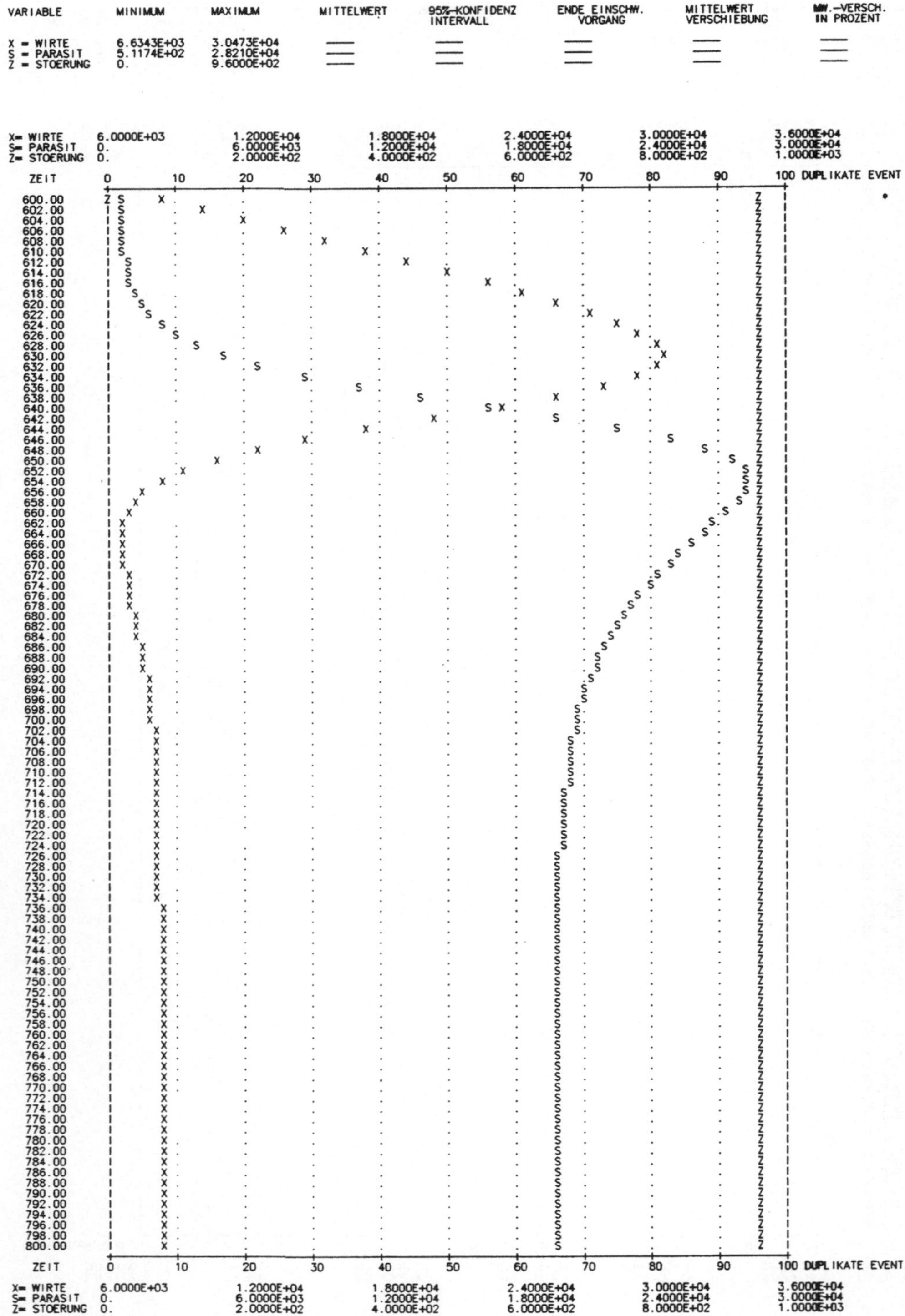

Bild 83: Verlauf des geregelten Wirte-Parasitenmodells
mit einer Sprungstörung

4.4 Modell Autopilot

Das Modell Autopilot soll zeigen, auf welch einfache und dem Problem
entsprechende Art die Simulation auch für komplexere Aufgaben die
gewünschten Ergebnisse zu liefern vermag.

Zunächst wird das sehr einfache Grundmodell vorgestellt. Anschließend wird das Modell erweitert und das Verhalten des Modells bei
zeitvarianter Totzeit untersucht.

4.4.1 Der Aufbau des einfachen Grundmodells

Das Modell Autopilot beschreibt einen Flugkörper, dessen Position
(x,y) einer vorgegebenen Flugbahn folgen soll. Abweichungen von der
Sollbahn werden durch einen PI-Regler kompensiert.

Bild 84 zeigt den Aufbau des Modells.

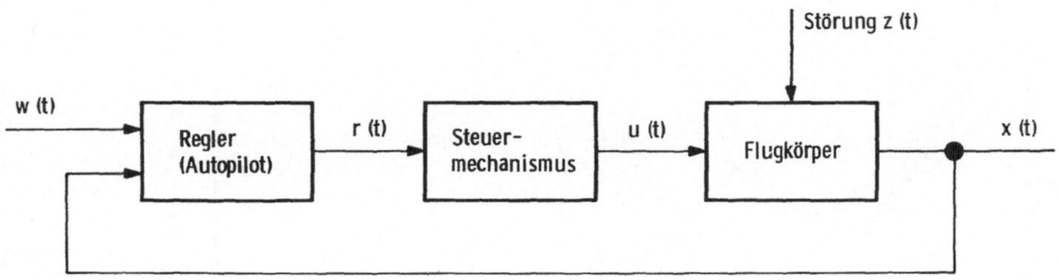

Bild 84 Der Aufbau des Modells Autopilot

Für die Bahn des Flugkörpers wird ein (x,y)-Koordinatensystem zugrunde gelegt. Die ursprüngliche Flugrichtung verlaufe auf der y-
Achse. Die Kräfte, die eine Änderung der Flugbahn bewirken, sind immer parallel zur x-Achse gerichtet. Sie wirken daher senkrecht zur
ursprünglichen Flugrichtung.
Damit gilt:

y' = constant
x' = u(t) + z(t)

Der Flugkörper wird dadurch als integrale Strecke aufgefaßt, auf der
die Störung und das Steuersignal einwirken.

Der Steuermechanismus übernimmt die Stellgröße r(t) vom Regler und
setzt sie in das Steuersignal um. Der Steuermechanismus wird auf
eine verzögerte Strecke 1. Ordnung abgebildet.
Es gilt:

T*u' + u(t) = p*r(t)

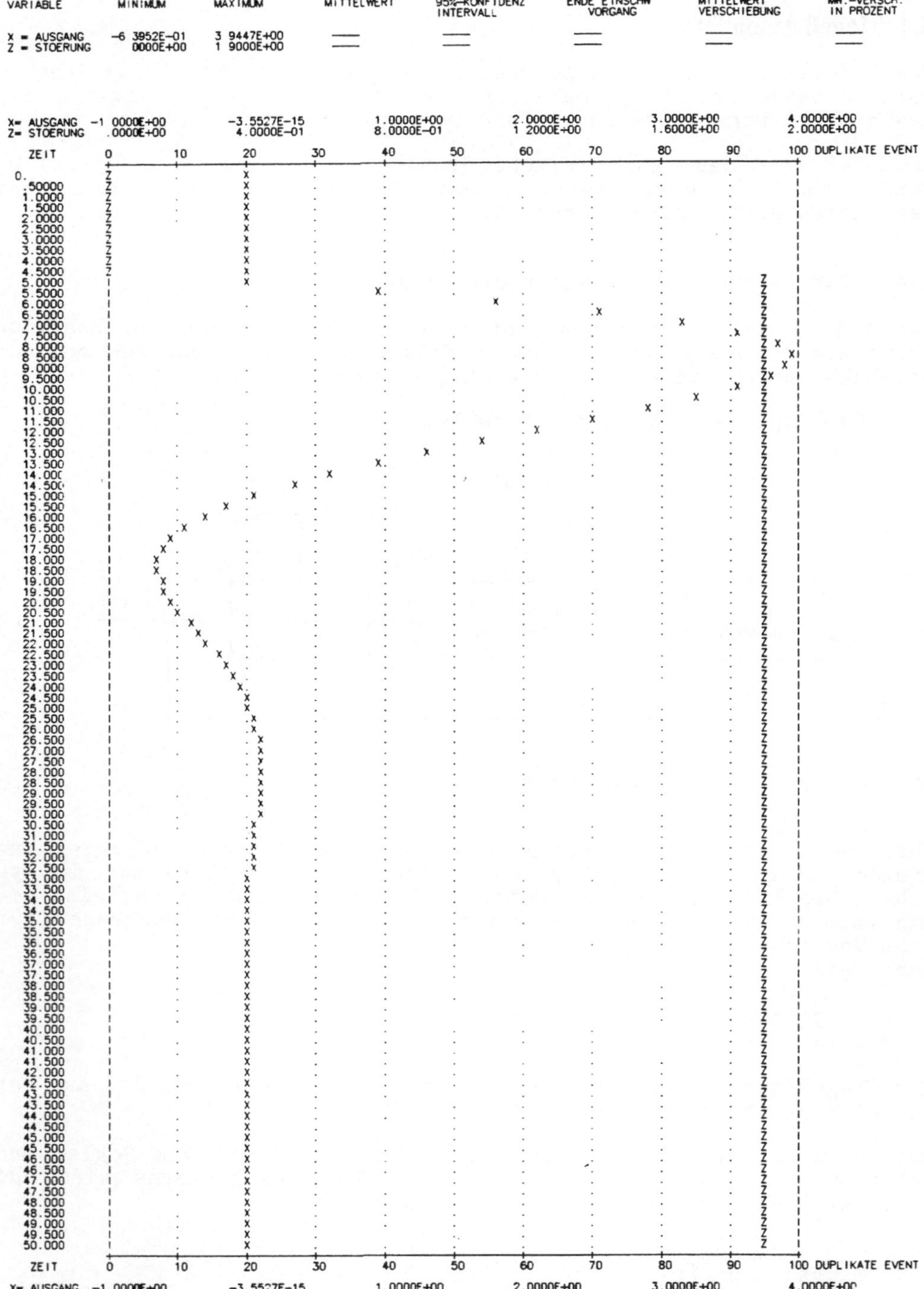

Bild 85: Das Verhalten des Flugkörpers bei Sprungstörung ohne Totzeit

Der Regler ist ein einfacher PI-Regler ohne Verzögerung. Es gilt:

$$r(t) = K(p)*(w(t)-x(t)) + K(i)* \int (w-x)dt$$

Durch Differentiation erhält man:

$$r' = K(p)*(w'-x') + K(i)*(w-x)$$

Um die Bewegung des Flugkörpers in der (x,y)-Ebene darstellen zu können, ist das folgende Differentialgleichungssystem zu lösen:

$$x' = u(t) + z(t)$$
$$T*u' + u(t) = p*r(t)$$
$$r' = K(p)*(w'-x')+K(i)*(w-x)$$

Die Eingabe dieser drei Differentialgleichungen in einen Simulator ist eine Angelegenheit, die sich in kürzester Zeit durchführen läßt.

Für die Variablen gilt:

$$T = 1$$
$$p = 0.375$$
$$K(p) = 1.$$
$$K(i) = 0.25$$

Als Führungsgröße soll zunächst eine Konstante angenommen werden. Es gilt:
w = 0. für alle t.

Bild 85 zeigt das Verhalten des Flugkörpers bei Sprungstörung zur Zeit T=1. Dargestellt ist x(t). Der Wert der Variablen x gibt die Abweichung von der Sollbahn an, die entlang der y-Achse verlaufen soll.

4.4.2 Das Verhalten des Modells mit Totzeit

Eine erste Erweiterung des Grundmodells bedeutet die Einführung von zwei Totzeiten.
Die erste Totzeit TAU1 berücksichtigt, daß die Übertragung der Zustandsgröße x(t) zum Regler nicht zeitlos ist. In gleicher Weise soll die Übertragung der Stellgröße vom Regler zum Steuermechanismus ein zeitverbrauchender Vorgang sein. Es tritt die Totzeit TAU2 auf. Mit diesen beiden Ergänzungen hat das Differentialgleichungssystem die folgende Form:

$$x' = u(t) + z(t)$$

$$T*u' + u(t) = p*(r(t-TAU2))$$

$$r' = K(p)*(w'(t) - x'(t-TAU1)) + K(i)*(w(t)-x(t-TAU1))$$

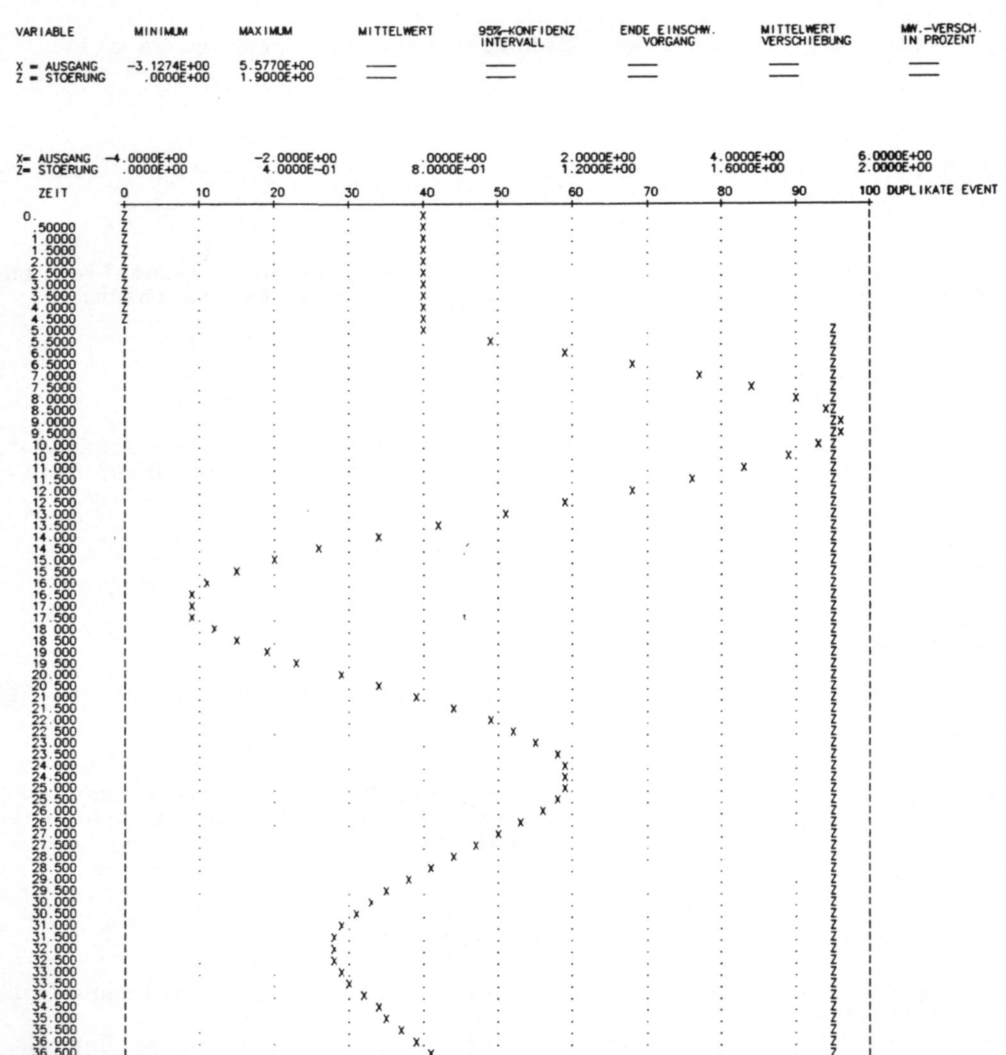

Bild 86: Das Modell Autopilot mit Totzeiten (stabiler Zustand)

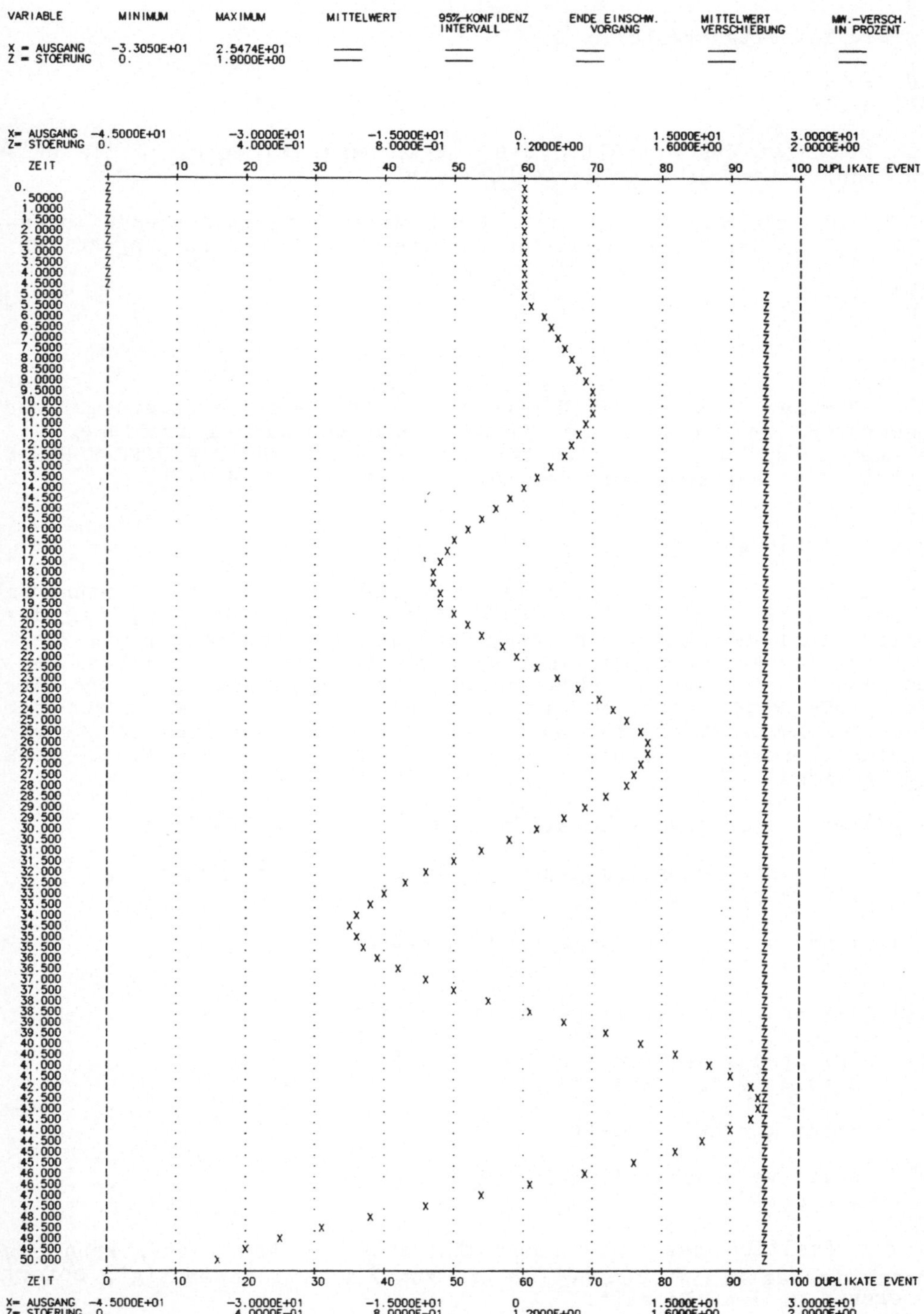

Bild 87: Das Modell Autopilot mit Totzeiten
(instabiler Zustand)

Für die Totzeiten gelte:

TAU1 = 0.5
TAU2 = 0.5

Bild 86 zeigt das Verhalten des Flugkörpers. Man erkennt die aufgrund der Totzeiten verzögerte Reaktion.

Erhöht man die Totzeiten, so wird das Modell erwartungsgemäß instabil. Bild 87 zeigt das Verhalten für die folgenden Verzögungszeiten:

TAU1 = 1.0
TAU2 = 1.0

Hinweis:

* Der Simulator GPSS-FORTRAN Version 3 eignet sich besonders gut zur Auswertung von Modellen mit Totzeit. Die besonderen Probleme, die bei der Behandlung von Totzeiten auftreten und für die GPSS-FORTRAN Version 3 eine Lösung gefunden hat, findet man in /46/.

4.4.3 Zeitvariante Totzeit

Die nächste Erweiterung des Grundmodells betrifft die Einführung zeitvarianter Totzeit. Es wird wieder davon ausgegangen, daß der Regler nicht im Flugkörper integriert ist sondern eine feste Position auf der Erde hat. Wie im vorherigen Abschnitt beschrieben, gelten daher für die Übertragung der Zustandsgröße x(t) und der Stellgröße y(t) Totzeiten. Da sich der Flugkörper jedoch von der Erde und damit vom Regler wegbewegt, sind die Totzeiten nicht mehr konstant sondern wachsen mit zunehmender Entfernung des Flugkörpers von der Erde.

Es gelten die folgenden Bezeichnungen:

y'   Konstante Geschwindigkeit des Flugkörpers in y-Richtung
       y' = v(y) = const.

y(t)   y-Koordinate des Flugkörpers zur Zeit t
       y(t) = v(y)*t

x(t)   x-Koordinate des Flugkörpers zur Zeit t

s(t)   Entfernung des Flugkörpers zur Zeit t
       s(t) = (y**2 + x**2)**1/2

c   Signalgeschwindigkeit

V   Relative Geschwindigkeit des Flugkörpers
       V = v(y)/c

Da die Position des Flugkörpers für alle t bekannt ist, kann die Zeit, die das Signal vom Regler bis zum Flugkörper benötigt, sofort angegeben werden. Es gilt:
TAU2 = s(t)/c

Die Berechnung von TAU1 gestaltet sich etwas schwieriger (siehe Bild 88).

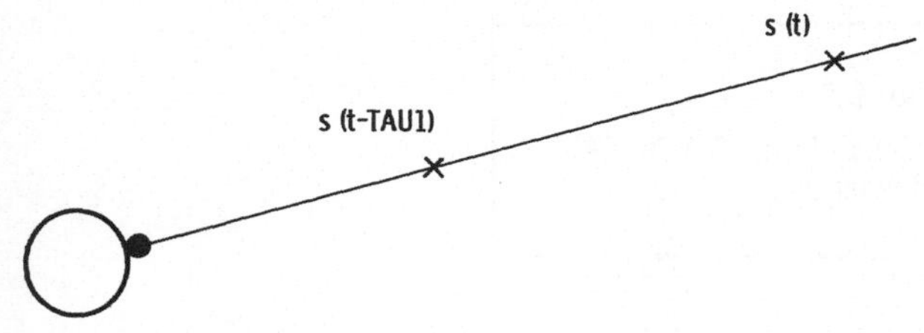

Bild 88: Die Bestimmung der Totzeit TAU1

Es wird davon ausgegangen, daß sich der Flugkörper zur Zeit t in
einer Entfernung s(t) befindet. Zu dieser Zeit t bearbeitet der Regler ein Signal, das zur Zeit t-TAU1 die Rakete verlassen hat. Die
Entfernung der Rakete zur Erde betrug in diesem Augenblick s(t-
TAU1). Wenn das Signal die Erde erreicht, hat sich die Rakete zwi-
schenzeitlich bis zum Punkt s(t) bewegt.
Die Bestimmung von TAU1 auf analytischem Weg ist nicht möglich. Es
ist daher zweckmäßig, eine iterative Prozedur zu verwenden, die den
Wert für TAU1 aus der nachfolgenden Beziehung gewinnt:

c*TAU1 = s(t-TAU1)

In der Simulation liegen die zurückliegenden Wert für die Funktion
s(t) vor. Es ist also möglich, zu jeder Zeit t den Wert der Funktion
s(t-TAU) zu bestimmen.
Das Iterationsverfahren muß daher durch Variation von TAU1 solange
suchen, bis ein Wert gefunden ist, für den gilt:
c*TAU1 = s(t - TAU1)

Der Ablaufplan für die Prozedur, die den Namen DEL1 tragen soll, ist
schematisch in Bild 89 beschrieben.

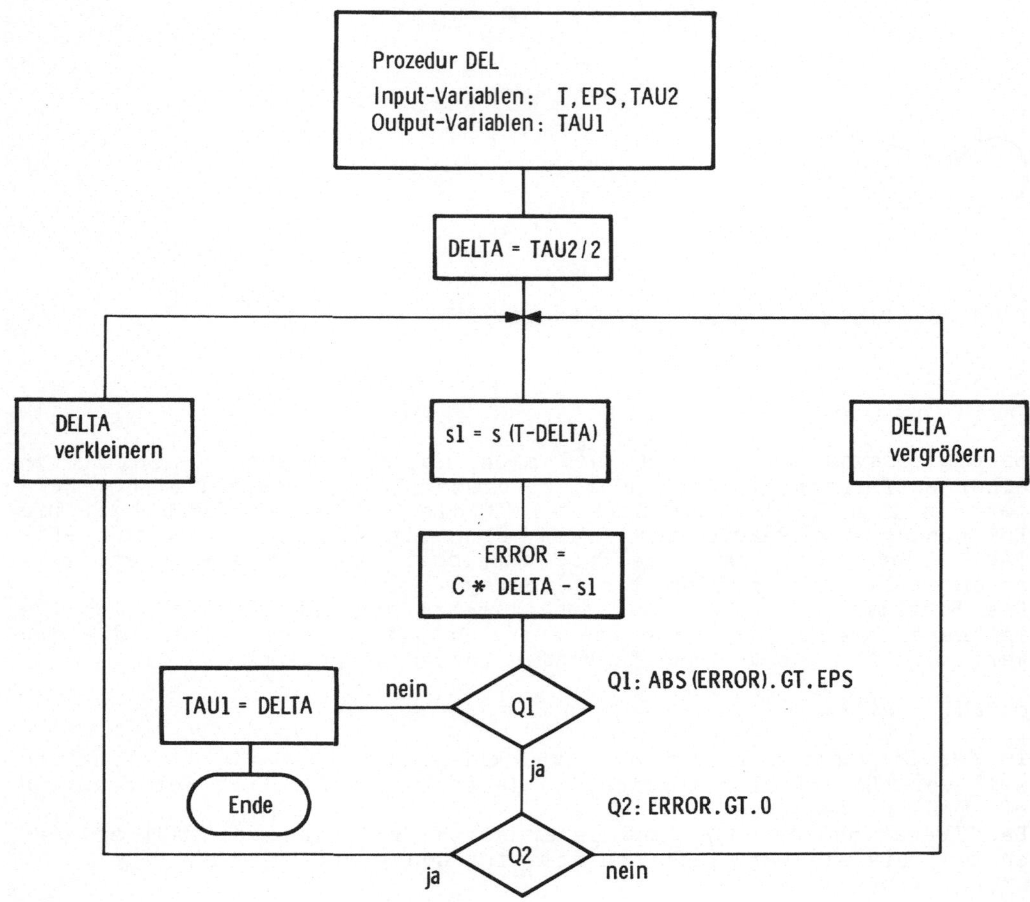

Bild 89: Der Ablaufplan für das Iterationsverfahren zur Bestimmung von TAU1

Zunächst soll für das Modell Autopilot mit variabler Totzeit das
Verhalten auf eine Sprungstörung untersucht werden.
Für die relative Geschwindigkeit des Flugkörpers zur Symbolgeschwin-
digkeit gelte:
$V = 1.E-05$

Der erste Sprung erfolgt zur Zeit T=5. Hier ist der Flugkörper noch
der Erde sehr nahe.

Die Totzeit macht sich wegen der geringen Relativgeschwindigkeit
noch kaum bemerkbar. Die Störung wird in der für einen PI-Regler ty-
pischen Form kompensiert. (Siehe Bild 90.)
Erhöht man die Relativgeschwindigkeit auf $V = 0.03$, so sieht man,
daß zunächst eine Regelung erfolgt. Bei fortschreitender Zeit wird
das Verhalten des Modells jedoch instabil (Siehe Bild 91).

Eine weitere interessante Untersuchung läßt sich anstellen, wenn man
eine zeitabhängige Führungsgröße w(t) einführt. Es soll gelten:

$w(t) = A*\sin (B*t)$

Das bedeutet, daß die Bahn des Flugkörpers eine Sinuskurve beschreiben soll. Der Regler hat die Aufgabe, den Flugkörper auf der vorgeschriebenen Bahn zu führen.

Bild 92 zeigt den Verlauf für die folgende Relativgeschwindigkeit:

$V = 1.E-05$

Das bedeutet, daß sich der Flugkörper nur sehr langsam im Vergleich
zur Signalgeschwindigkeit bewegt. Die Änderung der Totzeit ist ge-
ring. Bild 92 zeigt den Verlauf der Kurven für die Führungsgröße w
und die Zustandsgröße x.

Erhöht man die relative Geschwindigkeit V, so sieht man, daß sich
mit fortschreitender Zeit die Amplitude erhöht. Begründung:
Das Korrektursignal erreicht den Flugkörper bei größerer Entfernung
immer später. Daher kann sich die Rakete jeweils immer weiter von
ihrer Sollkurve entfernen.
Bild 93 zeigt das Verhalten für V=0.03.

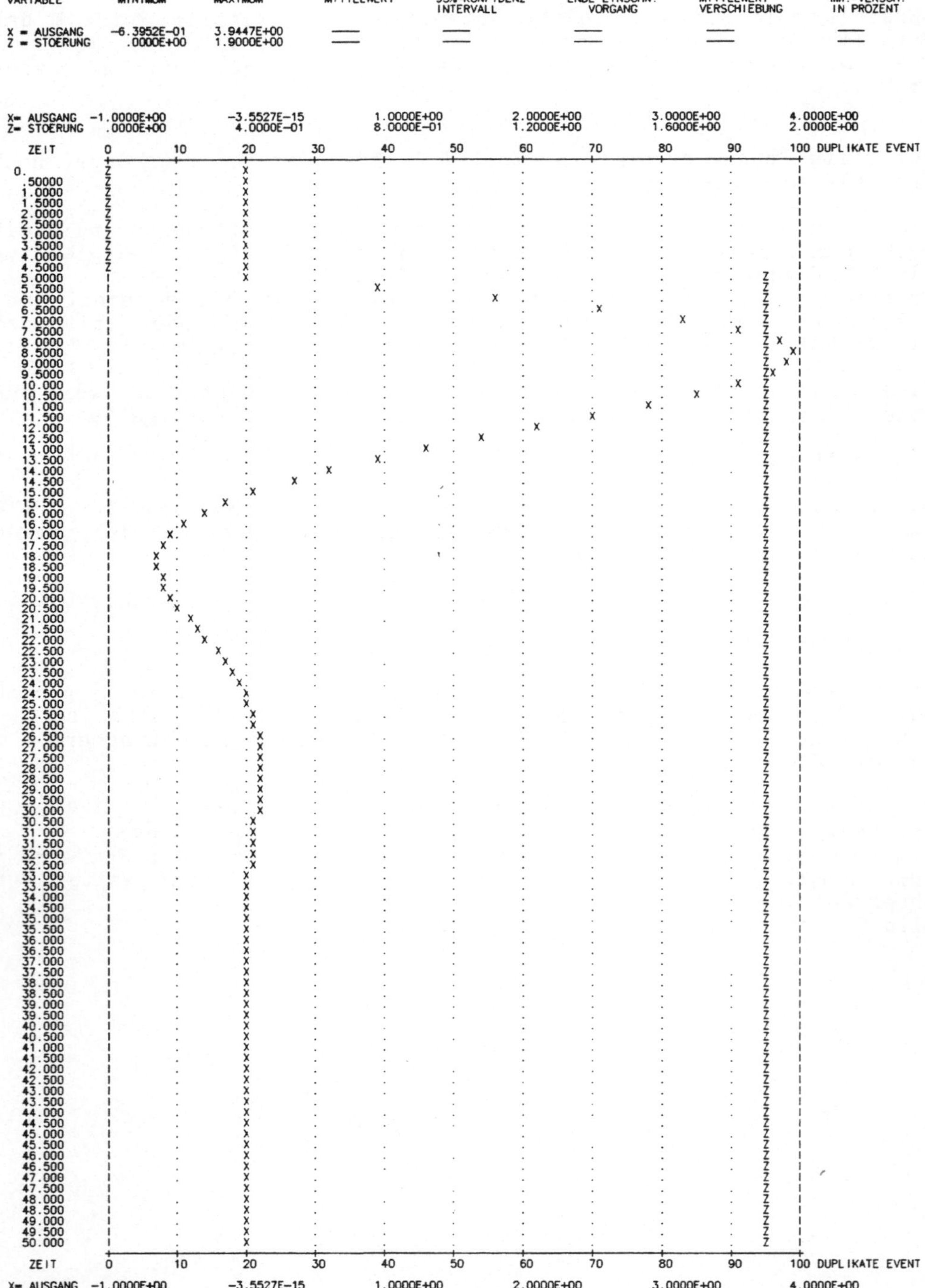

Bild 90: Das Verhalten des Modells Autopilot mit variabler
Totzeit bei Sprungstörung zur Zeit T=5 mit V=1.E-05

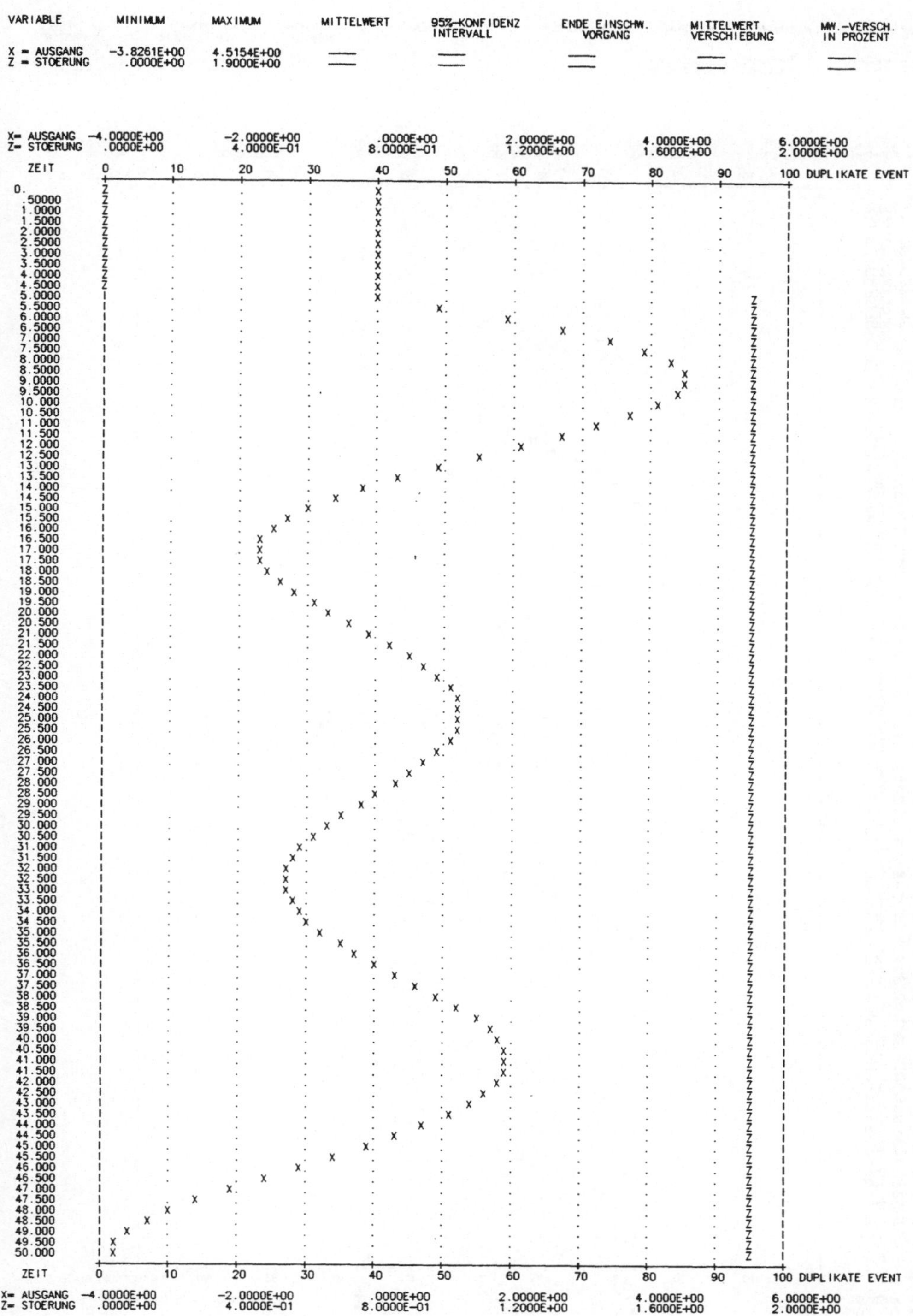

Bild 91: Das Verhalten des Modells Autopilot mit variabler
Totzeit bei Sprungstörung zur Zeit T=5. mit V=0.03

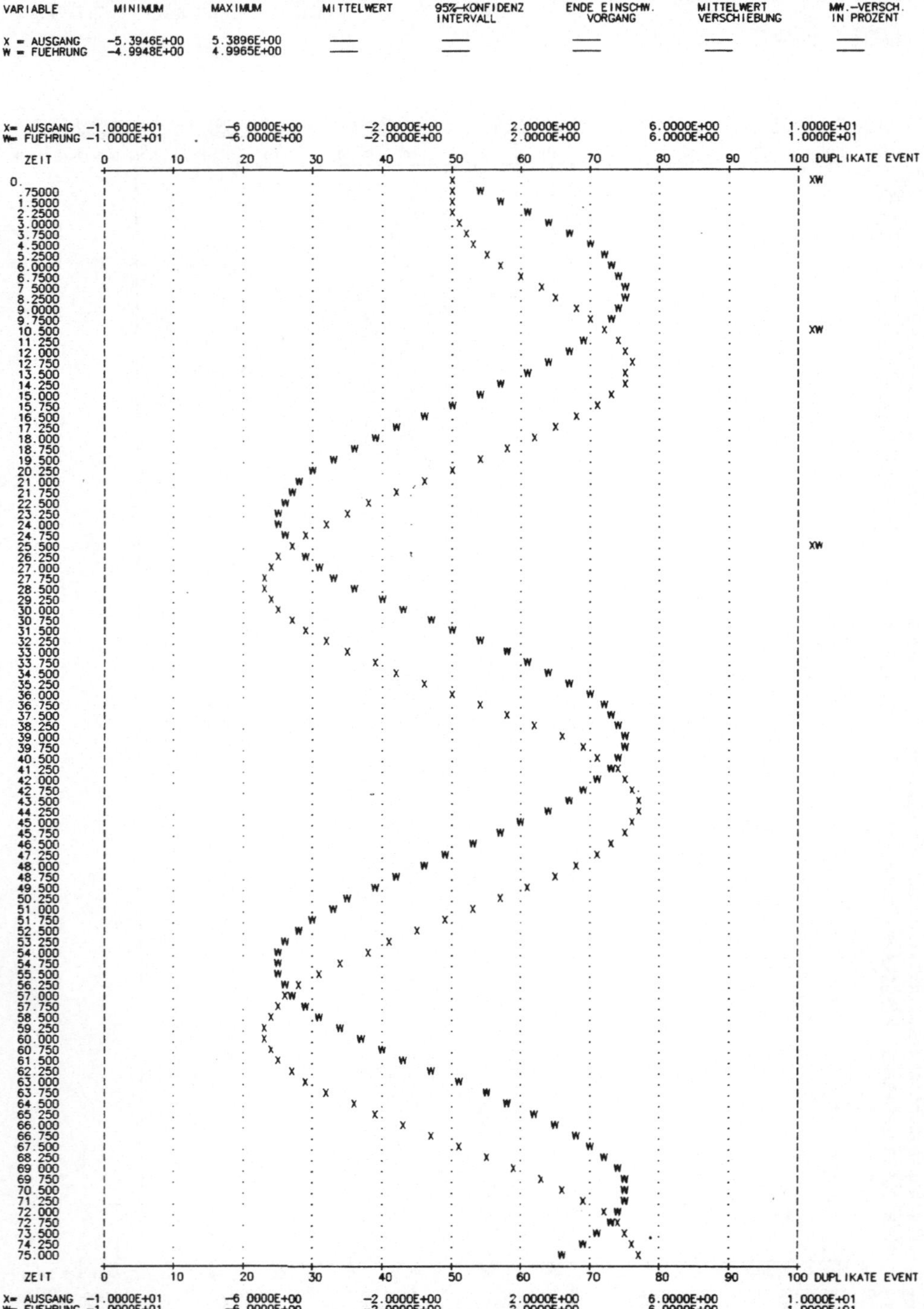

Bild 92: Das Verhalten des Modells Autopilot bei variabler Führungsgröße w(t) mit V=1.E-05

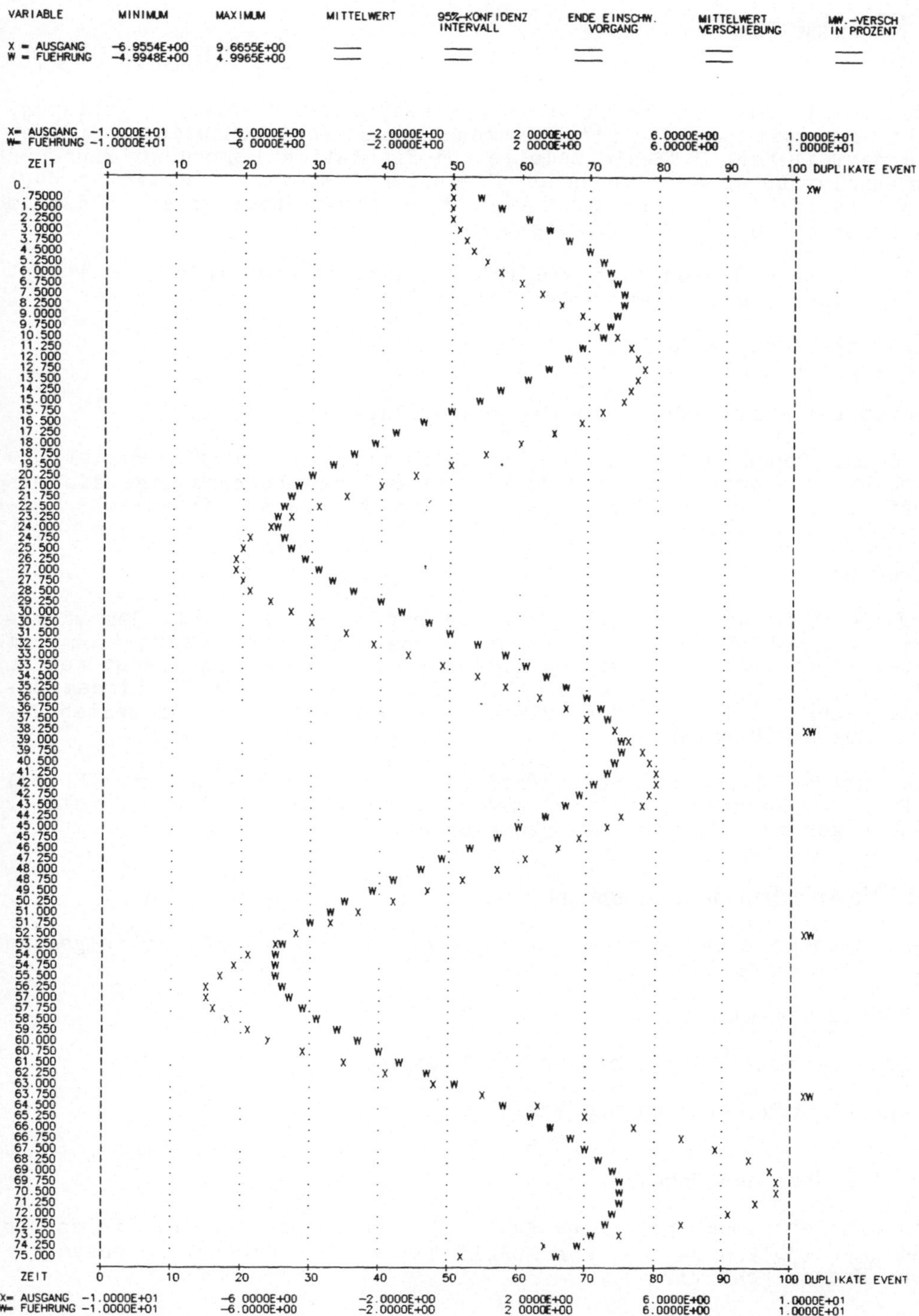

Bild 93: Das Verhalten des Modells Autopilot bei variabler Führungsgröße mit V=0.03

5 Simulatoren

Um Aussagen über das Verhalten eines abstrakten Modells zu gewinnen,
gibt es zwei grundsätzlich verschiedene Vorgehensweisen. (Siehe
hierzu Bd.1 Kap. 2 "Reale Modelle und Simulation") Zunächst kann man
auf analytischem Wege zu neuen Ergebnissen kommen. Die zweite Möglichkeit sieht vor, daß ein reales Modell aufgebaut wird. In diesem
Fall spricht man von Simulation.

Reale Modelle lassen sich wie folgt klassifizieren (siehe Bd.1 Kap.
2.2 "Klassifikation der realen Modelle"):

* Physikalische Modelle
* Graphische Modelle

Computer-Modelle gehören zu den physikalischen Modellen.

Wird als Computer-Modell ein Digitalrechner eingesetzt, so ist ein
Simulationsprogramm erforderlich, das auf der Rechenanlage die erforderlichen Zustandsänderungen durchführt, die das dynamische Verhalten beschreiben.

Hinweis:

* Es wird an dieser Stelle dringend empfohlen, sich mit dem allgemeinen Grundgedanken vertraut zu machen, der der Simulation auf
einem Digitalrechner zugrunde liegt. Eine Beschreibung findet man in
Bd.2 Kap. 1 "Die Ablaufkontrolle". Besonders wichtig in diesem Zusammenhang ist Bild 4 "Der Aufbau der Ablaufkontrolle für zeitabhängige Zustandsübergänge".

Die gesamte Software, die erforderlich ist, um ein Computer-Modell
auf einer Rechenanlage zu betreiben, wird als Software-Simulator
oder abgekürzt als Simulator bezeichnet.

5.1 Die Aufgaben eines Simulators

Der Anwender eines Simulators kann Unterstützung auf den folgenden
drei Gebieten erwarten:

* Aufbau des Modells

* Beschreibung und Auswertung des Experiments

* Angebot von Methoden und Verfahren

5.1.1 Aufbau des Modells

Ein Simulator muß Sprachkonstrukte zur Verfügung stellen, die es dem
Anwender möglich machen, das Modell schnell und adäquat zu beschreiben. Hierzu gehört:

* Beschreibung der Modellkomponenten, Beschreibung der Modellstruktur und Beschreibung der Dynamik.

* Durchführung der Zustandsübergänge

Als Beispiel wird auf Bd.1 Kap. 3.1 "Beschreibungsmöglichkeiten für Warteschlangenmodelle" verwiesen. Die Modellkomponenten sind in diesem Fall die 4 stationären Elemente (Quellen, Stationen, Zeitverzögerung, Senken) und die Aufträge. Die Struktur wird durch den "Fahrplan" charakterisiert, der angibt, in welcher Weise die Aufträge von Station zu Station laufen.

5.1.2 Beschreibung und Auswertung des Experiments

Es hat sich als sinnvoll und nützlich erwiesen, zwischen Modell und Experiment zu unterscheiden. Zum Experiment zählt all das, was für das Arbeiten an einem Modell erforderlich ist. Hierzu gehört:

* Festlegung der Anfangsbedingungen des Modells

* Angabe der Variablen, deren Werte während eines Simulationslaufes protokolliert werden sollen

* Verfahren zur Auswertung und Darstellung der Ergebnisse

* Angabe der Aufgabe, die der Simulationslauf erfüllen soll, wie z.B. Optimierung, Parameterschätzung, Sensitivitätsanalyse usw.

5.1.3 Angebot von Methoden und Verfahren

Häufig werden sowohl beim Modellaufbau als auch bei der Beschreibung und Auswertung der Ergebnisse allgemeine Verfahren und Methoden benötigt, die z.B. von der numerischen Mathematik oder der Statistik angeboten werden. Auf diese Methoden und Verfahren möchte der Anwender eines Simulators zugreifen können.
Hierzu gehören:

* Statistische Verfahren, wie z.B. die Bestimmung von
  Konfidenzintervallen

* Erzeugung von Zufallszahlen

* Integrationsverfahren

* Optimierungsalgorithmen

* Parameterschätzverfahren

Eine besondere Schwierigkeit beim Angebot allgemeiner Methoden und Verfahren liegt in der Tatsache, daß es für einen Simulator nicht möglich ist, alle Anwenderwünsche zu befriedigen. Dafür sind die Anforderungen zu vielgestaltig.
Als Lösung bietet sich an, im Simulator zunächst nur die wichtigsten Verfahren und Methoden anzubieten. Für weiterreichende Bedürfnisse muß ein Simulator die Möglichkeit haben, an definierten Schnittstellen fremde Programme ankoppeln zu können, die aus einer Programmbibliothek stammen oder vom Anwender selbst geschrieben worden sind. Dieser Gesichtspunkt wird mit Programmunterstützung (Software Support) bezeichnet.

5.2 Klassifikation von Simulatoren

Die ständig zunehmende Bedeutung der Simulation hat zu einem großen
Angebot an Simulatoren geführt. Eine Klassifikation soll helfen, in
die Vielzahl Ordnung und Übersicht zu bringen. Als Kriterien für die
Klassifikation werden die folgenden vorgeschlagen:

* Pakete und Sprachen

* Sprachebenen

* Anwendungsbereiche

5.2.1 Pakete und Sprachen

Für den Anwender ist es von großer Bedeutung, in welcher Weise die
Funktionen eines Simulators angeboten werden. Handelt es sich um
eine Bibliothek von Unterprogrammen, so spricht man von einem Paket.
Werden die Funktionen dagegen mit Hilfe von Anweisungen aufgerufen,
handelt es sich um eine Sprache.

Beispiele:

Pakete: GASP /5/
           GPSS-FORTRAN

Sprachen: ACSL   /11/
           GPSS   /7/
           SLAM   /39/

Ein Paket besteht in der Regel aus einem Hauptprogramm und einer
Bibliothek von Unterprogrammen. Der Anwender setzt selbst die Auf-
rufe für die Unterprogramme, die die gewünschten Funktionen übernehmen, in das Simulationsprogramm ein.

Um das tun zu können, ist es erforderlich, daß der Anwender mit der
Quellfassung des Simulators arbeitet. Aus diesem Sachverhalt ergeben
sich die Vor- und Nachteile, die mit Paketen verbunden sind. Als
Vorteil gilt, daß die Quellfassung vorliegt. Damit besteht die Möglichkeit, genau zu untersuchen, was der Simulator in einem möglichen
Konfliktfall tatsächlich tut. Man überprüft die entsprechenden Pro-
grammzeilen unmittelbar.
Weiterhin zeigt sich, daß die von einem Simulator angebotenen Funktionen nur sehr selten den Anforderungen des Anwenders genau entsprechen. In einem Paket hat der Anwender die Möglichkeit, die Unterprogramme selbst zu modifizieren, um sie seinen Wünschen genau
anzupassen.
In vielen Fällen erweist es sich als notwendig, die angebotenen
Funktionen nicht nur zu modifizieren, sondern durch neue Funktionen
zu ergänzen. In einem Paket ist dies möglich, indem der Anwender
neue Unterprogramme schreibt und sie der Bibliothek der Unterprogramme des Simulators hinzufügt. Auf diese Weise ergibt sich sehr
leicht die Möglichkeit der Erweiterung.

Voraussetzung für die angegebenen Vorteile von Paketen ist der übersichtliche Aufbau des Simulators. Nur durch sehr gute strukturierte
und modulare Programmierung ist es dem Anwender zumutbar, sich an
Modifikationen des Simulators zu wagen.

Als Nachteil bei Paketen wird empfunden, daß der Anwender selbst
programmieren muß. Das setzt in der Regel sehr gute Kenntnisse der
Basissprache voraus, in der das Paket geschrieben ist. Weiterhin muß
man mit einer Erhöhung der Fehlermöglichkeit rechnen.

Im Vergleich zu Paketen stellen Simulationssprachen ihre Funktionen
mit Hilfe von Anweisungen zur Verfügung. Diese Sprachelemente müssen
auf jeden Fall übersetzt werden.
Der entscheidende Nachteil von Sprachen besteht in der Tatsache, daß
die Sprachkonstrukte weder modifiziert noch ergänzt werden können.
Der Sprachumfang einer Simulationssprache begrenzt die Darstellbar-
keit. Besonders für anspruchsvolle Molleluntersuchungen besteht die
Gefahr, daß eine Simulationssprache zum Korsett wird, die den Anwender unzumutbar einengt.

Eine gewisse Hilfe bietet die Möglichkeit verschiedener Simulationssprachen, anwendereigene Unterprogramme aufrufen zu können. Damit
sind jedoch nur Probleme lösbar, die randständig sind und nicht in
den Ablauf der Simulation selbst eingreifen.

Als Vorteil von Sprachen gilt die vereinfachte Benutzung, besonders
für den ungeübten Anwender.

Zusammenfassend lassen sich die Vor- und Nachteile von Paketen und
Sprachen wie folgt darstellen:

	V o r t e i l	N a c h t e i l
Paket	Sehr gute Erweiterbarkeit	Programmierkenntnisse
		erforderlich
		Fehlermöglichkeit erhöht
Sprache	Leichte Bedienung	Mangelnde Frweiterbarkeit

Aus der Gegenüberstellung von Sprachen und Paketen läßt sich eine
Empfehlung ableiten:

Der ungeübte Anwender, der Standardprobleme schnell und bequem lösen
möchte, sollte eine Sprache benutzen. Für anspruchsvolle Modelluntersuchungen, die einen Fachmann auf dem Gebiet der Simulationstechnik erfordern, sind nur Pakete brauchbar.

Hinweis:

* Als Basissprache für ein Simulationspaket wird eine der üblichen
höheren Programmiersprachen wie z.B. Fortran, Pascal usw. eingesetzt. Die Bedeutung, die man der Basissprache zuweist, wird gelegentlich überschätzt. Entscheidend für ein Paket ist der übersichtliche Aufbau, die Qualität der Algorithmen und die gute Programmierung.

Für die Wahl der Basissprache gelten die folgenden Gesichtspunkte:

* Weite Verbreitung
Hierdurch wird die Portabilität des Simulators und der Modelle si-
chergestellt.
Weiterhin kann in diesem Fall vorausgesetzt werden, daß die meisten
Anwender mit der höheren Programmiersprache vertraut sind.
Als zusätzlicher Vorteil ergibt sich die Tatsache, daß für Verfahren

und Methoden, die dem Paket angegliedert werden sollen, häufig fertige Programme vorliegen, die unmittelbar übernommen werden können (siehe hierzu Bd.1 Kap. 5.1.3 "Angebot von Methoden und Verfahren").

* Gute Übersetzer
Verlangt wird, daß der Übersetzer für die höhere Programmiersprache erprobt und fehlerarm ist sowie ausreichende Testmöglichkeiten bietet.
Als ganz entscheidend wird angesehen, daß Module getrennt übersetzt werden können.

* Gute Programmierbarkeit
Es muß in natürlicher Weise möglich sein, den Anforderungen der Softwaretechnologie nach strukturierter und modularer Programmierung sowie guter Lesbarkeit der Programme zu genügen.

Eine gewisse Schwierigkeit bei der Wahl der Basissprache besteht in der Tatsache, daß modernere Sprachen wie ADA oder Modula zwar in Bezug auf die Programmierbarkeit unübertroffen sind, die sehr wichtige Anforderung nach der weiten Verbreitung jedoch nicht erfüllen.

Hinweis:

* Die Bedeutung der Basissprache wird weiter vermindert durch die Möglichkeit, ein bestehendes Paket in einer anderen Sprache zu schreiben. Dieses Umcodieren ist in der Regel ohne größere Schwierigkeiten möglich. So wurde z.B. GPSS-FORTRAN Version 2 in Pascal übertragen.
Für GPSS-FORTRAN Version 3 sind eine Modula- und eine C-Version vorgesehen.
Hier äußert sich die von der Softwaretechnologie gemachte Unterscheidung zwischen Spezifikation und Implementierung. Eine brauchbare Spezifikation sollte unabhängig von der Sprache sein, in der implementiert wird.

Um die Vorteile von Paketen und Sprachen miteinander zu verbinden, wird man zunächst von einem Paket ausgehen. Auf das Paket kann bei Bedarf ein Precompiler aufgesetzt werden, der eine Modellbeschreibungssprache auf das Paket abbildet. Das bedeutet, daß der Precompiler aufgrund der Modellbeschreibung mit Hilfe der Sprache ein Simulationsprogramm generiert, wie es der Anwender selbst erstellen würde, wenn er nur mit dem Paket gearbeitet hätte.
Der anspruchsvolle Anwender wird nur mit dem Paket umgehen, während der weniger geübte Benutzer sich der Unterstützung des Precompilers bedienen kann.

5.2.2 Sprachebenen

Eine weitere Klassifikation ist in Bezug auf die Ebene der Sprachkonstrukte möglich, die ein Simulator anbietet.

Die Ebene eines Sprachkonstruktes bezeichnet hierbei den Umfang und die Leistungsfähigkeit der Funktionen. Die Sprachebenen eines Simulators entsprechen der Klassifikation in Maschinensprache, Assembler und höhere Programmiersprachen.

Hinweise:

* Natürlich ist es für den Anwender möglich, das gesamte Simulationsprogramm selbst zu programmieren und auf die Unterstützung
eines Simulators zu verzichten. Von diesem Vorgehen muß abgeraten
werden, da es viel zu zeitaufwendig und fehleranfällig ist. Außerdem
gibt es in der Zwischenzeit eine solche Vielfalt an Simulatoren für
nahezu alle Anwendungsgebiete. Nur besonders eigenwillige Anwender,
die davon überzeugt sind, daß ihr Problem so einzigartig ist, daß es
nicht mit Hilfe eines verfügbaren Simulators bearbeitet werden kann,
müssen sich auch weiterhin der Mühe unterziehen, alles selbst zu
programmieren.

* Die Klassifikation nach der Sprachebene umfaßt sowohl Sprachen als
auch Pakete. Bei Paketen bezeichnet die Fbene den Funktionsumfang
der Unterprogramme.

Die Klassifikation in Bezug auf die Sprachebenen ist die folgende:

* Niedere Simulatoren
Beispiel: ACSL, GASP, SIMSCRIPT, SIMULA

* Höhere Simulatoren
Beispiel: GPSS, GPSS-FORTRAN

* Systemorientierte Simulatoren:
Beispiel: Dem umfangreichen Einsatzgebiet der Simulation entsprechend gibt es zahllose systemorienterte Simulatoren. Willkürlich
herausgegriffen seien:
HUMAN /48/, CAPSIM /14/, MOMOS /49/.

Niedere Simulatoren

Sie bieten dem Anwender Unterstützung in den folgenden drei Bereichen:

1. Ablaufkontrolle
Der Simulator übernimmt die Aufgabe, die zeitabhängigen und bedingten Zustandsübergänge in der richtigen Reihenfolge zu bearbeiten
(siehe Bd.2 Kap. 1 "Die Ablaufkontrolle").
Die Modellkomponenten und ihr dynamisches Verhalten muß der Anwender
selbst programmieren.

2. Angebot allgemeiner Verfahren wie z.B. Erzeugung von Zufallszahlen oder Integrationsalgorithmen

3. Auswertung und Darstellung der Frgebnisse
oder vorgefertigten Tabellen, die Berechnung von Mittelwerten usw.

Entscheidend ist, daß niedere Simulatoren dem Benutzer beim Modellaufbau keine Unterstützung gewähren. Die Modellkomponenten mit ihrem
zeitlichen Verhalten sowie die Struktur müssen vom Anwender selbst
erstellt werden. Aus diesem Grund müssen niedere Simulatoren entweder ein Paket sein (GASP), sprachliche Hilfsmittel anbieten wie eine
höhere Programmiersprache (SIMSCRIPT, ACSL) oder selbst eine höhere
Programmiersprache darstellen, die um den Simulationsanteil erweitert wurde (SIMULA).

Höhere Simulatoren

Höhere Simulatoren bieten zunächst alle Funktionen, die man bei niederen Simulatoren findet; hierzu gehört die Ablaufkontrolle, das Angebot allgemeiner Verfahren und die Ergebnisauswertung.
Zusätzlich werden Sprachkonstrukte auf hoher Ebene angeboten, die
eine schnelle und bequeme Modellerstellung erleichtern.
Ein Beispiel aus GPSS-FORTRAN, das zu den höheren Simulatoren zählt,
soll dies zeigen:
In einem Warteschlangenmodell belegt ein Auftrag in einem Speicher
eine bestimmte Anzahl NE Speicherplätze nach einer vorgegebenen
Strategie. Ist eine Belegung möglich, so wird sie durchgeführt und
der Auftrag kann den Speicher verlassen und zur Bearbeitung die
nachfolgende Station suchen. Ist eine Belegung nicht möglich, so
wird der Auftrag zusammen mit anderen, noch unerledigten Aufträgen
in die Warteschlange vor dem Speicher nach einer vorgebbaren Policy
eingereiht. Dieser relativ umfangreiche Funktionskomplex wird durch
einen einzigen Aufruf des Unterprogrammes ALLOC erledigt.

Systemorientierte Simulatoren

Systemorientierte Simulatoren stellen Sprachkonstrukte zur Verfügung, die charakteristisch für ein spezielles Anwendungsgebiet sind.
Die Sprachkonstrukte sind hierbei so ausgewählt, daß die Komponenten
und Funktionen des Systems im Modell besonders bequem wiedergegeben
werden können.

Systemorientierte Simulatoren zeichnen sich dadurch aus, daß sie in
ihrer Begriffsbildung sehr anwendernah sind und daher dem Benutzer
weit entgegenkommen.

Eine Klassifikation ist nur vernünftig, wenn sich für die Klassen
sinnvolle Aussagen machen lassen. Für die Klassifikation nach der
Sprachebene läßt sich sagen, daß mit zunehmender Höhe der Sprachebene die Modellerstellung leichter wird und schneller durchgeführt
werden kann. Dafür nimmt jedoch die Möglichkeit zur individuellen
Gestaltung des Modellaufbaus ab.
Eine Analogie soll das verdeutlichen: Die Sprachelemente eines niederen Simulators sind mit Ziegelsteinen vergleichbar. Ziegelsteine
ermöglichen eine sehr individuelle Bauweise, die alle Anwenderwünsche berücksichtigen kann. Als Preis nimmt man hohe Bauzeiten in
Kauf. Auf der entgegengesetzten Seite entsprechen die Sprachelemente
eines systemorientierten Simulators den Fertigbauteilen. Hier lassen
sich große Komponenten sehr schnell zusammenfügen. Eigene Wünsche
können hierbei kaum noch berücksichtigt werden.

Aus der bisherigen Charakterisierung ergibt sich eine Empfehlung für
den Einsatzbereich der Simulatoren aus den drei beschriebenen Klassen:

Niedere Simulatoren und höhere Simulatoren sind Werkzeuge für den
Simulationstechniker. Ihre Verwendung setzt Kenntnis und Erfahrung
voraus. Auf der Gegenseite ermöglichen sie sehr genaues und individuelles Modellieren. Auch besondere Eigentümlichkeiten können im
Modell nachgebaut werden.

Wenn immer es möglich ist, sollte ein Simulator aus der Klasse der höheren Simulatoren eingesetzt werden, da er die weitreichendste Unterstützung bietet. Besonders vorteilhaft ist ein höherer Simulator, der als Paket angeboten wird, da er aufgrund seiner hohen Flexibilität sehr genaues Modellieren ermöglicht und damit niedrige Simulatoren überflüssig macht (siehe Bd.1 Kap. 5.2.1 "Pakete und Sprachen").

Systemorientierte Simulatoren wenden sich dagegen an den Anwender, der selbst kein Simulationstechniker ist und weder Zeit noch Lust hat, sich in die Simulationstechnik einzuarbeiten sondern nur ein Werkzeug zur schnellen Problemlösung für die Aufgaben seines eigenen Fachgebietes sucht.

Ausgehend vom Anwenderkreis für systemorientierte Simulatoren ergibt sich, daß Simulatoren aus dieser Klasse als Sprache angeboten werden sollten.

Wegen der besonderen Bedeutung der systemorientierten Simulatoren soll noch kurz auf die Möglichkeiten der Implementierung einer Modellbeschreibungssprache auf dieser Ebene eingegangen werden. Zunächst gibt es die folgenden beiden Möglichkeiten:

1. Programmgenerator

Aufgrund der Angaben mit Hilfe der Modellbeschreibungssprache wird ein Simulationsprogramm erzeugt, das übersetzt werden muß und dann ablaufen kann.
Beispiel: CAPSIM /14/
Der Nachteil ist, daß jede Modellmodifikation eine neue Übersetzung erfordert.

2. Parametrisierte Simulationsmodelle

In diesem Fall liegt ein fertiges, übersetztes Simulationsmodell vor, dessen Aufbau ausschließlich durch Eingabedaten erfolgt. Alle möglichen Modellmodifikationen müssen bereits im voraus im Modell vorgesehen sein. Sie werden durch die Eingabedaten jeweils einzeln angesteuert.
Beispiele: HUMAN /48/, SIMQUEUE /13/
Als Nachteil ergibt sich ein sehr aufwendiges und umfangreiches Modell.

Als Lösung empfiehlt sich ein Mittelweg, der einen Programmgenerator mit einer begrenzten Anzahl an parametrisierten Modifikationsmöglichkeiten vorsieht.

Wählt man zur Implementierung eines systemorientierten Simulators einen Programmgenerator, so ergeben sich die folgenden zwei Möglichkeiten:

* Abbildung der Sprachelemente des systemorientierten Simulators auf die Sprachelemente einer höheren Programmiersprache. Das bedeutet, daß der gesamte Simulator einschließlich Ablaufkontrolle, Modellkomponenten usw. neu programmiert werden muß.

* Abbildung der Sprachelemente des systemorientierten Simulators auf die Sprachelemente eines höheren Simulators. Auf diese Weise kann vom Leistungsumfang eines höheren Simulators bereits Gebrauch gemacht werden. Es besteht dann lediglich die Aufgabe, einen Precompiler zu entwickeln.

Besonders vorteilhaft ist es, wenn man einen systemorientierten Simulator auf einen höheren Simulator abbildet, der als Paket angeboten wird, da auf diese Weise die Probleme der Schnittstelle zwischen Precompiler und höherem Simulator minimal sind.

Hinweis:

* Der Simulator GPSS-FORTRAN Version 3 wurde mit dem Ziel entwickelt, auch als Basissprache für einen Precompiler eingesetzt zu werden. (Siehe hierzu Bd.1 Einführung 0.3.6 "Die Einsatzgebiete des Simulators GPSS-FORTRAN Version 3")

5.2.3 Anwendungsbereiche

Eine weitere Möglichkeit zur Klassifikation von Simulatoren bieten die Anwendungsbereiche. Es stellt sich hierbei heraus, daß die Anwendungsbereiche mit den Modellklassen zusammenfallen, die in Bd.1 Kap. 1.2.6 "Modellklassen" vorgestellt worden sind.

Der Klassifikation der Modellklassen nach Bild 9 entsprechend unterscheidet man Simulatoren für diskrete (logische) und kontinuierliche (mathematische) Modelle.
Als Beispiel seien aufgeführt:

Diskrete Modelle: SIMULA, SIMSCRIPT

Kontinuierliche Modelle: FORSIM VI

Entsprechend den verschiedenen Ebenen der Modellklassen gibt es Simulatoren, die für Teilbereiche der diskreten bzw. kontinuierlichen Modelle einsetzbar sind.
Als Beispiele seien aufgeführt:

Warteschlangensysteme: GPSS

Kontinuierliche, ortsunabhängige Modelle: ACSL

Hinweis:

* ACSL vermag auch partielle Differentialgleichungen zu lösen, soweit sie sich auf gewöhnliche Differentialgleichungen zurückführen lassen.

Eine gewisse Sonderstellung nehmen Simulatoren für kombinierte Modelle ein (siehe Bd.1 Kap. 1.2.7 "Kombinierte Modelle"). Sie sind in der Lage, Modelle zu bearbeiten, die Komponenten aus unterschiedlichen Klassen enthalten.

Als Beispiele seien aufgeführt:

GASP IV   Diskrete Modelle
               Kontinuierliche, ortsunabhängige Modelle

SLAM   Diskrete Modelle
               Warteschlangenmodelle
               Kontinuierliche, ortsunabhängige Modelle

GPSS-FORTRAN   Diskrete Modelle
Version 3   Warteschlangenmodelle
                  Kontinuierliche, ortsunabhängige Modelle

Hinweis:

* Die vorgestellten drei Klassifikationsschemata sind unabhängig
voneinander.

Beispiel:
GPSS-FORTRAN Version 3 ist ein Paket, gehört zu den höheren Simulatoren und umfaßt als Anwendungsbereich kombinierte Modelle.

5.3 Leistungsbewertung von Simulatoren

Die Leistungsbewertung von Simulatoren ist aus den folgenden beiden
Gründen sehr schwierig:

* Es ist nicht möglich, allgemein anerkannte Leistungskriterien auf-
zustellen. Den unterschiedlichen Anforderungen der Anwender entsprechend werden unterschiedliche Leistungskriterien bedeutsam.

* Unter der Voraussetzung, daß ein Kriterienkatalog besteht, ist
eine Bewertung schwierig, da für wichtige Kriterien keine objektiven
Meßverfahren existieren. Man ist auf den subjektiven Findruck angewiesen, der unterschiedlichen Einflüssen ausgesetzt ist.

Auf der anderen Seite ist es für Anwender wesentlich, sich einen
Überblick über das Leistungsvermögen der angebotenen Simulations-
software verschaffen zu können. Die Auswahl geeigneter Werkzeuge ist
oft entscheidend für den Erfolg einer Modelluntersuchung.
Aus diesem Grund wird immer die Notwendigkeit für vergleichende Untersuchungen bestehen. Als Anwender sollte man jedoch entsprechende
Angaben kritikbewußt zur Kenntnis nehmen und sich nicht auf eine
einzige Veröffentlichung verlassen.

5.3.1 Leistungskriterien

Es wird ein Kriterienkatalog zur Leistungsbewertung von Simulatoren
vorgeschlagen, der die wichtigen Gesichtspunkte enthält. Die Gewich-
tung der Kriterien bleibt dem Anwender überlassen.
Es empfiehlt sich, die Kriterien wie folgt zusammenzufassen:

* Charakteristik des Simulators
Hierunter werden Kriterien verstanden, die den Aufbau und die
sprachliche Eigenart des Simulators beschreiben.

* Benutzerfreundlichkeit
Hierzu zählen Kriterien, die angeben, wie gut der Anwender den Simulator bedienen und einsetzen kann.

* Anforderung an die Rechenanlage
Hierunter versteht man im wesentlichen die Rechenzeit, den Speicherbedarf und den Einsatz von Peripherie. Da offensichtlich ist, daß
die technologische Entwicklung für Rechenzeit und Speicherplatz zu
einem deutlichen Preisverfall führt, wird dieses Kriterium an Redeu-
tung verlieren.

* Kosten
Es werden die Kosten für den Kauf bzw. die Miete sowie die Wartung
aufgeführt.

Die nachfolgende Tabelle zeigt eine Zusammenstellung des vorgeschlagenen Kriterienkataloges:

Charakteristik des Simulators
----

* Modellaufbau
Es wird der Aufwand und die Zeit berücksichtigt, der zur Frstellung
eines Modells erforderlich ist. Dieses Kriterium ist besonders bedeutsam.

* Programmstruktur
Läßt sich das Simulationsprogramm in modulare Blöcke aufteilen, die
unabhängig voneinander erstellt, getestet und modifiziert werden
können? Ergibt das Zusammenfügen der Module ein strukturiertes,
leicht überblickbares Programm? Ist die Lesbarkeit gut?

* Ausbaubarkeit
Ist eine Erweiterung der Basissprachelemente im Hinblick auf benut-
zerspezifische Anwendungen möglich?

* Änderungs- und Eingriffsmöglichkeit
Existiert die Möglichkeit, bestehende Sprachelemente zu modifizieren? Hat der Benutzer Zugang zur Ablaufkontrolle? Kann auf Datenbereiche zugegriffen werden, die von der Simulationssprache angelegt
werden? Ist externe Software anschließbar?

* Übertragbarkeit der Modelle
Sind die Simulationsprogramme rechenanlagenunabhängig? Ist es insbesondere möglich, ein Simulationsmodell auf Rechenanlagen verschiedener Hersteller bearbeiten zu lassen?

Benutzerfreundlichkeit
----

* Pflege und Wartung des Simulationsprogrammes
Wird das Simulationsprogramm vom Hersteller gepflegt und gewartet?
Gibt es einen Beratungsdienst?

* Dokumentation
Wie gut und ausführlich ist die Dokumentation? Gibt es Anwendungs-
beispiele, die den Einsatz der Simulationssprache erläutern?

* Erlernbarkeit
Wie leicht ist die Simulationssprache erlernbar? Wie lange dauert
es, bis ein Benutzer, der ohne Vorkenntnisse beginnt, die ersten Simulationsprogramme erstellen kann?

* Testhilfen
Enthält die Simulationssprache Testhifen, die den Benutzer bei der
Fehlersuche unterstützen?

* Ein- Ausgabemöglichkeit
Wie bequem und einfach ist es, Daten dem Simulationsprogramm zugänglich zu machen oder Daten in der gewünschten, aufbereiteten Form
auszugeben?

Anforderung an die Rechenanlage
----

* Rechenzeitbedarf

* Speicherplatzanforderungen

* Verfügbarkeit auf Rechenanlagen verschiedener Hersteller

Kosten
------

* Kaufpreis
* Miete
* Wartungskosten

Die nachfolgende Zusammenstellung zeigt den Leistungskatalog in der
Zusammenfassung:

Charakteristik der Simulationssprache

Modellaufbau
Programmstruktur
Ausbaubarkeit
Änderungs- und Eingriffsmöglichkeit
Übertragbarkeit der Modelle

Benutzerfreundlichkeit

Pflege und Wartung
Dokumentation
Erlernbarkeit
Testhilfen
Ein- Ausgabemöglichkeit

Anforderung an die Rechenanlage

Rechenzeit
Speicherbedarf

Kosten

Kaufpreis
Miete
Wartung

Hinweis:

* Die Zugehörigkeit eines Simulators zu den in Bd.1 Kap. 5.2 "Klassifikation von Simulatoren" aufgeführten Klassen ist im Kriterienkatalog nicht angegeben. Die Charakterisierung eines Simulators besteht demnach aus der Klassenzugehörigkeit und Angaben zum Kriterienkatalog.

5.3.2 Leistungsvergleich von Musielak und Stößel

Musielak und Stößel verglichen die folgenden drei Simulatoren in Bezug auf die Klasse der Warteschlangenmodelle /9/:

GPSS
GPSS-FORTRAN
GASP IV

Die Klassifikation der drei verglichenen Simulatoren ist die folgende:

* Paket und Sprache

GPSS: Sprache
GPSS-FORTRAN: Paket
GASP IV: Paket

* Sprachebene

GPSS: Höherer Simulator
GPSS-FORTRAN: Höherer Simulator
GASP IV: Niederer Simulator

* Anwendungsbereiche

GPSS: Warteschlangenmodelle
GPSS-FORTRAN: Kombinierte Modelle (Diskrete und kontinuierliche
               Modelle, Warteschlangenmodelle)
GASP IV: Kombinierte Modelle (Diskrete und kontinuierliche
               Modelle)

Hinweis:

* Da nur Warteschlangenmodelle betrachtet werden, bleibt die Möglichkeit von GPSS-FORTRAN und GASP IV, auch kombinierte Modelle bearbeiten zu können, unberücksichtigt.

Der Leistungsvergleich von Musielak und Stößel bezieht sich auf drei
Modelle, die in allen drei verglichenen Simulatoren aufgebaut wurden.
Die drei Modelle behandeln nicht zu umfangreiche Probleme aus den
folgenden Bereichen.

* Scheduling
* Speicherzuteilung und Lagerhaltung
* Koordination von Aufträgen

Bei der Auswahl der Modelle und bei der Festlegung der Problemstellung wurden die folgenden beiden Gesichtspunkte beachtet:

* Die Modelle müssen typische, in der Praxis immer wieder vorkommende Vertreter aus ihrer Problemklasse sein.

* Die Modelle müssen so ausgewählt werden, daß sie ganz spezielle
Besonderheiten eines Simulators nicht in Anspruch nehmen. Die Modelle sollen sich in allen Simulatoren auf natürliche und sprachan-
gemessene Weise darstellen lassen.

Eine ausführliche Beschreibung der drei Modelle findet man in /9/.

Die nachfolgende Tabelle gibt die Bewertungen für den Kriterienkatalog an.

	GPSS-F	GPSS V	GASP IV
Charakteristik des Simulators			
Modellaufbau	1	1	3
Programmstruktur	1	3	1
Ausbaubarkeit	1	4	1
Änderungs- und Eingriffsmöglichkeit	1	4	1
Übertragbarkeit der Modelle	1	5	1
Benutzerfreundlichkeit			
Pflege und Wartung	2	2	2
Dokumentation	1	1	2
Erlernbarkeit	2	2	2
Testhilfen	2	1	3
Ein- Ausgabemöglichkeit	1	3	1
Anforderung an die Rechenanlage			
Rechenzeit	3	2	1
Speicherbedarf	3	2	3
Verfügbarkeit	*	*	*
Kosten in DM			
Kaufpreis	5600.-		1000.-
Miete monatlich		200.-	

Die Bewertung folgt dem angegebenen Schlüssel:

1 sehr gut, in übersichtlicher Weise vorhanden,
   genügt sehr hohen Anforderungen

2 gut, genügt hohen Anforderungen

3 befriedigend, für den Durchschnittsfall ausreichend

4 ungenügend, im allgemeinen nicht ausreichend

5 mangelhaft, nicht vorhanden, im allgemeinen nicht brauchbar

Das mit * markierte Kriterium wurde nicht angegeben.

Hinweise:

* Dem Kriterium "Übertragbarkeit der Modelle" wird in Zukunft wachsende Bedeutung zukommen. Wegen der zunehmenden Kosten für Software sind Mehrfachentwicklungen auf unterschiedlichen Rechnern nicht mehr möglich. Simulationsprogramme sollen so erstellt werden, daß sie einem größeren Benutzerkreis mit verschiedenen Rechenanlagen zur Verfügung stehen.

* Von besonderer Wichtigkeit ist weiterhin das Kriterium Modellaufbau. Als Maß wurde von Musielak und Stößel die Anzahl der Anweisungen gezählt, die der Anwender zum Aufbau des Modells selbst schreiben muß. Dieses Maß ist nicht in jedem Fall überzeugend. Es soll jedoch als Versuch anerkannt werden, die Bewertung so weit wie möglich zu objektivieren.

* Bis auf die Kriterien "Modellaufbau" und "Anforderungen an die Rechenanlage" beruht die Bewertung auf persönlichen und damit subjektiven Erfahrungen.

Der Vergleich offenbart sehr gut den unterschiedlichen Aufwand, der für einen Simulator aus der Klasse der niederen Simulatoren und für einen Simulator aus der Klasse der höheren Simulatoren erforderlich ist.
Der ausführlichen Zusammenstellung in /9/ entnimmt man, daß für den Modellaufbau in GASP IV als Vertreter der niederen Simulatoren 3 mal soviel Anweisungen vom Benutzer zu schreiben waren wie in GPSS-FORTRAN und GPSS als Vertreter aus der Klasse der höheren Simulatoren.

Dieser Sachverhalt erklärt sich aus der Tatsache, daß in GPSS-FORTRAN und GPSS fertige Sprachelemente angeboten werden, die in GASP IV vom Anwender selbst neu zusammengestellt werden müssen.

Der Leistungsvergleich von Musielak und Stößel bezieht sich auf kleinere Modelle, die für den Vergleich entwickelt wurden. Es handelt sich nicht um Aufgaben, wie sie in der Praxis tatsächlich aufgetreten sind.

Eine sehr sorgfältige Untersuchung /51/ vergleicht GPSS, GPSS-FORTRAN und SIMULA aufgrund eines tatsächlichen Großprojektes aus der Stahlindustrie. In eine derartige Zusammenstellung gehen auch Erfahrungen der praktischen Anwendung ein, die in der Regel in einer akademischen Experimentierumgebung nicht gemacht werden.
Bedauerlicherweise sind Untersuchungen wie /51/ sehr selten, da industrielle Anwender selten Zeit finden, methodologischen Fragen ihr Augenmerk zuzuwenden.

Hinweis:

* In den hier beschriebenen Untersuchungen beziehen sich die Vergleiche auf GPSS-FORTRAN Version 2 /6/. Da sich die Version 3 in Bezug auf die Warteschlangensysteme nur wenig von der Version 2 unterscheidet, sind alle für die Version 2 angegebenen Bewertungen auch für die Version 3 gültig.
Leistungsbewertungen für GPSS-FORTRAN Version 3 liegen noch nicht vor.

5.3.3 Leistungsvergleich von Pritsker

Die Firma Pritsker & Associates haben als Anbieter von SLAM ihr
eigenes Produkt mit SIMSCRIPT und GPSS verglichen.
Die Klassifikation der drei verglichenen Simulatoren ist die folgende:

* Paket und Sprache

      SLAM   Sprache
      SIMSCRIPT   Sprache
      GPSS   Sprache

* Sprachebene

      SLAM   Höherer Simulator
      SIMSCRIPT   Niederer Simulator
      GPSS   Höherer Simulator

* Anwendungsbereiche

      SLAM   Kombinierte Modelle (Diskrete und kontinuierliche
                    Modelle, Warteschlangenmodelle)
      SIMSCRIPT   Diskrete Modelle (Erweiterung auf
                    kontinuierliche Modelle möglich)
      GPSS   Warteschlangenmodelle

In /52/ wird ein Kriterienkatalog eingesetzt, der dem Kriterienkatalog wie er in Bd.1 Kap. 5.3.1 "Leistungskriterien" vorgeschlagen
wird, entspricht.

Eine Zusammenstellung enthält den Vergleich.

Charakteristik des Simulators	SLAM	SIMSCRIPT	GPSS
Modellaufbau	2	4	3
Programmstruktur	*	*	*
Ausbaubarkeit	*	*	*
Änderungs- und Eingriffs-möglichkeit	1	4	4
Übertragbarkeit der Modelle	1	5	5

Benutzerfreundlichkeit	SLAM	SIMSCRIPT	GPSS
Pflege und Wartung	2	3	5
Dokumentation	2	3	2
Erlernbarkeit	2	3	2
Testhilfen	2	2	2
Ein/Ausgabemöglichkeit	2	1	4

Anforderung an die Rechenanlage	SLAM	SIMSCRIPT	GPSS
Rechenzeit	2	2	4
Speicherbedarf	*	*	*
Verfügbarkeit	1	3	4

Kosten in Dollar

Kaufpreis   5000.-   20000.-
Miete monatlich   62.-

Die mit "*" markierten Kriterien wurden in der Leistungsbewertung
nicht berücksichtigt. Dafür enthält der Vergleich einige Kriterien,
die der Kriterienkatalog von Bd. 1 Kap 5.3.1 Leistungskriterien
nicht enthält.

Die Bewertung stimmt mit eigenen Erfahrungen überein. Besondere Hinweise betreffen die folgenden Kriterien:

* Ausbaubarkeit
Da es sich bei SLAM, SIMSCRIPT und GPSS um Sprachen handelt, ist die
Ausbaubarkeit nicht gegeben. Alle drei Sprachen leiden unter derselben Beschränkung, daß die Sprachelemente fest sind und weder ergänzt
noch erweitert werden können.

* Änderungs- und Eingriffsmöglichkeit
Die Änderungs- und Eingriffsmöglichkeit beschränkt sich auf das Ankoppeln externer Software. Bei allen drei Sprachen ist die Quellfassung nicht zugänglich. Eingriffe in den Ablauf des Simulationsmodells sind damit nicht möglich.

5.3.4 Leistungsvergleich von Cellier

In einer sorgfältigen Untersuchung wurde in /11/ für die wichtigsten
Simulatoren in sehr ausführlicher Weise eine Leistungsbewertung
durchgeführt. Die Kriterien sind hierbei sehr weit aufgeschlüsselt.
Die Simulatoren, die im Vergleich berücksichtigt wurden, sind die
folgenden:
ACSL, DARE-P, SIMNON, DYMOLA, SYSMOD, FORSIM 6, SIMULA, PROSIM,
SIMSCRIPT, GPSS-FORTRAN Version 2, GPSS-FORTRAN Version 3, SLAM 2,
GASP 5, GASP 6, COSY.

Zunächst werden alle Kriterien aufgeführt. Aus Gründen der Über-
sichtlichkeit werden in exemplarischer Form einige Simulatoren ausgewählt und ihre Einordnung in die Tabellen dargestellt. Der hier
wiedergegebene Auszug aus /11/ soll nur einen Eindruck vermitteln
und kann die Lektüre von /11/ nicht ersetzen. Die Kurzbeschreibung
für die exemplarisch ausgewählten Simulatoren ist die folgende:

* ACSL /53/
ACSL is a powerful continuous simulation language. It is also representative for another program: CSSL-IV which is therefore not
further discussed. Both supersede the famous and widely spread CSMP-
III software. A current extension to ACSL introduces state events
and time events, making ACSL also usable for combined problems.
Still, the discrete features offered are very limited, and it is
suggested to use ACSL only for "mildly" combined problems (that is:
continuous problems with some discontinuities).

* FORSIM 6 /50/
FORSIM is a continuous simulation software primarily designed for
the solution of PDE problems (by use of the method-of-lines
approach). Parabolic PDE's can be solved efficiently in one, two or
three space dimensions. A very good implementation of the Gear stiff
system solver together with use of the Reid sparse linear matrix

routines makes FORSIM-VI a very powerful tool for that purpose. Both the integration method as the spatial discretization method are parameterized. The user can select among a large variety of different algorithms by simply changing one single parameter. In this way, FORSIM-VI is also a very nice experimentation tool, in that a large variety of alternative algorithms can be tested out by minor program modifications. Hyperbolic PDE's can be solved to a lesser extent. Up-wind interpolation implements a "pseudo-characteristic method", but more research is still required here to find better suited integration algorithms and adaptive spatial grids (for shock wave treatment). Elliptic PDE's may be solved to a still lower extent. Finite element methods are far more efficient here for most applications. FORSIM-VI is also representative for some other systems such as LEANS-III or DSS which are therefore not further discussed here.

* SIMULA
SIMULA is a powerful programming language. Its strength lies in the fact that virtually any problem can be solved in a highly structured way. SIMULA'67 is a very good language to implement compilers. As a simulation language, SIMULA offers far too little simulation specific support though. Looking into our table, SIMULA must leave the impression of being a very poor simulation language. In its basic version, SIMULA may be used for the solution of discrete event problems only, but even for that purpose, the available support is minimal. The powerful CLASS concept of SIMULA provides for a virtually unlimited open-ended operator set. No wonder therefore, that there exist several "extensions" to SIMULA (which are basically collections of precut SIMULA classes) to make SIMULA better usable for simulation purposes. One such extension is DEMOS which adds to SIMULA a transaction flow view (comparable to GPSS), tabular distribution functions, statistical report generation (including histograms), event monitoring, and automated deadlock detection (a feature which is rarely found in today's simulation software). Another extension is DISCO which adds some primitives for ODE solution, making DISCO a combined simulation language (although the continuous ascpects of DISCO are by far insufficient for complex continuous applications). The class concept of SIMULA is possibly not optimal for maintaining continuous attributes in a user friendly way. Another extension, COSMOS (which is currently under development by Kettenis from the Agricultural University of Wageningen, The Netherlands), goes therefore another way by implementing a (SIMULA coded) preprocessor which translates COSMOS programs down to an intermediate SIMULA code.

* SIMSCRIPT /54/
SIMSCRIPT is another rather popular simulation language. The version described in this report is SIMSCRIPT-II. As with SIMULA, there exist several extensions to this version. SIMSCRIPT-II.5 adds a process interaction to the software comparable to GPSS. Another extension is C-SIMSCRIPT which adds some means for ODE solution, making C-SIMSCRIPT another combined simulation language. The version SIMSCRIPT-II.5 is well maintained by C.A.C.I.

* GPSS-FORTRAN Version 3
GPSS-FORTRAN is a GPSS dialect which implements most features of GPSS-V in terms of a FORTRAN program. This implementation makes the coding of small GPSS models somewhat cumbersome (longer code) and more error prone (FORTRAN and common blocks) but on the other hand makes this software much more flexible for larger applications. Logical branching is much more generally possible and easier accomplishable in GPSS-FORTRAN-II than in GPSS-V. I, therefore, have not

included GPSS-V in my table, as I consider this software to be really obsolete by now. GPSS-FORTRAN-III offers means for ODF handling, making also this software a combined simulation language.

* SLAM /39/

SLAM is a very powerful combined continuous and discrete simulation language. Discrete systems are modelled in terms of PERT networks. However, to enhance the flexibility of the tool, special event nodes have been introduced. Whenever a transaction passes through such an event node, an event subroutine (to be coded in FORTRAN by the user) is executed. In this way, SLAM-II combines the comfortable modelling capabilities of its predecessor Q-GERT with the flexibility of its other predecessor GASP-IV. Continuous models are expressed in terms of a FORTRAN subroutine (thus no sorting capability is provided) precisely as in GASP-IV. SLAM-II is still rather weak with respect to its continuous simulation features. In particular, the integration algorithm (a Runge-Kutta code has been coded directly into the execution control routine, making SLAM unusable for stiff systems (which most of the higher order systems are). SLAM-II is therefore highly recommended for predominantly discrete problems, whereas predominantly continuous problems are better solved by use of other software.

* COSY /55/

COSY was the first simulation language to be formally designed from the beginning with the help of a syntax analysis program. It uses strictly a LL-1 grammar which makes its compiler easily maintainable and upgradable. (Only SYSMOD shares this advantage with COSY). COSY was originally designed as a front end to GASP-V, to make the use of that software somewhat more comfortable, but COSY has meanwhile advanced much further. COSY is by far the most general and versatile simulation language proposed to date. A price, which we have to pay for this versatility and universality, is the complexity of the software. Although it is possible to write users manuals for subsets of COSY, making the use of that subset extremely simple, it is the quite difficult to master COSY in its entirety. Thus, COSY shares some of the disadvantages of PL I.

Die Kriterien sind in den nachfolgenden Tabellen zusammengefaßt.

Languages Features	ACSL	FORSIM 6	SIMULA	SIMSCRIPT	GPSS-F3	SLAM 2	COSY
Application Program Development							
Model Structuring Capabilities							
Parallel Structures							
Continuous Systems (Sorting)	x	–	–	–	–	–	xx
Discrete Systems (Networks)	–	–	–	–	x	xx	–
Procedural Structures							
Continuous Systems (Nosort)	xx	x	–	–	x	x	xx
Discrete Systems (Algorithmic)	x	–	xx	x	x	x	xx
Event Handling							
Time Events	x	–	x	xx	xx	xx	xx
State Events	x	–	–	–	xx	xx	xx
External Events							
Operator Intervention	–	–	–	–	–	–	–
Real-Time Interrupts	–	–	–	–	x	–	–
Process Interaction							
Continuous Processes	x	–	–	–	x	–	xx
Discrete Processes	–	–	xx	–	xx	xx	xx
Network Description	–	–	–	–	x	xx	–
Activity Scanning	–	–	xx	–	xx	x	xx
Submodel Definition							
Continuous Submodels	x	–	–	–	x	–	xx
Discrete Submodels	–	–	xx	–	xx	–	xx
Hierarchical Model Definition for:							
Continuous Systems	–	–	–	–	–	–	xx
Discrete Systems	–	–	xx	–	–	–	xx
Initial Computations	x	x	–	x	x	x	x
Terminal Computations	x	x	–	x	x	x	x
Controlled Experiments	x	–	–	x	–	xx	xx
Optimization	–	–	–	–	–	–	xx
Parameter Fitting (provided)	–	–	–	–	–	–	xx
Modularity							
Macro Feature	xx	–	–	–	–	–	xx
Interpretive Macros	xx	–	–	–	–	–	xx
Module Feature	–	–	–	–	–	–	xx
Graphic Model Specification	–	–	–	–	–	xx	–

Features / Languages	ACSL	FORSIM 6	SIMUL A	SIMSCRIPT	GPSS-F3	SLAM 2	COSY
Program Validation and Verification							
Model Comparison	-	-	-	-	-	xx	x
Sensivity Analysis	-	-	-	-	-	-	-
Linearized Model Analysis	-	-	-	-	-	-	-
Parameter Fitting (possible)	x	-	-	-	-	xx	xx
Eigenvalue- Eigenvector Analysis	x	-	-	-	-	-	-
Debugging Aids							
Dimensional Analysis	-	-	-	-	-	-	-
Declaration of Variables	-	-	xx	x	-	-	xx
Steady-State Finding	x	-	-	-	-	-	-
Graphical Model Representation	-	-	-	-	-	xx	-
Tracing							
Event Monitoring	-	-	-	x	xx	xx	xx
Range Surveillance	-	-	-	-	-	-	xx
Deadlock Detection	-	-	-	-	-	-	-
Range Analysis	-	-	-	-	-	-	-
Program Execution							
Batch Processing	x	x	x	x	x	x	x
Interactive Operation							
Parameter Setting	x	-	-	-	xx	-	-
Parameter Tuning	-	-	-	-	-	-	-
Output Selection	x	-	-	-	-	-	-
Run-Time Display	-	-	-	-	x	-	-
Operator Intervention	-	-	-	-	-	-	-
Execution of Monitors	-	-	-	-	-	-	-
Real-Time Synchronization	-	-	-	-	xx	-	-

Features \ Languages	ACSL	FORSIM 6	SIMULA	SIMSCRIPT	GPSS-F 3	SIAM 2	COSY
Data Handling							
Library of Parametric Models	-	-	-	-	-	-	xx
Library of Parameter Sets	x	-	-	-	-	-	-
Library of Experimental Frames	x	-	-	-	-	-	x
Library of Trajectories	-	-	-	-	-	xx	xx
Numerical Manipulations	-	-	-	-	-	xx	-
Structural Manipulations	-	-	-	-	-	-	-
Input/Output							
Model Parameters	x	x	-	-	x	-	xx
Driving Functions							
Tabular Functions	-	-	-	-	x	-	xx
Real-Time Input	-	-	-	-	x	-	-
Graphical Model Representation	-	-	-	-	-	xx	-
Graphical Model Specification	-	-	-	-	-	xx	-
Storing Output Data (on Files)	-	-	-	-	xx	xx	xx
Retrieving Input Data (from Files)	-	-	-	-	-	-	xx
Crossplots	x	-	-	-	-	xx	x
Overplots	x	-	-	-	x	xx	xx
Three-Dimensional Plots	-	x	-	-	-	-	x
Histograms	-	-	-	-	xx	xx	x
Bar Charts	-	-	-	-	-	xx	-
Pie Graphs	-	-	-	-	-	xx	-

Features / Languages	ACSL	FORSIM 6	SIMULA	SIMSCRIPT	GPSS-F 3	SLAM 2	COSY
Expressiveness of the Language							
Continuous Systems							
Ordinary Differential Equations	xx	x	–	–	x	x	xx
Partial Differential Equations	x	xx	–	–	–	–	xx
Difference Equations	x	–	x	x	x	x	x
Discrete Systems							
Event Handling	x	–	x	xx	xx	xx	xx
Process Interaction	–	–	xx	–	xx	xx	xx
Activity Scanning	–	–	xx	–	xx	xx	xx
Symbolic Library (at Source Level)	xx	–	–	–	–	–	xx
Run-Time Library							
for Continuous Systems	xx	x	–	–	xx	x	xx
for Discrete Systems	–	–	x	x	xx	xx	xx
Data Handling (Data-Base Management)	–	–	–	–	x	xx	x

Languages Features	ACSL	FORSIM 6	SIMULA	SIMSCRIPT	GPSS-F 3	SLAM 2	COSY

Numerical Behaviour

Integration

Feature	ACSL	FORSIM 6	SIMULA	SIMSCRIPT	GPSS-F 3	SLAM 2	COSY
Library of Integration Methods	x	x	–	–	x	–	x
Own Integration Method	–	–	–	–	x	–	x
Automatic Selection of Method	–	–	–	–	–	–	x
Partitioning of State-Space							
Manual Partitioning	xx	–	–	–	x	–	–
Automatic Partitioning	–	xx	–	–	–	–	–
Algebraic Loop Solver	xx	xx	–	–	–	–	xx
Root Solver (State Events)	x	x	–	–	xx	x	xx
Steady-State Solver	x	–	–	–	–	–	–
Tracking Problems	x	–	–	–	–	–	–
Integral-Differential Equations	–	–	–	–	–	–	–
Sparse Linear System Solver	–	x	–	–	–	–	x
Stiff Systems	xx	xx	–	–	x	–	xx
Highly Oscillatory Systems	–	–	–	–	–	–	–
Linear Systems (Special Method)	–	–	–	–	–	–	–
Noisy Systems	x	x	–	–	x	x	x
Partial Differential Equations (PDE)	x	xx	–	–	–	–	xx

Spatial Derivatives Computation

Feature	ACSL	FORSIM 6	SIMULA	SIMSCRIPT	GPSS-F 3	SLAM 2	COSY
One-Dimensional Derivatives	–	xx	–	–	–	–	xx
Two-Dimensional Derivatives	–	xx	–	–	–	–	xx
Three-Dimensional Derivatives	–	xx	–	–	–	–	xx
Library of Methods	–	xx	–	–	–	–	xx
Spline Interpolation	–	x	–	–	–	–	x
Up-wind Interpolation	–	x	–	–	–	–	x
Own Interpolation Method	–	–	–	–	–	–	–
Automatic Selection of Method	–	–	–	–	–	–	–
Variable Grid Width	–	–	–	–	–	–	–
Automatic Grid Width Control	–	–	–	–	–	–	–

Feature	ACSL	FORSIM 6	SIMULA	SIMSCRIPT	GPSS-F 3	SLAM 2	COSY
Error Estimation	–	–	–	–	–	–	–
Parabolic PDE's	x	xx	–	–	–	–	xx
Hyperbolic PDE's	x	x	–	–	–	–	x
Ellyptic PDE's	x	x	–	–	–	–	x
Shock Waves	–	–	–	–	–	–	–
Mixed PDE's and ODE's	x	xx	–	–	–	–	xx

Features \ Languages	ACSL	FORSIM6	SIMULA	SIMSCRIPT	GPSS-F3	SLAM2	COSY
Statistical Analysis							
Random Number Generation	x	–	x	xx	xx	xx	xx
Distribution Function Library	–	–	x	xx	x	xx	xx
Tabular Distribution Functions	–	–	–	x	x	x	x
Distr.Funct.Parameter Fitting	–	–	–	–	–	xx	–
Statistical Report Generation							
Sampling Statistics	–	–	–	xx	xx	xx	xx
Time-Persistant Statistics	–	–	–	xx	xx	xx	xx
Histograms	–	–	–	–	xx	xx	xx
Confidence Intervals	–	–	–	–	x	xx	–
Variance Estimation							
Variance of the Mean	–	–	–	–	x	x	x
Run-Length Determination	–	–	–	–	x	–	–
Transient Period Duration	–	–	–	–	x	–	–
Significance Tests	–	–	–	–	x	xx	–
Variance Reduction							
Replication and Batch	–	–	–	–	–	–	–
Subinterval Analysis	–	–	–	–	–	–	–
Sensivity Analysis							
Linear Approximation (Metamodel)	–	–	–	–	–	–	–
Replication	–	–	–	–	–	–	–
Table Look-up							
Two-Dimensional Tables	x	x	–	–	–	x	x
Three-Dimensional Tables	x	x	–	–	–	–	x
Linear Interpolation	x	x	–	–	–	x	x
Non-linear Interpolation	–	–	–	–	–	–	x
Spline Interpolation	–	–	–	–	–	–	x
Dynamic Table Load	–	–	–	–	–	x	x
Sequential Interpolation	–	–	–	–	–	–	x
Mass-Storage Interpolation	–	–	–	–	–	–	X
Output Quality							
Lineprinter Plot	x	x	–	–	xx	x	x
Plotter output monochrome	x	x	–	–	x	x	x
Color Graphics	–	–	–	–	–	–	–

Features \ Languages	ACSL	FORSIM6	SIMULA	SIMSCRIPT	GPSS-F3	SLAM2	COSY
Status of Implementation							
Compiler	x	–	x	x	–	x	–
Run-Time System	x	x	x	x	x	x	–
Environment	–	–	–	–	–	–	–
Portability	x	–	–	–	xx	xx	xx
Documentation	xx	x	xx	xx	xx	xx	–
Machine Readable	–	–	–	–	–	–	x
On-Line Help Information	–	–	–	–	x	–	–

Die Bewertung der Tabelle ist die folgende:

xx   sehr gut
x   gut
–   nicht vorhanden

Hinweise:

* Die Vielzahl der Kriterien erschwert die Übersicht und verwischt
den Unterschied von wichtig und unwichtig. Daher sind die Tabellen
weniger auf Leistungsvergleich als vielmehr als Informationsquelle
zu sehen, die das Leistungsvermögen wichtiger Simulatoren sehr ausführlich auflistet.

*In /11/ wird ein Leistungsvergleich von Simulatoren in Bezug auf
die Summe der Kreuzchen vorgeschlagen, die ein Simulator sammelt.
Dieses Vorgehen ist als zu allgemein und zu willkürlich nicht überzeugend.

5.4 Simulatoren der nächsten Generation

Es ist abzusehen, daß die Simulatoren der nächsten Generation über
den bisherigen Leistungsumfang hinausgehen und sich in die Richtung
einer reichhaltig ausgestatteten Modellerstellungsumgebung entwickeln. Man spricht dann von einem Simulationssystem (Siehe hierzu
/11/ und /56/). Der technologische Fortschritt läßt erwarten, daß
ein Simulationssystem auf einem Arbeitsrechner zur Verfügung steht,
der unter Umständen auf einer Multiprozessorkonfiguration beruht
(Siehe hierzu /57/).

Ein Simulationssystem soll die folgenden Funktionen zur Verfügung
stellen:

* Modellbeschreibungssprache
Die Modellbeschreibungssprache soll von systemtheoretischen Grundlagen ausgehen, wie sie in Bd.1 Kap. 1 "Der wissenschaftliche Erkenntnisprozeß" vorgestellt worden sind. Hierzu gehört besonders die gesonderte Beschreibung der einzelnen Komponenten, sowie der Struktur,
die die einzelnen Komponenten verbindet. Weiterhin muß es möglich
sein, ein hierarchisches Modellkonzept zu realisieren, das es gestattet, Modellkomponenten weiter aufzulösen.(Siehe hierzu Bd. 1
Kap. 1.2.3 "Abstraktionsebenen")

Ein Beispiel, wie eine Modellbeschreibungssprache aussehen könnte,
findet man in /1/ für allgemeine Modelle. Für die Modellklasse der
Warteschlangenmodelle, wird auf Bd. 1 Kap 3.1 "Beschreibungsmöglichkeiten für Warteschlangenmodelle" verwiesen.

* Modellbanksystem zur Archivierung von Modellen und Modellkomponenten
Die Modellbeschreibungssprache muß zulassen, neue Modelle oder Teilmodelle als Komponente an ein bestehendes Simulationsmodell anzukop-
peln. Es muß daher eine Modellbank existieren, die dem Anwender die
Verwaltung der archivierten Modelle und Teilmodelle abnimmt.

* Datenbank für Modelle mit umfangreichen und komplexen Datenbestän-
den
Die Verwaltung der Datenbestände betrifft sowohl die Eingabe als
auch die Ausgabe.

* Methodenbank
Ein Simulationssystem muß dem Anwender verschiedene Verfahren und
Methoden anbieten, die er in Form eines Menüs zur Erledigung spe-
zieller Aufgaben auswählen kann. Hierzu gehört beispielsweise:
- Erzeugung von Zufallszahlen
- Integrationsverfahren
- Optimierungsverfahren
- Parameterschätzverfahren
- Statistische Auswertung und Analyse

* Datenpräsentation

Es muß möglich sein, die für eine Modelluntersuchung erforderlichen
Inputdaten und die anfallenden Ergebnisdaten in benutzernaher Weise
darzustellen. Hierzu gehört die Datenaufbereitung, die Ausgabe auf
den Drucker, Plotter oder Bildschirm. Besonders nützlich wird die
Möglichkeit der graphischen Prozeßverfolgung sein, die das dynamische Verhalten des Modells und einzelner Komponenten auf dem Bildschirm zu verfolgen erlaubt.

Von besonderer Bedeutung wird die Kommandosprache sein, mit deren Hilfe der Anwender mit dem Simulationssystem verkehrt und die dem Anwender die Leistungen des Simulationssystems zugänglich macht.

Literaturverzeichnis

/1/   Ören,T. I.,et al.; Simulation and Model-Based Methodologies, Springer Verlag, 1984

/2/   Schmidt, B.; The Simulation of Discrete-Time Systems - A Critical Assessment of Languages and Packages; Angewandte Informatik 5, 1981

/3/   Fastenbauer, M.; GPSS-PASCAL; in Simulationstechnik, Informatik-Fachberichte Bd. 56, Springer Verlag 1982

/4/   Altmann, W.; Beschreibung von Programmoduln zum Entwurf zuverlässiger Softwaresysteme; Fachberichte des IMMD, Univ. Erlangen, Nr. 16, 1978

/5/   Pritsker, A.; The GASP IV Simulation Language; John Wiley & Sons, 1974

/6/   Schmidt, B.; GPSS-FORTRAN; John Wiley & Sons, 1980

/7/   Boblier, P.A., et al.; Simulation with GPSS and GPSSV; Prentice-Hall, 1976

/8/   Javor, A.; Dual Nature of Events in Discrete Simulation; Mathematics and Computers in Simulation (XXV); 1983

/9/   Musielak, H., Stößel, M.; Vergleich von Simulationssprachen; Elektron. Rechenanlagen 1, 1979

/10/   Kay, I., et al; GPSS/SIMSCRIPT - The Dominant Simulation Languages; 8th Annual Simulation Symp., Tampa 1977

/11/   Cellier, F.; Simulation Software: Today and Tomorrow; Simulation in Engineering Sciences, IMACS Symposium International, Nantes 1983

/12/   Crosbie, R.; Towards New Standards for Continuous System Simulation Languages; Summer Computer Simulation Conference, Denver 1982

/13/   Gernoth, B.; Warteschlangensysteme, Oldenbourg Verlag 1980

/14/   Brandenburg, V.; et al; Simulation organisatorischer Abläufe mit CAPSIM; in: Simulationstechnik, Informatik Fachberichte Bd. 56, Springer Verlag 1982

/15/   Bäckers, R.; et al; Ein dialogorientiertes Programmsystem für die Entwicklung und den Betrieb dynamischer diskreter Simulationsmodelle; OR-Spektrum 2, 1983

/16/   Schmidt, B.; Die Bestimmung von Konfidenzintervallen in der Simulation stochastischer, zeitdiskreter Systeme; Elektron. Rechenanlagen, 3, 1982

/17/   Lakatos, I., Musgrave, A.; Kritik und Frkenntnisfortschritt,
         Vieweg Verlag, 1974

/18/   Williams, R.B.; Computer Simulation of Fnergy Flow in Cedar-
         Bog-Lake; System Analysis and Simulation in Fcology, Acade-
         mic Press, 1971

/19/   Vansteenkiste, G.C., Spriet, J.A.; Modelling Ill-Defined-Sy-
         stems; erschienen in Progress in Modelling and Simulations,
         Academic Press, 1092

/20/   Zadeh, L.A.; Simularity Relations and Fuzzy Orderings; In-
         formation Sciences 3, 1971

/21/   Gottinger, F.W.; Towards a Fuzzy Reasoning in Behavioral
         Sciences; Cybernetica 16, 1973

/22/   Niemeyer, G.; Kybernetische System- und Modelltheorie; Ver-
         lag Franz Vahlen, 1977

/23/   Stachowiak, H.; Allgemeine Modelltheorie; Springer Verlag
         1973

/24/   Kuhn, T.S.; The Structure of Scientific Revolutions, Univer-
         sity of Chicago Press, 1970

/25/   Albert, H.; Probleme der Theorienbildung; in: Theorie und
         Realität, Mohr Verlag 1964

/26/   Kleinrock, L.; Queueing Theory, John Wiley Sons, 1975

/27/   Schüßler, H. W.; Netzwerke, Signale und Systeme, Bd. II,
         Springer Verlag 1984

/28/   Moll, H.; Burkhardt, H.: SIDAS; Regelungstechnik 2, 1978

/29/   Zuse, K.; Petri-Netze aus der Sicht des Ingenieurs; Vieweg
         Verlag 1980

/30/   Kulla, B.; Angewandte Systemwissenschaft; Physica Verlag,
         1979

/31/   Breuer, A.; Simulation 3-dimensionaler physikalischer Be-
         griffe; in: Simulationstechnik, Informatik Fachberichte Bd.
         56, Springer Verlag, 1982

/32/   Hempel, C. G.; Aspects of Scientific Fxplanation, Press Mac-
         millan, 1965

/33/   Gordon, G.; System Simulation, Englewood Cliffs, 1969

/34/   Adler, H., Neidhold, G.; Elektronische Analog- und
         Hybridrechner, Deutscher Verlag der Wissenschaften, 1974

/35/   Schubert, H.; Erfahrungen und Probleme bei der hybriden Sy-
         stem-Simulation; in: Simulationstechnik, Informatik Fachbe-
         richte Bd. 56, Springer Verlag, 1982

/36/   Grigorieff; Numerik gewöhnlicher Differentialgleichungen,
         Bd. I, Teubner Verlag, 1977

/37/   Bronstein, I., Semendjajew, K.; Taschenbuch der Mathematik;
         Teubner Verlag, Leipzig 1979

/38/   Hellmold, K. U.; Der Simulationsrechner SIMPLEX I; Arbeits-
         berichte des Instituts für Mathematische Maschinen und Da-
         tenverarbeitung der Univ. Erlangen, 1985

/39/   Pritsker, A., Pedgen, C.; Introduction to Simulation and
         Slam; John Wiley & Sons, 1979

/40/   Fishman, G.S.; Principles of Discrete Event Simulation, John
         Wiley & Sons, 1978

/41/   Hugger, W.; Weltmodelle auf dem Prüfstand, Birkhäuser Ver-
         lag, 1974

/42/   Schlesinger, S.; Developing Standard Procedures for Simula-
         tion Validation and Verification; Proceedings of Summer Com-
         puter Simulation Conference, 1974

/43/   Pichler, F.; Mathematische Systemtheorie; de Gruyter Verlag,
         1975

/44/   Chen, C.-T.; Introduction to Linear System Theory; Holt, Ri-
         nehart & Winston, 1970

/45/   Dorf, R.-C.; Modern Control Systems; Addison Wesley, 1967

/46/   Eschenbacher, P.: Die Behandlung von Totzeitvariablen im Si-
         mulationspaket GPSS-FORTRAN Version 3, in: Simulationstech-
         nik, Informatik Fachberichte Bd. 85, Springer Verlag, 1984

/47/   Hanau,A.: Schweinezyklus, Handwörterbuch der Sozialwissen-
         schaften, Bd. 9, 1956

/48/   Geiger, A., Schmidt, A.; Kreislaufsimulationsmodell HUMAN;
         in: Simulationstechnik, Informatikfachberichte Bd. 56,
         Springer Verlag 1982

/49/   Letters, F.; Vorstellung eines Montage-Modell-Simulators
         (MOMOS); in: Simulationstechnik, Informatikfachberichte Bd.
         85, Springer Verlag 1984

/50/   Carver, M.B., et al.; The FORSIM VI Simulation Package for
         the Automated Solution of Arbitrarily Difined Partial and/or
         Ordinary Differential Equation Systems, Report AECL-5821,
         Atomic Energy of Canada Ltd., Chalk River, Ontario, 1978

/51/   Köhler, N.; Schuhmacher, H.; Einsatz von Software zur dis-
         kreten Simulation an einem Problem aus der Praxis: GPSS V,
         GPSS-FORTRAN und SIMULA im Vergleich, Informatik Spektrum,
         1979, Heft 3

/52/   Pritsker & Assoziates; A Comparison of Three General-Purpose
         Simulation Languages: SLAM, SIMSCRIPT, and GPSS, Private
         Veröffentlichung von Pritzker & Assoziates, P.O. Box 2413,
         West Lafayette, Indiana, 1982

/53/   Mitchell and Gauthier, Assoc.; ACSL: Advanced Continuous Si-
         mulation Language, User Guide / Reference Manual; P.O. Box
         685, Concord, Mass.

/54/   Kiviat, P.J.; et al.; The SIMSCRIPT II Programming Language,
         Prentice Hall, 1968

/55/   Cellier, F., et al.; Discrete Processes in COSY; Proc. of
         the European Simulation Meeting; Cosenza, Italy, 1981

/56/   Molnar, I.; Some Problems in Research of General Simulation
         Systems; in: First European Simulation Congress FSC 83, In-
         formatik Fachberichte Bd. 71, Springer Verlag, 1983

/57/   Hellmold, K.; Multiprozessorsystem für die parallele Simula-
         tion von zeitdiskreten Systemen, in: Simulationstechnik, In-
         formatik Fachberichte Bd. 56, Springer Verlag 1982

Stichwortverzeichnis